高等职业教育 / 通识类课程新形态教材

大学应用数学

主编 ◇ 郭立娟　　主审 ◇ 朱国军

中国水利水电出版社
www.waterpub.com.cn
·北京·

内 容 提 要

本书分为10章：极限与连续、导数与微分、导数的应用、不定积分、定积分及其应用、常微分方程、向量与复数、无穷级数、积分变换、数学建模入门，其中加入了数学建模和数学软件MATLAB的简单应用，体现数学的工具性、应用性。在内容的取舍上，适当减少了一些繁难的证明，尽可能借助具体生动的生活化案例及几何直观图形来阐述数学基本概念和定理，突出基本概念、基本方法、基本技能，重视应用。

图书在版编目（CIP）数据

大学应用数学 / 郭立娟主编. -- 北京 : 中国水利水电出版社, 2022.10(2023.1重印)
高等职业教育通识类课程新形态教材
ISBN 978-7-5226-0996-6

Ⅰ. ①大… Ⅱ. ①郭… Ⅲ. ①应用数学－高等职业教育－教材 Ⅳ. ①O29

中国版本图书馆CIP数据核字(2022)第171166号

策划编辑：周益丹　　责任编辑：赵佳琦　　加工编辑：刘瑜　　封面设计：梁燕

书　名	高等职业教育通识类课程新形态教材 **大学应用数学** DAXUE YINGYONG SHUXUE
作　者	主　编　郭立娟 主　审　朱国军
出版发行	中国水利水电出版社 （北京市海淀区玉渊潭南路1号D座　100038） 网址：www.waterpub.com.cn E-mail：mchannel@263.net（答疑） 　　　　sales@mwr.gov.cn 电话：（010）68545888（营销中心）、82562819（组稿）
经　售	北京科水图书销售有限公司 电话：（010）68545874、63202643 全国各地新华书店和相关出版物销售网点
排　版	北京万水电子信息有限公司
印　刷	三河市德贤弘印务有限公司
规　格	170mm×240mm　16开本　18印张　323千字
版　次	2022年10月第1版　2023年1月第2次印刷
印　数	3001—6000册
定　价	59.00元

编审委员会

前　言

本书是根据国家教育部制定的《高职高专教育高等数学课程教学基本要求》，结合目前职业教育专科层次教材针对性较差的实际情况而编写的。

对于普通高等学校（包括高职院校）理工类的电气自动化、电子信息、通信技术等专业来说，数学是一门非常重要的基础课，因为电气工程中的电路分析涉及大量的高等数学知识。然而，目前我国高职高专（高等数学）教材仍然沿袭着传统的学科体系思想，只讲授纯粹的数学知识，根本没有体现数学在电类专业中的广泛应用。这样的课程既不符合高校学生的实际水平，也不符合高校电类专业相关课程的教学需要，为了更好地给电类专业学生的课程学习和技术能力的发展提供有效的支撑，我们尝试着改革传统的高等数学课程，重建和编写一本适合于高职高专电类专业的应用数学教材。

在本书编写过程中，编者与学院电类专业任课教师交流，充分采纳各方面的建议，贯彻"以应用为目的，以够用为度"的原则，注重对学生基本运算能力和分析问题、解决问题能力的培养，并遵循"突出思想分析，立足能力培养，强化实际应用"的理念，尽可能做到深入浅出、由易到难，切合高职高专教育的教学规律，力求学生及教师使用方便。更为重要的是，我们选取了大量与电路分析密切相关的例题和习题，将它们编排到相应知识的教学过程中，使之广泛而深入地融合到数学中，这是我们在高等职业教育领域数学课程改革与创新中的一个大胆而有益的探索。

为改变当前教材所需学时数与实际学时数相脱节的状况，我们根据目前数学教材中存在的问题，进行了学时数压缩和部分章节内容的增删、调整与合并。

本次编写旨在打造具有特色、体现信息化技术发展要求的高职高专数学教材。

具体来说，本书具有以下特色：

（1）层次分明，语言简练。本书内容共分 10 章，每个章节的知识由易到难、逐步深入，为体现高职教育特色，本书在叙述上浅显易懂，注重数学概念的直观解释和数学思想方法的渗透，定理的表述自然、简明，可让学生无障碍学习。

（2）引例导入，结合专业。本书许多知识点都通过引例导入，让学生带着问题学习，能有效激发学生的学习兴趣，这些引例来源于专业和生活，加强了数学与专业及生活的联系，有利于培养学生的数学应用意识，提高数学知识的应用能力。

（3）选题全面，学练结合。本书不仅在正文中穿插有精选的例题，帮助学生及时理解相关的数学概念，也在每节后配有多种类型的习题，以帮助学生梳理知识脉络，掌握基础知识和常用的数学方法。

（4）数学实践，服务专业。本书最后一章包含数学建模和数学实验，选取了一些实际案例，用数学建模的思想和方法及计算机软件来解决数学计算问题，体现数学知识在各领域的广泛应用。

本书由长沙航空职业技术学院郭立娟任主编，麻晓刚、徐小蓉、汪朝晖、吴跃明、龚碧玲、陈立东、雷志金、戴庆华、黄明秋参与编写。全书由郭立娟统稿，朱国军审核。

在本书编写过程中，我们参考了众多院校教师编写的教材和相关资料，在此表示感谢！同时对我校积极支持本教材编写和出版的各位领导表示衷心的感谢！

由于编者水平有限和时间紧迫，书中难免有欠缺和不妥之处，恳请读者提出宝贵意见，以便我们进行修订和完善。

编　者

2022 年 6 月

目 录

第 1 章　极限与连续

数学的发展与科学技术的进步有着密切的关系，工科的发展离不开数学知识 . 我们在工程中经常遇到很多难题，破解这些难题需要很多数学知识，扎实的数学基础能够为工科的专业课程学习提供有力的保障.

函数是变量变化关系最基本的数学描述，极限揭示了函数变化趋势，微积分就是以函数为研究对象，以极限为研究手段，研究变量的最基础的数学理论和数学方法. 本章将在复习并进一步加深理解函数概念的基础上，引入函数极限概念和函数极限运算法则，并讨论函数的连续性.

1.1　函数

函数

提出问题

1. 千分表是通过齿轮或杠杆将一般的直线位移（直线运动）转换成指针的旋转运动，然后在刻度盘上进行读数的长度测量仪器. 测量弓形零件 $FAPBG$ 的直径时，可用如图 1–1 所示的仪器，仪器两尖点 A、B 距离 100 mm，高度 x 从千分表读出，根据 x 读数就可算出直径 d 大小，写出 d 与 x 之间的函数关系式.

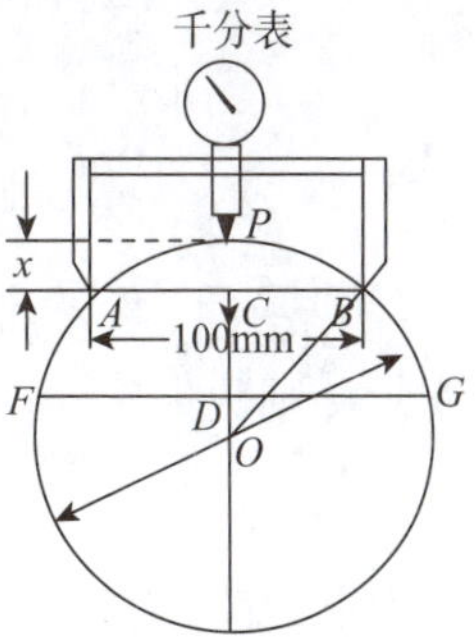

图 1–1

2. 已知一单三角脉冲电压，波形如图 1–2 所示，试建立电压 U(V) 与时间 t (μs) 之间的函数关系.

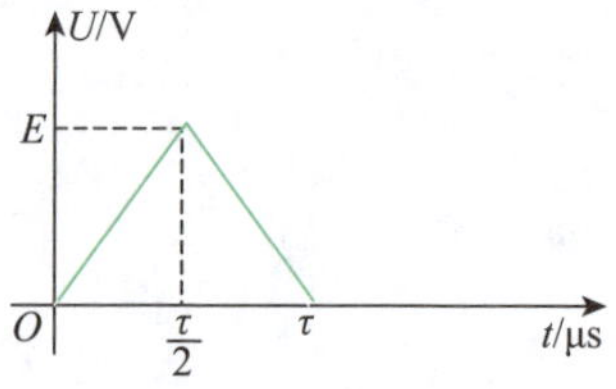

图 1–2

知识储备

1.1.1 区间和邻域

区间：介于两个实数之间的所有实数所形成的实数集，它是微积分中常用的实数集．设 a 和 b 为实数，且 $a<b$，则数集

$$\{x\,|\,a<x<b\}$$

称为开区间，记为 (a,b)，即 $(a,b)=\{x\,|\,a<x<b\}$．其中 a 和 b 称为开区间 (a,b) 的端点．

类似可定义闭区间和半开半闭区间：

闭区间 $[a,b]=\{x\,|\,a\leqslant x\leqslant b\}$；

半开半闭区间 $[a,b)=\{x\,|\,a\leqslant x<b\}$，$(a,b]=\{x\,|\,a<x\leqslant b\}$．

以上区间称为有限区间，而数 $b-a$ 称为这些区间的长度．另外我们还可以定义无穷区间，为此引入记号 $+\infty$（读作正无穷大）及 $-\infty$（读作负无穷大），可以定义如下无穷区间：

$(a,+\infty)=\{x\,|\,x>a\}$，$[a,+\infty)=\{x\,|\,x\geqslant a\}$；

$(-\infty,b)=\{x\,|\,x<b\}$，$(-\infty,b]=\{x\,|\,x\leqslant b\}$；

$(-\infty,+\infty)=\mathbf{R}$．

邻域：微积分中常用的实数集，它是一类特殊的区间．设 a 和 δ 为实数，且 $\delta>0$，则数集

$$\{x\,\|\,x-a|<\delta\}$$

称为点 a 的 δ 邻域，记为 $U(a,\delta)$，如图 1–3(a) 所示，即 $U(a,\delta)=\{x\,\|\,x-a|<\delta\}$．其中 a 称为邻域中心，δ 称为邻域半径．

有时还会用到去掉中心的邻域，即数集 $\left\{x\,\middle|\,0<|x-a|<\delta\right\}$，称其为点 a 的 δ 去心邻域，记为 $\mathring{U}(a,\delta)$，如图 1–3(b) 所示．

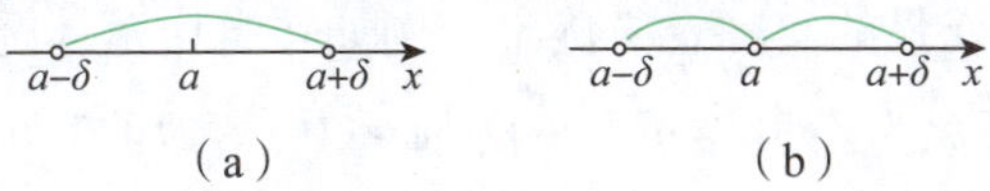

图 1–3

1.1.2 函数的定义

定义 设D是一个非空数集，如果存在一个法则f，使得对D中每个元素x，按法则f，都有一个确定的实数y与之对应，则称y为x定义在D上的函数，记为$y=f(x)$. 其中x称为自变量，y称为因变量，数集D称为函数的定义域，记为D_f，即$D_f=D$.

对$x_0\in D$，按照法则f，有确定的值y_0（记为$f(x_0)$）与之对应，称$f(x_0)$为函数在点x_0处的函数值，还可记为$y|_{x=x_0}$. 所有函数值的集合称为函数的值域，记为R_f，即$R_f=\{y\,|\,y=f(x), x\in D\}$.

函数一般常用解析法、表格法和图形法来表示. 解析法的优点是便于数学上的分析和计算；表格法的优点是直观、精确；图形法的优点是直观、通俗、容易比较. 本书主要讨论用解析法表示函数.

函数的定义域和对应法则是确定函数的两个要素，当两个函数的定义域和对应法则均相同时，称两个函数相同 .

例 1 下列各对函数是否相同？

（1）$f(x)=\dfrac{x^2-1}{x-1}$与$g(x)=x+1$；

（2）$f(x)=\lg x^2$与$g(x)=2\lg|x|$.

解 （1）因为$f(x)$的定义域为$(-\infty,1)\cup(1,+\infty)$，$g(x)$的定义域为$(-\infty,+\infty)$，所以$f(x)$与$g(x)$的定义域不同，故$f(x)$与$g(x)$不相同.

（2）因为$f(x)$的定义域为$(-\infty,0)\cup(0,+\infty)$，$g(x)$的定义域为$(-\infty,0)\cup(0,+\infty)$，所以$f(x)$与$g(x)$的定义域相同. 又$f(x)=2\lg|x|$，所以$f(x)$与$g(x)$的对应法则相同.

故$f(x)$与$g(x)$相同.

关于函数的定义域，通常按下述两种情形来确定 . 一种是对有实际背景的函数，根据实际背景中变量的实际意义确定．例如在自由落体运动中，设物体下落的时间为t，下落的距离为s，开始下落的时刻$t=0$，落地的时刻$t=T$，则s与t之间的函数关系是$s=\frac{1}{2}gt^2$，$t\in[0,T]$，则这个函数的定义域就是区间$[0,T]$．另一种是对抽象地用算式表达的函数，通常约定这种函数的定义域是使得算式有意义的一切实数组成的集合，这种定义域称为函数的自然定义域．例如函数$y=\sqrt{1-x^2}$的定义域是闭区间$[-1,1]$，函数$y=\frac{1}{\sqrt{1-x^2}}$的定义域是开区间$(-1,1)$．

例 2　求下列函数的定义域．

(1) $f(x)=\lg(x-1)+\sqrt{x^2-4}$；(2) $f(x)=\arcsin(x-2)+\frac{1}{x-3}$．

解　(1) 要使函数有意义，必须有$\begin{cases}x-1>0\\x^2-4\geqslant 0\end{cases}$，解不等式得$\begin{cases}x>1\\x\leqslant -2\text{或}x\geqslant 2\end{cases}$，所以$x\geqslant 2$，故所求定义域为$D_f=[2,+\infty)$．

(2) 要使函数有意义，必须有$\begin{cases}|x-2|\leqslant 1\\x-3\neq 0\end{cases}$，解不等式得$\begin{cases}1\leqslant x\leqslant 3\\x\neq 3\end{cases}$，所以$1\leqslant x<3$，故所求定义域为$D_f=[1,3)$．

例如，绝对值函数

$$y=|x|=\begin{cases}x, & x\geqslant 0\\-x, & x<0\end{cases}$$

的定义域为$D_f=(-\infty,+\infty)$，值域为$R_f=[0,+\infty)$．

符号函数

$$y=\operatorname{sgn}x=\begin{cases}1, & x>0\\0, & x=0\\-1, & x<0\end{cases}$$

的定义域为$D_f=(-\infty,+\infty)$，值域为$R_f=\{-1,0,1\}$．

1.1.3　函数的四种特性

1. 有界性

设函数$f(x)$的定义域为D，数集$X\subset D$，如果存在正数M，使对一切$x\in X$，都有$|f(x)|\leqslant M$，则称函数$f(x)$在X上有界，否则称函数$f(x)$在X上无界．

例如，函数$f(x)=\frac{1}{x}$在区间$[1,+\infty)$上有界，这是因为当$x\in[1,+\infty)$时，$\left|\frac{1}{x}\right|\leqslant 1$．但是函数$f(x)=\frac{1}{x}$在区间$(0,1)$上是无界的．

2. 单调性

设函数$f(x)$的定义域为D，区间$I\subset D$．如果对任意x_1、$x_2\in I$，当$x_1<x_2$时，恒有

$$f(x_1)<f(x_2)$$

则称函数$f(x)$在区间I上是单调增加的，如图 1–4 所示．这时区间I称为$f(x)$的单调增加区间．

如果对任意x_1、$x_2\in I$，当$x_1<x_2$时，恒有

$$f(x_1)>f(x_2)$$

则称函数$f(x)$在区间I上是单调减少的，如图 1–5 所示．这时区间I称为$f(x)$的单调减少区间．

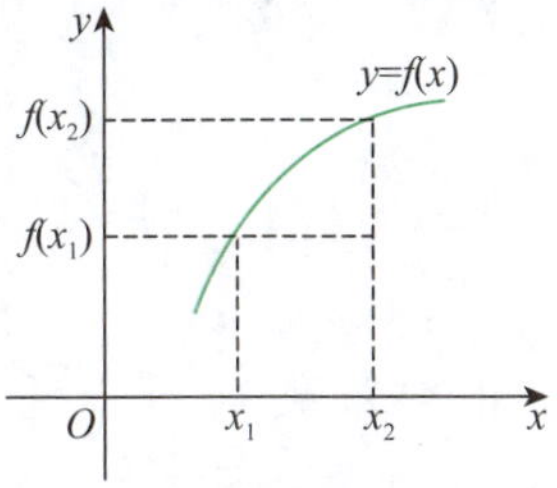

图 1–4

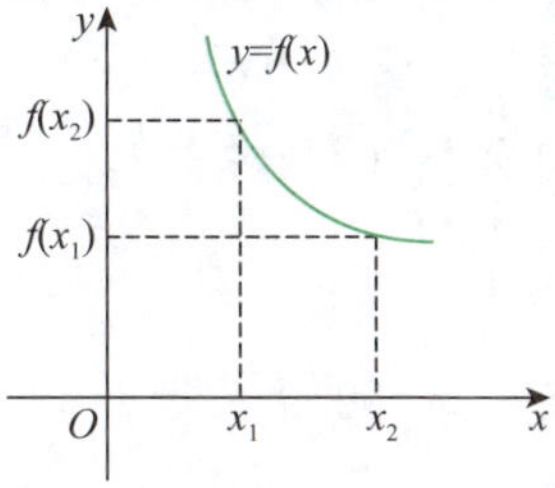

图 1–5

单调增加和单调减少的函数统称为单调函数．

例如，函数$y=x^2$在区间$(-\infty,0)$内是单调减少的，在区间$(0,+\infty)$内是单调增加的．函数$y=x$、$y=x^3$在区间$(-\infty,+\infty)$内是单调增加的．

3. 奇偶性

设函数$f(x)$的定义域D关于原点对称，如果对于任一$x\in D$，有

$$f(-x)=-f(x)$$

则称$f(x)$为奇函数．

如果对于任一$x\in D$，有

$$f(-x)=f(x)$$

则称$f(x)$为偶函数．

奇函数的图形关于原点对称，偶函数的图形关于y轴对称，如图 1–6 所示．

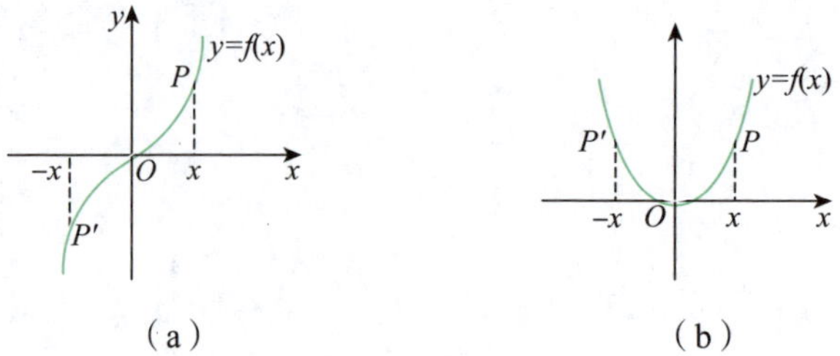

图 1-6

例如，函数 $y=\sin x$、$y=x^3$ 都是奇函数，$y=\cos x$、$y=x^2$ 都是偶函数，而 $y=\sin x+\cos x$ 是非奇非偶函数.

例 3 判断 $f(x)=\ln(\sqrt{1+x^2}-x)$ 的奇偶性.

解 因为 $f(x)$ 的定义域为 $(-\infty,+\infty)$，且

$$f(-x)=\ln[\sqrt{1+(-x)^2}-(-x)]=\ln(\sqrt{1+x^2}+x)$$

$$=\ln\frac{1}{\sqrt{1+x^2}-x}=-\ln(\sqrt{1+x^2}-x)=-f(x)$$

所以 $f(x)$ 为奇函数.

4. 周期性

设函数 $f(x)$ 的定义域 D，如果存在一个正数 l，使得对于任一 $x\in D$ 有 $x+l\in D$，且

$$f(x+l)=f(x)$$

则称 $f(x)$ 为周期函数，满足上式的最小正数 l 称为函数 $f(x)$ 的最小正周期.

显然，若 l 为函数 $f(x)$ 的一个周期，则 nl $(n\in \mathbf{N}_+)$ 也为 $f(x)$ 的周期，通常我们所说的周期是指最小正周期. 例如 $y=\sin x$、$y=\cos x$ 的周期为 2π，$y=\tan x$、$y=\cot x$ 的周期为 π.

周期函数的图形特点：在函数的定义域内，每个长度为 T（T 为函数的周期）的区间上，函数的图形有相同的形状。如图 1-7 所示的周期函数的最小周期为 l.

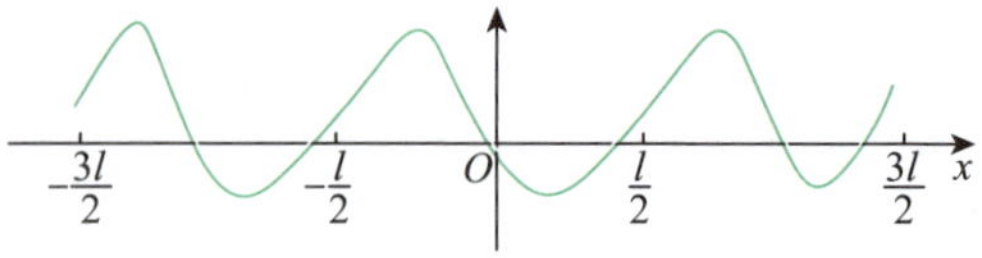

图 1-7

1.1.4 反函数

设函数$y=f(x)$的定义域为D_f，值域为R_f. 如果对任一$y\in R_f$，存在确定的$x\in D_f$与y对应且满足关系式

$$y=f(x)$$

则在R_f上定义了一个函数，称之为$y=f(x)$的反函数，记为$x=\phi(y)$或$x=f^{-1}(y)$. 而原来的函数$y=f(x)$称为直接函数.

对于函数$y=f(x)$，x为自变量，y为因变量，定义域为D_f，值域为R_f.

对于函数$x=f^{-1}(y)$，y为自变量，x为因变量，定义域为R_f，值域为D_f.

一般地，习惯用x表示自变量，y表示因变量，于是我们把$y=f(x)$，$x\in D_f$的反函数记为$y=f^{-1}(x)$，$x\in R_f$.

函数$y=f(x)$与它的反函数关于直线$y=x$对称，如图 1–8 所示.

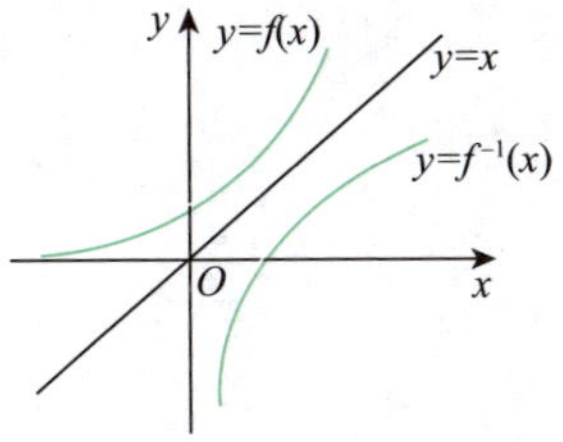

图 1–8

例 4 求函数$y=\dfrac{e^x-e^{-x}}{2}$的反函数.

解 由$y=\dfrac{e^x-e^{-x}}{2}$得 $2y=e^x-e^{-x}$，即$(e^x)^2-2ye^x-1=0$.

于是$e^x=\dfrac{2y+\sqrt{4y^2+4}}{2}=y+\sqrt{1+y^2}$，$x=\ln(y+\sqrt{1+y^2})$.

故所求反函数为$y=\ln(x+\sqrt{1+x^2})$.

1.1.5 初等函数

1. 基本初等函数

常数函数、幂函数、指数函数、对数函数、三角函数、反三角函数这六类函

数叫作基本初等函数.

（1）常数函数$y=c$（c为常数）.

$y=c$的定义域为$(-\infty,+\infty)$，其图形是过点$(0,c)$平行于x轴的一条水平直线，是偶函数.

（2）幂函数$y=x^{\alpha}$（$\alpha\in\mathbf{R}$）.

幂函数的情况比较复杂，我们分$\alpha>0$和$\alpha<0$来讨论.

当α取不同值时，幂函数的定义域不同，为了便于比较，我们只讨论$x\geqslant0$的情况，而$x<0$时图形可根据函数的奇偶性确定.

当$\alpha>0$时，函数的图形通过原点$(0,0)$和点$(1,1)$，在$(0,+\infty)$内单调增加且无界，如图 1–9（a）所示. 当$\alpha<0$时，函数的图形不过原点，但仍通过点$(1,1)$，在$(0,+\infty)$内单调减少且无界，曲线以x轴和y轴为渐近线，如图 1–9（b）所示.

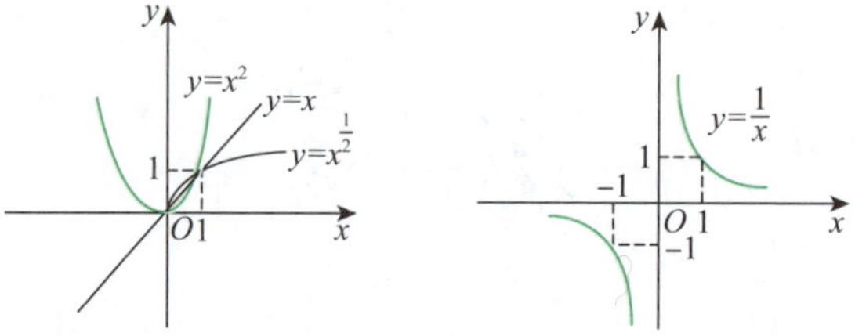

图 1–9

（3）指数函数$y=a^{x}$（$a>0$，$a\neq1$）.

指数函数的定义域为$(-\infty,+\infty)$，由于无论x取何值，总有$a^{x}>0$，且$a^{0}=1$，所以它的图形全部在x轴上方，且通过点$(0,1)$，也就是说，它的值域为$(0,+\infty)$.

当$a>1$时，函数单调增加且无界，曲线以x轴负半轴为渐近线；当$0<a<1$时，函数单调减少且无界，曲线以x轴正半轴为渐近线. 其图形如图 1–10 所示.

应特别注意指数函数与幂函数的区别：在幂函数$y=x^{\alpha}$中，自变量x在底的位置，指数α是常数；而在指数函数$y=a^{x}$中，自变量x在指数位置，底的位置是常数a.

（4）对数函数$y=\log_{a}x$（$a>0$，$a\neq1$）.

对数函数的定义域为$(0,+\infty)$，图形全部在y轴右方，值域为$(-\infty,+\infty)$，如图 1–11 所示. 对数函数$y=\log_{a}x$是指数函数$y=a^{x}$的反函数. 无论a取何值，曲线都过点(1, 0).

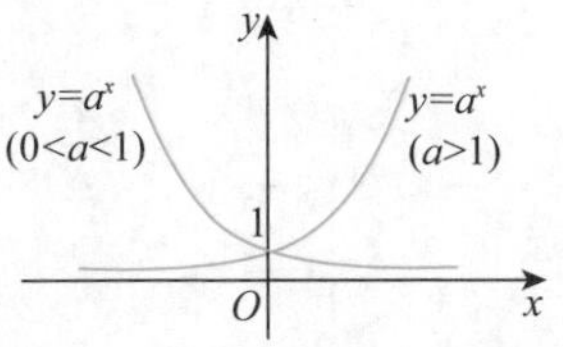

图 1–10

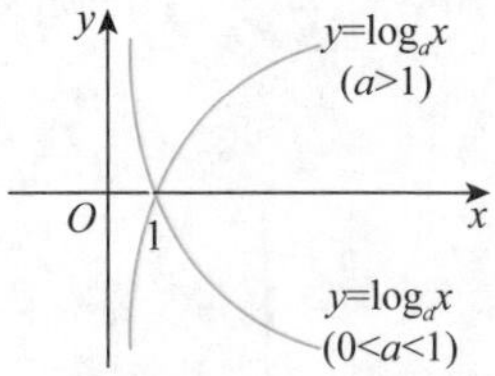

图 1–11

当$a>1$时,函数单调增加且无界,曲线以y轴负半轴为渐近线;当$0<a<1$时,函数单调减少且无界,曲线以y轴正半轴为渐近线.

以无理数$e=2.718\ 281\ 828\cdots$为底的对数函数$y=\log_e x$称为自然对数函数,简写为$y=\ln x$,它是微积分中常用的函数.

注: 指数函数与对数函数互为反函数.

(5)三角函数.

三角函数有 6 个:正弦函数$y=\sin x$、余弦函数$y=\cos x$、正切函数$y=\tan x$、余切函数$y=\cot x$、正割函数$y=\sec x$和余割函数$y=\csc x$.

1)正弦函数$y=\sin x$的定义域为$(-\infty, +\infty)$,值域为$[-1, 1]$,奇函数,以2π为周期,有界,其图形如图 1–12 所示.

2)余弦函数$y=\cos x$的定义域为$(-\infty, +\infty)$,值域为$[-1, 1]$,偶函数,以2π为周期,有界,其图形如图 1–13 所示.

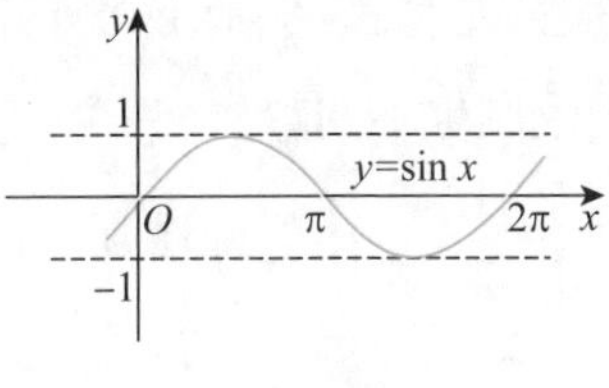

图 1–12

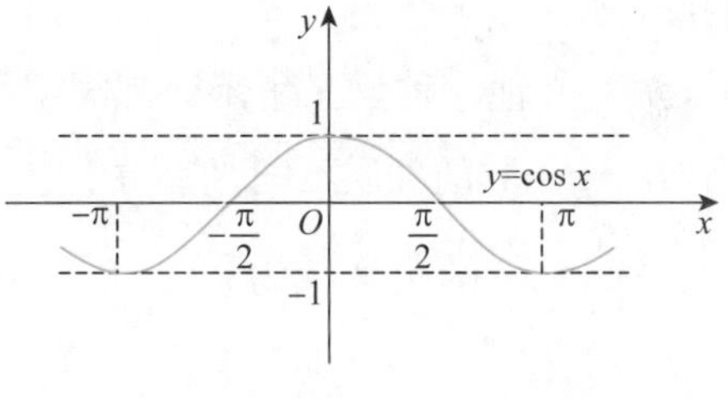

图 1–13

3)正切函数$y=\tan x$的定义域为$x\neq k\pi+\dfrac{\pi}{2}$$(k\in\mathbf{Z})$,值域为$(-\infty, +\infty)$,奇函数,以$\pi$为周期,在每一个周期内单调增加,以直线$x=k\pi+\dfrac{\pi}{2}$$(k\in\mathbf{Z})$为渐近线,其图形如图 1–14 所示.

4）余切函数$y=\cot x$的定义域为$x\neq k\pi$（$k\in\mathbf{Z}$），值域为$(-\infty,+\infty)$，奇函数，以π为周期，在每一个周期内单调减少，以直线$x=k\pi$（$k\in\mathbf{Z}$）为渐近线，其图形如图 1–15 所示.

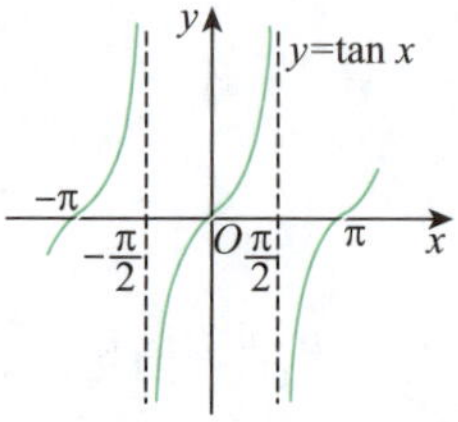

图 1–14

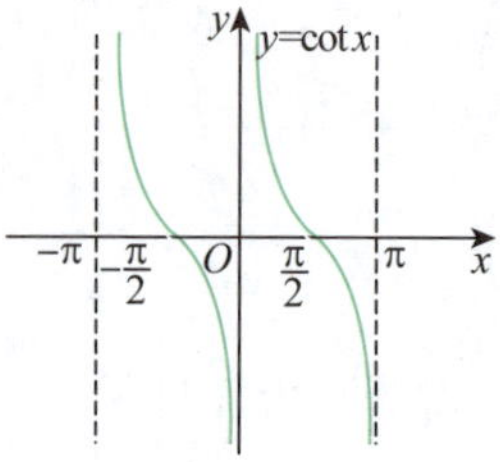

图 1–15

正割函数$y=\sec x$和余割函数$y=\csc x$这里我们不作详细讨论，可通过$\sec x=\dfrac{1}{\cos x}$和$\csc x=\dfrac{1}{\sin x}$来了解认识.

（6）反三角函数.

反三角函数有 4 个：反正弦函数$y=\arcsin x$、反余弦函数$y=\arccos x$、反正切函数$y=\arctan x$、反余切函数$y=\operatorname{arccot} x$. 它们是作为相应三角函数的反函数定义出来的.

$y=\arcsin x$的含义是正弦值等于x的角，与三角函数相反，这里自变量x表示正弦值，而y表示角，准确地说是角的弧度数. 为了避免$y=\arcsin x$的多值性，我们限定了一个区间$\left[-\dfrac{\pi}{2},\dfrac{\pi}{2}\right]$，叫作反正弦函数的主值区间，而$\arcsin x$则表示主值区间内的反正弦.

类似地，对其他几种反三角函数都规定了相应的主值区间，保证了它们的单值性. 当然由于函数的性质不同，它们的主值区间范围也不同.

函数$y=\arcsin x$的定义域为$[-1,1]$，值域为$\left[-\dfrac{\pi}{2},\dfrac{\pi}{2}\right]$，单调增加，奇函数，有界.

函数$y=\arccos x$的定义域为$[-1,1]$，值域为$[0,\pi]$，单调减少，有界.

函数$y=\arctan x$的定义域为$(-\infty,+\infty)$，值域为$\left(-\dfrac{\pi}{2},\dfrac{\pi}{2}\right)$，单调增加，奇函数，有界.

函数$y=\operatorname{arccot} x$的定义域为$(-\infty,+\infty)$，值域为$(0,\pi)$，单调减少，有界.

它们的图形如图 1–16 所示.

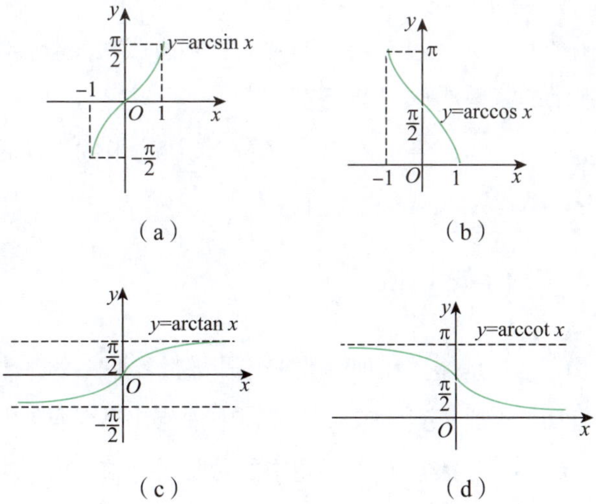

图 1–16

2. 复合函数

如 y 是 u 的函数 $y=f(u)$，u 又是 x 的函数 $u=\delta(x)$，且 $u=\delta(x)$ 的值域包含在函数 $y=f(u)$ 的定义域内，那么 y 也是 x 的函数，称这样的函数为 $y=f(u)$ 与 $u=g(x)$ 复合而成的函数，简称复合函数，记作：$y=f(g(x))$，其中 u 称为中间变量. 例如，函数 $y=\sin u$ 与 $u=x^2+1$ 的复合函数为 $y=\sin(x^2+1)$. 利用复合函数的概念，可以将一个复杂的函数看成由几个简单函数复合而成，以便于对函数进行研究. 例如函数 $y=\sin \mathrm{e}^{x+1}$ 可以看成由 $y=\sin u$、$u=\mathrm{e}^v$、$v=x+1$ 三个函数复合而成.

例 5 指出下列函数的复合过程：

(1) $y=\sqrt{2x^2+x+5}$；

(2) 钟形脉冲函数 $y=A\mathrm{e}^{-\beta t}$ $(\beta>0)$；

(3) $y=\arcsin(\ln x)$；

(4) $y=(\arctan\sqrt{x})^2$.

解 (1) $y=\sqrt{2x^2+x+5}$ 由 $y=\sqrt{u}$ 与 $u=2x^2+x+5$ 复合而成.

(2) 钟形脉冲函数 $y=A\mathrm{e}^{-\beta t}$ $(\beta>0)$ 由 $y=A\mathrm{e}^u$ 与 $u=-\beta t$ 复合而成.

(3) $y=\arcsin(\ln x)$ 由 $y=\arcsin u$ 与 $u=\ln x$ 复合而成.

(4) $y=(\arctan\sqrt{x})^2$ 由 $y=u^2$、$u=\arctan v$ 与 $v=\sqrt{x}$ 复合而成.

3. 初等函数

由基本初等函数和常数经过有限次四则运算和有限次复合步骤所构成的，并能用一个解析式表示的函数叫作初等函数.

例如$y=\ln(\sin x)$、$y=e^{3x}+\sin(1-x^2)$等都是初等函数. 以后大家遇到的大部分函数都是初等函数.

1.1.6 建立函数关系举例

数学模型思想的建立是体会和理解数学与外部世界联系的基本途径. 建立和求解模型的过程包括：从现实生活或具体情境中抽象出数学问题，用数学符号建立方程、不等式、函数等来表示数学问题中的数量关系和变化规律，求出结果并讨论结果的意义.

实际中为问题建立适当数学模型，确定变量函数关系的步骤如下：

（1）分析出问题中的常量与变量，分别用字母表示 .

（2）根据所给条件，运用数学、物理等相关知识确定等量关系 .

（3）写出函数解析式，指明定义域.

例 6 如图 1–17 所示，一块边长为a的正方形铁皮，四角各截去一个边长为x的小正方形，然后四边折起做成一个无盖的容器，求容器容积与x之间的函数关系.

解 设容积为V，容器的容积为：$V=(a-2x)^2x$，因为截去的小正方形的边长必须满足$0<x<\frac{a}{2}$，所以函数的定义域为$\left(0,\frac{a}{2}\right)$.

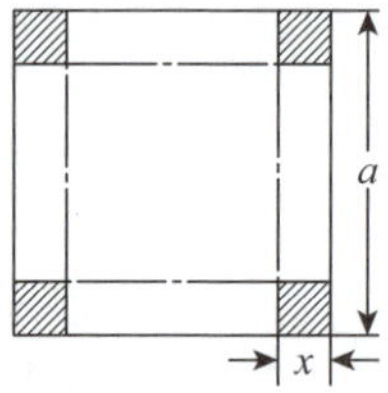

图 1–17

例 7 今年以来，A 地区的电力紧缺，电力公司为鼓励市民节约用电，采取按月用电量分段收费办法，若某户居民每月应交电费y（元）与用电量x（度）的函数图像是一条折线（如图 1–18 所示），根据图像解下列问题：

（1）分别写出当 $0 \leqslant x \leqslant 100$ 和 $x \geqslant 100$ 时，y 与 x 的函数关系式 .

（2）利用函数关系式说明电力公司采取的收费标准 .

（3）若该用户某月用电 62 度，则应缴费多少元？若该用户某月缴费 105 元，则该用户该月用了多少度电？

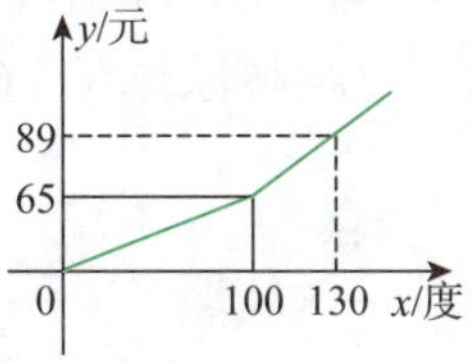

图 1–18

分析：函数图像分为两段，当 $0 \leqslant x \leqslant 100$ 时，电费 y 是电量 x 的正比例函数；当 $x \geqslant 100$ 时，y 是 x 的一次函数，且函数图像经过点（100,65）和（130,89），设出相应的函数关系式，将点的坐标代入即可确定函数关系式，根据函数关系式可解决问题.

解　（1）设当 $0 \leqslant x \leqslant 100$ 时，函数关系式为 $y = kx$，将 $x = 100$，$y = 65$ 代入，得 $k = 0.65$，所以 $y = 0.65x$；

设当 $x \geqslant 100$ 时，函数关系式为 $y = ax + b$，将 $x = 100$，$y = 65$ 和 $x = 130$，$y = 89$ 代入，得

$$\begin{cases} 100a + b = 65 \\ 130a + b = 89 \end{cases}$$

解得 $a = 0.8$，$b = -15$，所以 $y = 0.8x - 15$.综上可得

$$y = \begin{cases} 0.65x, & 0 \leqslant x \leqslant 100 \\ 0.8x - 15, & x \geqslant 100 \end{cases}$$

（2）用户月用电量在 0 ~ 100 度时，每度电的收费标准是 0.65 元；超出 100 度时，超过部分每度电的收费标准是 0.80 元.

（3）用户月用电为 62 度时，用户应缴费 40.3 元；若用户月缴费 105 元，则该用户该月用了 150 度电.

解决问题

解　1. 设圆心为 O，$PC = x$，得 $OC = \dfrac{d}{2} - x$. 在直角三角形 BOC 中，$BC^2 =$

BO^2-OC^2，即

$$50^2=\left(\frac{d}{2}\right)^2-\left(\frac{d}{2}-x\right)^2$$

得 $d=\frac{2500}{x}+x$.

2. U 随时间变化的规律在不同的时间段内是各不相同的，所以下面分段进行考察. 当 $0\leqslant t<\tau/2$ 时，函数图像是连接原点 $(0,0)$ 与点 $(\tau/2,E)$ 的直线段，其方程为

$$U=\frac{E}{\frac{\tau}{2}}\times t\text{，即 }U=\frac{2\times E}{\tau}\times t$$

当 $\tau/2\leqslant t<\tau$ 时，函数图像是连接点 $(\tau/2,\tau)$ 与点 $(\tau,0)$ 的直线段，其方程为

$$U-0=\frac{E-0}{\frac{\tau}{2}-\tau}\times(t-\tau)\text{，即 }U=-\frac{2E}{\tau}\times(t-\tau)$$

当 $t\geqslant\tau$ 时，函数图像是点 $(\tau,0)$ 以右的 x 轴，其方程为

$$U=0$$

故分段函数关系为

$$U=\begin{cases}\frac{2E}{\tau}=t, & 0\leqslant t\leqslant\frac{\tau}{2}\\ -\frac{2E}{\tau}(t-\tau), & \frac{\tau}{2}\leqslant t<\tau\\ 0, & t\geqslant\tau\end{cases}$$

习题 1.1

习题答案详解

1. 求下列函数的定义域：

（1）$y=\frac{1}{x+2}$；　　（2）$y=\frac{1}{x^2-2x}$；

（3）$y=\sqrt{3x-6}$；　　（4）$y=\sqrt{x^2-16}$；

（5）$y=\frac{1}{x-6}+\sqrt{x-3}$；　　（6）$y=\frac{1}{x-2}+\ln(x-1)$.

2. 设函数 $f(x)=\frac{1}{x}\sin\frac{1}{x}$，求 $f\left(\frac{2}{\pi}\right)$ 和 $f(x+1)$.

3. 指出下列函数的复合过程：

（1）$y=\sqrt{x^2+6x+9}$；

（2）指数衰减函数 $y=\mathrm{e}^{-t}$，$t>0$；

（3）$y=\mathrm{e}^{\sin 2x}$；

（4）$y=2\sin\sqrt{1-x^2}$.

4. 如图 1–19 所示，某航空企业要制造一种容积为 V 的圆柱形航空煤油罐，试建立铁皮使用面积 S 与底圆半径 r 的函数关系式.

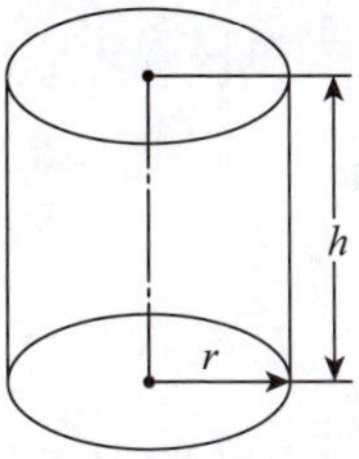

图 1–19

5. 图 1–20 所示为由电动势 E、内阻 r 与外阻 R 所构成的闭合电路，问当 E 与 r 已知时，试建立输出功率 P 与外电阻 R 的函数关系式.

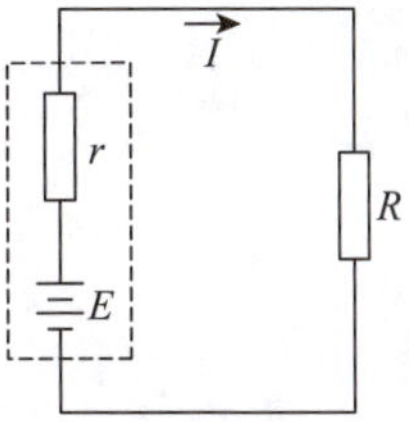

图 1–20

6. 矩形截面梁抵抗弯曲的强度主要与截面梁的高度有关，已知圆木底边宽度为 b，试建立矩形截面的高度 h 与圆木半径 r 的函数关系式.

1.2　极限的概念

极限的概念

提出问题

在电学中，电容长时间不用的情况下是要对其进行放电的，根据电容放电的时间与电流的图像（如图 1–21 所示），请说出电容科学放电的方法 .

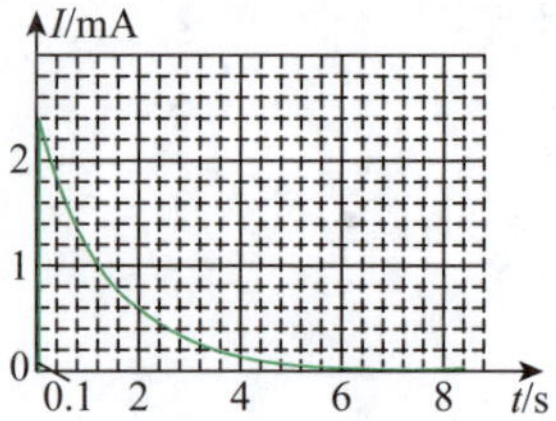

图 1–21

知识储备

极限是高等数学中最主要的概念之一，是研究微积分学的重要工具. 在数学史上，微积分学的产生过程正是人类对极限思想的认识逐渐加深、逐渐明确的过程，古代著名的“一尺之棰，日取其半，万世不竭”的论断就是极限思想的体现.

1.2.1 数列的极限

定义 1 在正整数集合上的函数 $y=f(n)$，当自变量 n 按 1，2，3，… 依次增大的顺序取值时，得到一列有次序的函数值：

$$f(1)=x_1, f(2)=x_2, f(3)=x_3, \cdots, f(n)=x_n, \cdots$$

这列有次序的数就叫作数列，记为 $\{x_n\}$，其中第 n 项 x_n 称为数列的一般项或通项. 例如：

$$\frac{1}{2}, \frac{2}{3}, \frac{3}{4}, \cdots, \frac{n}{n+1}, \cdots;$$

$$3, 3^2, 3^3, \cdots, 3^n, \cdots;$$

$$\frac{1}{3}, \frac{1}{3^2}, \frac{1}{3^3}, \cdots, \frac{1}{3^n}, \cdots;$$

$$-1, 1, -1, \cdots, (-1)^n;$$

$$2, \frac{1}{2}, \frac{4}{3}, \cdots, \frac{n+(-1)^{n-1}}{n}, \cdots$$

都是数列，它们的通项分别为 $\frac{n}{n+1}$，3^n，$\frac{1}{3^n}$，$(-1)^n$，$\frac{n+(-1)^{n-1}}{n}$.

下面我们通过一个例子引出极限的概念.

观察数列 $\{x_n\}=\left\{\frac{n+(-1)^{n-1}}{n}\right\}$：$2, \frac{1}{2}, \frac{4}{3}, \cdots, \frac{n+(-1)^{n-1}}{n}, \cdots$ 当 n 无限增大时的变化趋势.

因为 $|x_n-1|=\left|\frac{(-1)^{n-1}}{n}\right|=\frac{1}{n}$，所以当 n 越来越大时，$\frac{1}{n}$ 越来越小，从而 x_n 就越来越接近 1.

定义 2　对于数列 $\{x_n\}$，当项数 n 无限增大时，如果 x_n 无限地接近于一个常数 A，那么称当 n 趋于无穷大时，常数 A 为数列 $\{x_n\}$ 的极限，记作：$\lim\limits_{n\to\infty} x_n = A$ 或 $x_n \to A\,(n\to\infty)$.

例 1　用极限表示下列数列并判断它们的极限值：

（1）$\frac{1}{2},\frac{2}{3},\frac{3}{4},\cdots,\frac{n}{n+1},\cdots$；　（2）$\frac{1}{3},\frac{1}{3^2},\frac{1}{3^3},\cdots,\frac{1}{3^n},\cdots$；

（3）$-1,1,-1,\cdots,(-1)^n$；　（4）$3,3^2,3^3,\cdots,3^n,\cdots$.

解　（1）$\lim\limits_{n\to\infty}\frac{n}{n+1}=1$；　（2）$\lim\limits_{n\to\infty}\frac{1}{3^n}=0$；

（3）极限不存在；　（4）$\lim\limits_{n\to\infty}3^n=+\infty$（极限不存在）.

1.2.2　函数的极限

1. 自变量 x 趋于无穷大（$x\to\infty$）时的极限

定义 3　如当 x 的绝对值无限增大（即 $x\to\infty$）时，函数 $f(x)$ 无限接近于一个确定的常数 A，则 A 称为函数 $f(x)$ 当 $x\to\infty$ 时的极限，记为

$$\lim_{x\to\infty} f(x)=A\text{或当}x\to\infty\text{时},f(x)\to A$$

自变量 x 的绝对值无限增大（$x\to\infty$）指的是既取正值无限增大（记 $x\to+\infty$），同时也取负值的绝对值无限增大（记为 $x\to-\infty$）.

定义 4　如 $x\to+\infty$（或 $x\to-\infty$）时，函数 $f(x)$ 无限接近于一个确定的常数 A，那么就称 A 为函数 $f(x)$ 当 $x\to+\infty$（或 $x\to-\infty$）时的极限. 记为

$$\lim_{x\to+\infty} f(x)=A\text{或}\lim_{x\to-\infty} f(x)=A$$

定理 1　$\lim\limits_{x\to\infty} f(x)=A$ 的充要条件是：$\lim\limits_{x\to+\infty} f(x)=\lim\limits_{x\to-\infty} f(x)=A$.

例 2　如图 1–22 所示，当 $x\to\infty$ 时，求函数 $f(x)=\frac{1}{x}$ 的极限.

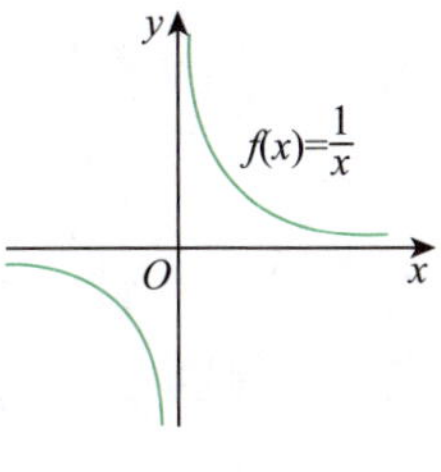

图 1–22

解 根据图 1-22 可知，$\lim\limits_{x\to+\infty}\frac{1}{x}=\lim\limits_{x\to-\infty}\frac{1}{x}=0$，所以 $\lim\limits_{x\to\infty}\frac{1}{x}=0$.

例 3 如图 1-23 所示，当 $x\to\infty$ 时，求函数 $f(x)=e^x$ 的极限.

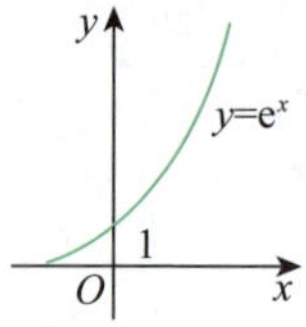

图 1-23

解 由图 1-23 可知，因为 $\lim\limits_{x\to+\infty}e^x=+\infty$ 而 $\lim\limits_{x\to-\infty}e^x=0$，所以 $f(x)=e^x$ 当 $x\to\infty$ 时没有极限.

例 4 讨论当 $x\to\infty$ 时函数 $f(x)=\arctan x$ 的极限.

解 由图 1-24 可知：

$$\lim_{x\to-\infty}\arctan x=-\frac{\pi}{2},\quad \lim_{x\to+\infty}\arctan x=\frac{\pi}{2}$$

所以 $x\to\infty$ 时，函数 $f(x)=\arctan x$ 的极限不存在.

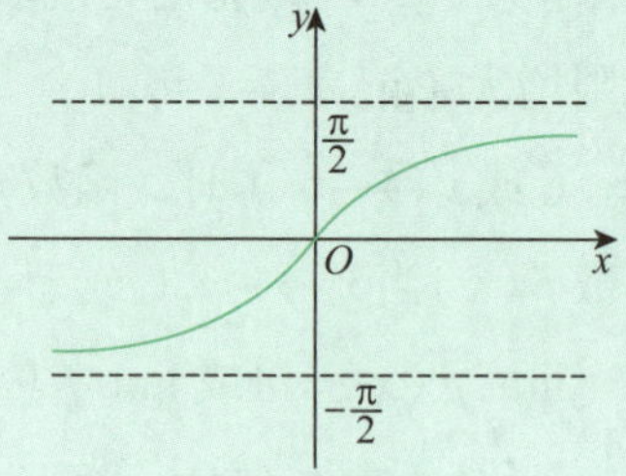

图 1-24

2. 自变量 x 趋于有限数（$x\to x_0$）时的极限

定义 5 如果当 x 无限接近于定值 x_0，即 $x\to x_0$ 时，函数 $f(x)$ 无限接近于一个确定的常数 A，那么 A 称为函数 $f(x)$ 当 $x\to x_0$ 时的极限，记为

$$\lim_{x\to x_0}f(x)=A \text{ 或当 } x\to x_0 \text{ 时}, f(x)\to A$$

例如，函数 $f(x)=x+1$，当自变量 x 越来越接近于 2 时，函数越来越接近于 3；

$f(x)=\dfrac{x^2-1}{x-1}$，当自变量 x 越来越接近于 1 时，函数越来越接近于 2. 它们的极限分别为：$\lim\limits_{x\to 2}(x+1)=3$，$\lim\limits_{x\to 1}\dfrac{x^2-1}{x-1}=2$.

3. 当 $x\to x_0$ 时，$f(x)$ 的左 / 右极限

定义 6　如果当 x 从 x_0 左侧无限接近于 x_0（记为 $x\to x_0^-$）时，函数 $f(x)$ 无限接近于一个确定常数 A，那么 A 称为函数 $f(x)$ 当 $x\to x_0$ 时的左极限，记为

$$\lim_{x\to x_0^-}f(x)=A \text{或} f(x_0^-)=A$$

如果当 x 从 x_0 右侧无限接近于 x_0（记为 $x\to x_0^+$）时，函数 $f(x)$ 无限接近于一个确定的常数 A，那么 A 称为函数 $f(x)$ 当 $x\to x_0$ 时的右极限，记为

$$\lim_{x\to x_0^+}f(x)=A \text{或} f(x_0^+)=A$$

定理 2　$\lim\limits_{x\to x_0}f(x)=A$ 的充要条件为

$$\lim_{x\to x_0^-}f(x)=\lim_{x\to x_0^+}f(x)=A$$

例 5　讨论函数 $f(x)=\begin{cases}x-1, & x<0\\ 0, & x=0\\ x+1, & x>0\end{cases}$ 当 $x\to 0$ 时的极限.

解　$\lim\limits_{x\to 0^-}f(x)=\lim\limits_{x\to 0^-}(x-1)=-1$

$\lim\limits_{x\to 0^+}f(x)=\lim\limits_{x\to 0^+}(x+1)=1$

因为 $\lim\limits_{x\to 0^-}f(x)=-1\neq\lim\limits_{x\to 0^+}f(x)=1$，所以 $\lim\limits_{x\to 0}f(x)$ 不存在.

解决问题

解　电容是一种以电场形式储存能量的无源器件，若电容与直流电相接，电路中有电流流通. 此时电容正在充电，当切断电源后，电容通过电阻放电，由电容放电的电流与时间的图像（如图 1–21 所示）可知，切断电源后，随着时间的延续，电容电路回路中通过的电流会越来越接近于 0（$\lim\limits_{t\to+\infty}I=0$），电容值或电阻值越小，电容的充电和放电的速度就越快，反之亦然. 由极限的思想可知，在电容放电过程中，电阻值越大，放电电流越小，所用的时间也就越长，所以放电时间要尽可能长，不要着急，以免损坏电子元件.

习题 1.2

习题答案详解

1. 判断题.

(1) 若 $\lim\limits_{x\to x_0} f(x)=A$，则 $f(x_0)=A$. ( )

(2) 若 $\lim\limits_{x\to x_0^+} f(x)$ 与 $\lim\limits_{x\to x_0^-} f(x)$ 都存在，则 $\lim\limits_{x\to x_0} f(x)$ 必存在. ( )

(3) $\lim\limits_{x\to\infty} \arctan x=\dfrac{\pi}{2}$. ( )

(4) $\lim\limits_{x\to+\infty} \mathrm{e}^{-x}=0$. ( )

2. 填空题.

(1) $\lim\limits_{x\to 0} \sin 3x=$______.

(2) 设 $f(x)=\begin{cases} \mathrm{e}^x+1, & x\leqslant 0 \\ 3x+2, & x>0 \end{cases}$，则有 $\lim\limits_{x\to 0^-} f(x)=$______，$\lim\limits_{x\to 0^+} f(x)=$______，$\lim\limits_{x\to 0} f(x)=$______.

(3) $\lim\limits_{x\to 0} \dfrac{1}{1+x}=$______.

(4) $\lim\limits_{x\to \frac{\pi}{4}} \sin 2x=$______.

(5) $\lim\limits_{x\to 2} (3x+5)=$______.

3. 选择题.

(1) $f(x)$ 在 x_0 的左 / 右极限存在且相等是 $f(x)$ 在该点存在极限的 ( ).

A. 充分必要条件

B. 充分非必要条件

C. 必要非充分条件

D. 既非充分也非必要条件

(2) 设 $f(x)=\begin{cases} 3x+1, & x<0 \\ 2, & x=0 \\ 1-2x, & x>0 \end{cases}$，则 $\lim\limits_{x\to 0} f(x)=$ ( ).

A. 1　　B. 2　　C. −1　　D. 不存在

(3) 极限 $\lim\limits_{x\to\infty} \mathrm{e}^x$ 的值是 ( ).

A. $+\infty$　　B. 0　　C. $-\infty$　　D. 不存在

(4) 下列各式中，极限存在的是 ( ).

A. $\lim\limits_{x\to 0}\cos x$　　B. $\lim\limits_{x\to\infty}\arctan x$

C. $\lim\limits_{x\to\infty}\sin x$　　D. $\lim\limits_{x\to+\infty}2^x$

（5）极限 $\lim\limits_{x\to\infty}\dfrac{2x-1}{3x+2}=$（　　）.

A. $\dfrac{2}{3}$　　B. $\dfrac{3}{2}$　　C. 0　　D. -1

1.3 极限的计算

极限的计算

提出问题

电路中一个5Ω的电阻和一个滑动变阻器R（0 ~ 10Ω）并联（如图 1-25 所示），分析下面情况的总电阻：

（1）滑变的位置在正中间时；

（2）滑变的位置在最上端时；

（3）滑变的位置在最下端时；

（4）滑变老化，忽然断路时.

用极限式表示上面 4 种情况.

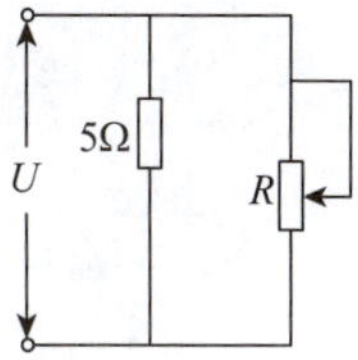

图 1-25

知识储备

1.3.1 极限的四则运算法则

与数列极限类似，函数极限有下述四则运算法则 .

定理 1 如果 $\lim\limits_{x\to x_0}f(x)=A$，$\lim\limits_{x\to x_0}g(x)=B$，那么：

（1）$\lim\limits_{x\to x_0}[f(x)\pm g(x)]=\lim\limits_{x\to x_0}f(x)\pm\lim\limits_{x\to x_0}g(x)=A\pm B$；

（2）$\lim\limits_{x\to x_0}[f(x)g(x)]=\lim\limits_{x\to x_0}f(x)\cdot\lim\limits_{x\to x_0}g(x)=AB$，$\lim\limits_{x\to x_0}[f(x)]^n=[\lim\limits_{x\to x_0}f(x)]^n=A^n$，$\lim\limits_{x\to x_0}C\cdot f(x)=C\cdot\lim\limits_{x\to x_0}f(x)=CA$（$C$是常数）；

（3）$\lim\limits_{x\to x_0}\dfrac{f(x)}{g(x)}=\dfrac{\lim\limits_{x\to x_0}f(x)}{\lim\limits_{x\to x_0}g(x)}=\dfrac{A}{B}$　（$B\neq 0$）.

注意：

法则（1）和法则（2）可推广到有限多个函数情形；上述 3 个法则对自变

量其他变化趋势，如$x \to \infty$、$x \to x^+$等同样成立.

1.3.2　无穷小与无穷大

1. 无穷小

定义 1　如果当$x \to x_0$（或$x \to \infty$）时，函数$f(x)$的极限为0，那么函数$f(x)$叫作当$x \to x_0$（或$x \to \infty$）时的无穷小量，简称无穷小.

例如$\lim\limits_{x \to \infty} \frac{1}{x} = 0$，函数$y = \frac{1}{x}$当$x \to \infty$时是无穷小. 指数衰减函数$y = e^{-\beta t}$（$t > 0$），当$t \to +\infty$时是无穷小.

注意：

（1）说一个函数是无穷小时，必须指明自变量变化趋势；

（2）很小的数不是无穷小，但0是无穷小.

2. 无穷大

定义 2　如果当$x \to x_0$（或$x \to \infty$）时，函数$f(x)$的绝对值无限增大，那么函数$f(x)$叫作当$x \to x_0$（或$x \to \infty$）时的无穷大量，简称无穷大.

对于极限不存在的函数，仍记为：$\lim\limits_{\substack{x \to x_0 \\ (x \to \infty)}} f(x) = \infty$.

正、负无穷大分别记为：$\lim\limits_{\substack{x \to x_0 \\ (x \to \infty)}} f(x) = +\infty$和$\lim\limits_{\substack{x \to x_0 \\ (x \to \infty)}} f(x) = -\infty$.

例如当$x \to 0$时，$\frac{1}{x}$是一个无穷大，记为$\lim\limits_{x \to 0} \frac{1}{x} = \infty$.

当$x \to +\infty$时，$y = 2^x$是一个正无穷大，记为$\lim\limits_{x \to +\infty} 2^x = +\infty$.

当$x \to 0^+$时，$y = \ln x$是一个负无穷大，记为$\lim\limits_{x \to 0^+} \ln x = -\infty$.

注意：

（1）说一个函数是无穷大时，必须指明自变量变化趋势；

（2）很大的数不是无穷大.

3. 无穷小的性质

（1）有限个无穷小的代数和仍是无穷小.

（2）有限个无穷小的乘积仍是无穷小.

（3）有界函数与无穷小的乘积仍是无穷小.

例1　求$\lim\limits_{x\to\infty}\frac{\sin x}{x}$.

解　因为$\frac{1}{x}$是$x\to\infty$时的无穷小，而$|\sin x|\leqslant 1$是有界函数，所以$\frac{\sin x}{x}$是$x\to\infty$时的无穷小，$\lim\limits_{x\to\infty}\frac{\sin x}{x}=0$.

例2　求$\lim\limits_{x\to\infty}\frac{\arctan x}{x^2}$.

解　因为$\frac{1}{x^2}$是$x\to\infty$时的无穷小，而$|\arctan x|<\frac{\pi}{2}$是有界函数，所以$\frac{\arctan x}{x^2}$是$x\to\infty$时的无穷小，$\lim\limits_{x\to\infty}\frac{\arctan x}{x^2}=0$.

4. 无穷小的比较

（1）无穷小的阶.

根据极限运算法则可知，两个无穷小的和、差、乘积仍为无穷小. 但是，两个无穷小的商却会出现不同情形. 例如，当$x\to 0$时，x、x^2、$\sin x$都是无穷小，但

$$\lim_{x\to 0}\frac{x^2}{x}=0,\ \lim_{x\to 0}\frac{x}{x^2}=\infty,\ \lim_{x\to 0}\frac{\sin x}{x}=1$$

两个无穷小的商的极限的各种不同情形反映了不同的无穷小趋于0的“快慢”程度：在$x\to 0$的过程中，x^2比x“快些”，x比x^2“慢些”，$\sin x$与x“快慢相仿”.

定义3　设α、β是同一个趋向过程中的无穷小，且$\beta\neq 0$.

1）若$\lim\frac{\alpha}{\beta}=0$，则称$\alpha$是比$\beta$高阶的无穷小，记为$\alpha=o(\beta)$.

2）若$\lim\frac{\alpha}{\beta}=\infty$，则称$\alpha$是比$\beta$低阶的无穷小.

3）若$\lim\frac{\alpha}{\beta}=C\neq 0$，则称$\alpha$与$\beta$是同阶无穷小.

4）若$\lim\frac{\alpha}{\beta}=1$，则称$\alpha$与$\beta$是等价无穷小，记为$\alpha\sim\beta$.

显然等价无穷小是同阶无穷小的特殊情形，即$C=1$的情形.

例3　证明：当$x\to 1$时，x^2-1与x^3-1是同阶无穷小.

证　因为$\lim\limits_{x\to 1}\frac{x^2-1}{x^3-1}=\lim\limits_{x\to 1}\frac{x+1}{x^2+x+1}=\frac{2}{3}$，所以当$x\to 1$时，$x^2-1$与$x^3-1$是

同阶无穷小.

例 4　证明：当$x \to 0$时，$\sqrt{1+x}-1$与$\frac{x}{2}$是等价无穷小.

证　因为$\lim\limits_{x \to 0} \frac{\sqrt{1+x}-1}{\frac{x}{2}} = \lim\limits_{x \to 0} \frac{2x}{x(\sqrt{1+x}+1)} = \lim\limits_{x \to 0} \frac{2}{\sqrt{1+x}+1} = 1$，所以当$x \to 0$时，$\sqrt{1+x}-1$与$\frac{x}{2}$是等价无穷小.

（2）几个常用的等价无穷小.

当$x \to 0$时，有如下常用等价无穷小：

1）$\sin x \sim x$；　2）$\ln(1+x) \sim x$；　3）$e^x - 1 \sim x$；

4）$\tan x \sim x$；　5）$\arctan x \sim x$；　6）$\arcsin x \sim x$；

7）$1-\cos x \sim \frac{x^2}{2}$；　8）$(1+x)^{\mu}-1 \sim \mu x$.

（3）应用等价无穷小法求极限.

定理 2（等价无穷小替换定理）　若在自变量的同一变化过程中，$\alpha \sim \alpha'$，$\beta \sim \beta'$，则$\lim \frac{\alpha f(x)}{\beta f(x)} = \lim \frac{\alpha' f(x)}{\beta' g(x)}$．而具备上述格式的等价无穷小可以自由替换.

例 5　求下列函数的极限：

1）$\lim\limits_{x \to 0} \frac{\sin 2x}{3x}$；　2）$\lim\limits_{x \to 0} \frac{\sin 3x}{\sin 4x}$；

3）$\lim\limits_{x \to 0} \frac{e^{2x}-1}{3x}$；　4）$\lim\limits_{x \to 0} \frac{1-\cos 2x}{x \sin x}$.

解　1）当$x \to 0$时，$\sin 2x \sim x$，$\lim\limits_{x \to 0} \frac{\sin 2x}{3x} = \lim\limits_{x \to 0} \frac{2x}{3x} = \frac{2}{3}$；

2）当$x \to 0$时，$\sin 3x \sim 3x$，$\sin 4x \sim 4x$，$\lim\limits_{x \to 0} \frac{\sin 3x}{\sin 4x} = \lim\limits_{x \to 0} \frac{3x}{4x} = \frac{3}{4}$；

3）当$x \to 0$时，$e^{2x}-1 \sim 2x$，$\lim\limits_{x \to 0} \frac{e^{2x}-1}{3x} = \lim\limits_{x \to 0} \frac{2x}{3x} = \frac{2}{3}$；

4）当$x \to 0$时，$1-\cos 2x \sim 2x^2$，$\sin x \sim x$，$\lim\limits_{x \to 0} \frac{1-\cos 2x}{x \sin x} = \lim\limits_{x \to 0} \frac{2x^2}{x^2} = 2$.

例6　求极限$\lim\limits_{x\to 0}\dfrac{\sin x-\tan x}{x^3}$.

解　$\lim\limits_{x\to 0}\dfrac{\sin x-\tan x}{x^3}=\lim\limits_{x\to 0}\dfrac{\sin x(\cos x-1)}{x^3\cos x}=\lim\limits_{x\to 0}\dfrac{\cos x-1}{x^2}=-\dfrac{1}{2}$.

错误做法　1）$\lim\limits_{x\to 0}\dfrac{\sin x-\tan x}{x^3}=\lim\limits_{x\to 0}\dfrac{\sin x-\sin x}{x^3}=0$；

2）$\lim\limits_{x\to 0}\dfrac{\sin x-\tan x}{x^3}=\lim\limits_{x\to 0}\dfrac{\sin x}{x^3}-\lim\limits_{x\to 0}\dfrac{\tan x}{x^3}=0$.

注意：

（1）用等价无穷小的替换方法求极限时，和、差形式一般不能进行替换，只有因子乘积形式才可以进行等价无穷小替换；

（2）只有函数极限存在时才能进行四则运算.

1.3.3　常见的几个求函数极限的方法

1. 直接代入法：求函数$f(x)$在$x\to x_0$时的极限，若函数在x_0点有定义，则直接代入计算，运算结果就是$f(x)$在$x\to x_0$时的极限.

2. 利用无穷大与无穷小的关系：在相同变化趋势下，无穷大与无穷小呈倒数的关系，若$\lim\limits_{x\to x_0}f(x)=0$，则$\lim\limits_{x\to x_0}\dfrac{1}{f(x)}=\infty$.

3. 因式分解法：对于$\lim\limits_{x\to x_0}\dfrac{f(x)}{g(x)}$，有时可以对分子$f(x)$和分母$g(x)$进行因式分解，并且约去共同的公因子，从而获得函数的极限.

4. 若分子分母皆为多项式，且$x\to\infty$，则有如下求解公式：

$$\lim_{x\to\infty}\frac{a_nx^n+a_{n-1}x^{n-1}+\cdots+a_1x+a_0}{b_mx^m+a_{m-1}x^{m-1}+\cdots+b_1x+b_0}=\begin{cases}\dfrac{a_n}{b_m}, & 当n=m时;\\ 0, & 当n<m时;\\ \infty, & 当n>m时.\end{cases}$$

例7　求下列函数的极限：

（1）$\lim\limits_{x\to 1}(x^2+2x+1)$；　（2）$\lim\limits_{x\to 1}\dfrac{1}{x-1}$；

（3）$\lim\limits_{x\to 3}\dfrac{x^2-9}{x-3}$；　（4）$\lim\limits_{x\to 1}\dfrac{x^2-1}{x^2+x-2}$；

（5）$\lim\limits_{x\to\infty}\dfrac{x^2-3}{x^3+2x-2}$； （6）$\lim\limits_{x\to\infty}\dfrac{2x^3-3}{x^2+3x-5}$；

（7）$\lim\limits_{x\to\infty}\dfrac{2x^2-1}{3x^2+2x-3}$.

解 （1）$\lim\limits_{x\to1}(x^2+2x+1)=4$；

（2）$\lim\limits_{x\to1}\dfrac{1}{x-1}=\infty$（无穷大与无穷小互为倒数关系）；

（3）$\lim\limits_{x\to3}\dfrac{x^2-9}{x-3}=\lim\limits_{x\to3}\dfrac{(x+3)(x-3)}{x-3}=6$；

（4）$\lim\limits_{x\to1}\dfrac{x^2-1}{x^2+x-2}=\lim\limits_{x\to1}\dfrac{(x+1)(x-1)}{(x+2)(x-1)}=\lim\limits_{x\to1}\dfrac{x+1}{x+2}=\dfrac{2}{3}$；

（5）$\lim\limits_{x\to\infty}\dfrac{x^2-3}{x^3+2x-2}=0$；

（6）$\lim\limits_{x\to\infty}\dfrac{2x^3-3}{x^2+3x-5}=\infty$；

（7）$\lim\limits_{x\to\infty}\dfrac{2x^2-1}{3x^2+2x-3}=\dfrac{2}{3}$.

1.3.4 重要极限$\lim\limits_{x\to\infty}\left(1+\dfrac{1}{x}\right)^x=e$和$\lim\limits_{x\to0}(1+x)^{\frac{1}{x}}=e$

在表 1-1 中，考察当$x\to+\infty$及$x\to-\infty$时函数$\left(1+\dfrac{1}{x}\right)^x$的变化趋势.

表 1-1

x	10	100	1 000	10 000	100 000	1 000 000	…	$\to+\infty$
$\left(1+\dfrac{1}{x}\right)^x$	2.593 74	2.704 81	2.716 92	2.718 15	2.718 27	2.718 28	…	$\to e$

x	−10	−100	−1 000	−10 000	−100 000	−1 000 000	…	$\to-\infty$
$\left(1+\dfrac{1}{x}\right)^x$	2.593 74	2.704 81	2.716 92	2.718 15	2.718 27	2.718 28	…	$\to e$

从表 1-1 中可以看出：

$$\lim_{x\to\infty}\left(1+\frac{1}{x}\right)^x=e,\ \lim_{x\to0}(1+x)^{\frac{1}{x}}=e$$

注意：

（1）它可形象地表示为 $\lim\limits_{\square\to\infty}\left(1+\dfrac{1}{\square}\right)^{\square}=\mathrm{e}$（方框□代表同一变量）；

（2）另一个等价形式为 $\lim\limits_{\square\to 0}(1+\square)^{\frac{1}{\square}}=\mathrm{e}$（方框□代表同一变量）．

例 8 求下列函数的极限：

（1）$\lim\limits_{x\to\infty}\left(1+\dfrac{1}{x}\right)^{2x}$；

（2）$\lim\limits_{x\to\infty}\left(1+\dfrac{2}{x}\right)^{x}$；

（3）$\lim\limits_{x\to\infty}\left(1-\dfrac{3}{x}\right)^{2x}$；

（4）$\lim\limits_{x\to 0}(1+x)^{\frac{3}{x}}$；

（5）$\lim\limits_{x\to 0}(1+2x)^{\frac{1}{x}}$；

（6）$\lim\limits_{x\to 0}(1-3x)^{\frac{2}{x}}$．

解 （1）$\lim\limits_{x\to\infty}\left(1+\dfrac{1}{x}\right)^{2x}=\lim\limits_{x\to\infty}\left(\left(1+\dfrac{1}{x}\right)^{x}\right)^{2}=\mathrm{e}^{2}$；

（2）$\lim\limits_{x\to\infty}\left(1+\dfrac{2}{x}\right)^{x}=\lim\limits_{x\to\infty}\left(\left(1+\dfrac{1}{\frac{x}{2}}\right)^{\frac{x}{2}}\right)^{2}=\mathrm{e}^{2}$；

（3）$\lim\limits_{x\to\infty}\left(1-\dfrac{3}{x}\right)^{2x}=\lim\limits_{x\to\infty}\left(\left(1+\dfrac{1}{\frac{-x}{3}}\right)^{\frac{-x}{3}}\right)^{-6}=\mathrm{e}^{-6}$；

（4）$\lim\limits_{x\to 0}(1+x)^{\frac{3}{x}}=\lim\limits_{x\to 0}\left((1+x)^{\frac{1}{x}}\right)^{3}=\mathrm{e}^{3}$；

（5）$\lim\limits_{x\to 0}(1+2x)^{\frac{1}{x}}=\lim\limits_{x\to 0}\left((1+2x)^{\frac{1}{2x}}\right)^{2}=\mathrm{e}^{2}$；

（6）$\lim\limits_{x\to 0}(1-3x)^{\frac{2}{x}}=\lim\limits_{x\to 0}\left((1+(-3x))^{\frac{1}{-3x}}\right)^{-6}=\mathrm{e}^{-6}$．

解决问题

解 由并联电路知识可知：$\dfrac{1}{R_{总}}=\dfrac{1}{5}+\dfrac{1}{R_{滑}}$，滑变位置在正中间时 $R_{滑}=5\Omega$，滑变位置在最上端时 $R_{滑}=10\Omega$，滑变位置在最下端时，电路短路 $R_{滑}=0\Omega$，滑变老化，忽然断路时 $R_{滑}=+\infty$.

（1）滑变的位置在正中间时：$\dfrac{1}{R_{总}}=\lim\limits_{R_{滑}\to 5}\left(\dfrac{1}{5}+\dfrac{1}{R_{滑}}\right)=\dfrac{2}{5}$，$R_{总}=2.5\Omega$.

（2）滑变的位置在最上端时：$\dfrac{1}{R_{总}}=\lim\limits_{R_{滑}\to 10}\left(\dfrac{1}{5}+\dfrac{1}{R_{滑}}\right)=\dfrac{3}{10}$，$R_{总}=3.3\Omega$.

（3）滑变的位置在最下端时：电路短路，即 $R_{滑}=0\Omega$，$\dfrac{1}{R_{总}}=\lim\limits_{R_{滑}\to 0}\left(\dfrac{1}{5}+\dfrac{1}{R_{滑}}\right)=\infty$，$R_{总}=0\Omega$.

（4）滑变老化，忽然断路时：$\dfrac{1}{R_{总}}=\lim\limits_{R_{滑}\to +\infty}\left(\dfrac{1}{5}+\dfrac{1}{R_{滑}}\right)=\dfrac{1}{5}$，$R_{总}=5\Omega$.

习题 1.3

习题答案详解

1. 填空题 .

（1）$\lim\limits_{x\to\infty}\dfrac{\cos x}{x^3}=$______，$\lim\limits_{x\to\infty}\dfrac{\sin x}{x^2}=$______，$\lim\limits_{x\to 0}x\sin\dfrac{1}{x}=$______.

（2）设 $y=\dfrac{1}{x-1}$，当 $x\to$____时，y 是无穷小；当 $x\to$____时，y 是无穷大.

（3）若 $\lim\limits_{x\to 0}f(x)=0$，则 $\lim\limits_{x\to 0}\dfrac{1}{f(x)}=$______.

（4）$\lim\limits_{x\to 4}\dfrac{x^2-5x+4}{x-4}=$______，$\lim\limits_{x\to 4}\dfrac{x^2-2x-8}{x-4}==$______.

（5）$\lim\limits_{x\to 3}\dfrac{x^2-9}{x^2-5x+6}=$______，$\lim\limits_{x\to 1}\left(\dfrac{2}{1-x^2}-\dfrac{1}{1-x}\right)=$______.

（6）如果 $\lim\limits_{x\to 0}\dfrac{3\sin mx}{2x}=\dfrac{2}{3}$，则 $m=$______.

（7）$\lim\limits_{x\to\infty}\left(1+\dfrac{1}{x}\right)^{-3x}=$______.

2. 计算下列函数的极限：

（1）$\lim\limits_{x\to 0}\dfrac{\sqrt{1+x}-\sqrt{1-x}}{x}$；　　（2）$\lim\limits_{x\to 1}\left(\dfrac{1}{x-1}-\dfrac{3}{x^2+x-2}\right)$；

(3) $\lim\limits_{x\to 2}\dfrac{x^2+4x-12}{x^2-4}$；　　(4) $\lim\limits_{n\to\infty}(\sqrt{n+4}-\sqrt{n})\sqrt{n}$；

(5) $\lim\limits_{n\to\infty}\dfrac{1+2+3+\cdots+(n-1)}{n^2}$；　　(6) $\lim\limits_{x\to 0}\dfrac{\sin 9x}{\sin 8x}$；

(7) $\lim\limits_{x\to\infty}\left(1+\dfrac{1}{2x}\right)^{3x}$；　　(8) $\lim\limits_{x\to 0}\dfrac{x(e^{2x}-1)}{1-\cos 2x}$；

(9) $\lim\limits_{x\to 0}\left(\dfrac{x+1}{x+2}\right)^{x}$；　　(10) $\lim\limits_{x\to 0}\dfrac{\sin 3x}{\tan x}$.

1.4　函数的连续性

函数的连续性

提出问题

1. A、B 两点固定等量正电荷，在 AB 连线的垂线上有 C、D 两点，将一个试探电荷由 C 点移到 D 点，求该试探电荷受到电场力的大小变化过程.

2. 一个空心均匀球壳里面注满水，球的下方有一个小孔，在水由小孔慢慢流出的过程中，求空心球壳和水的重心的变化过程.

知识储备

在现实世界中，许多变量的变化都是连续不间断的，例如气温的变化、水和空气的流动、动植物的生长、物体运动的路程等. 这种现象在数学上就抽象为函数的连续性.

1.4.1　函数在点 x_0 处的连续性

定义 1　设函数 $y=f(x)$ 在点 x_0 的某一邻域内有定义，如果当自变量增量 $\Delta x=x-x_0$ 趋于 0 时，对应函数增量 $\Delta y=f(x_0+\Delta x)-f(x_0)$ 也趋于 0，那么就称函数 $y=f(x)$ 在点 x_0 处连续，用极限来表示就是

$$\lim_{\Delta x\to 0}\Delta y=0 \text{或} \lim_{\Delta x\to 0}[f(x_0+\Delta x)-f(x_0)]=0$$

此时称函数 $y=f(x)$ 在点 x_0 处是连续的，点 x_0 称为函数的连续点. 如图 1–26（a）所示函数 $f(x)$ 在点 x_0 处连续，如图 1–26（b）所示函数 $f(x)$ 在点 x_0 处不连续.

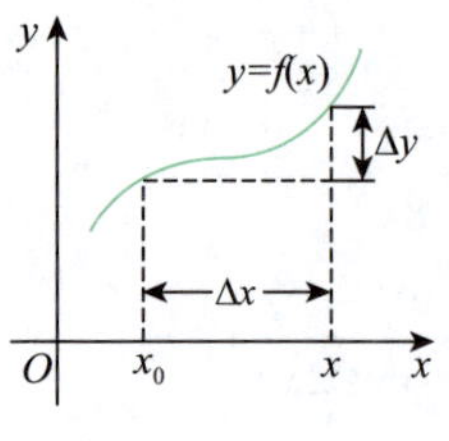

（a）

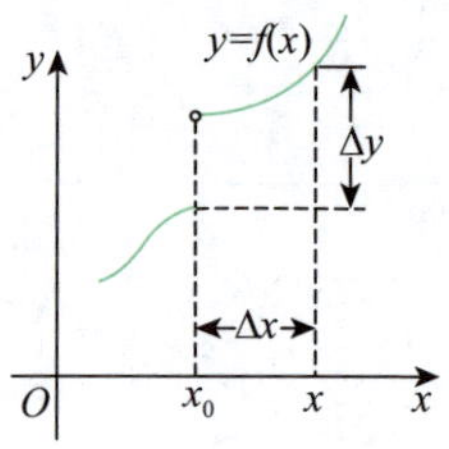

（b）

图 1–26

例 1　证明函数$y=2x^2+1$在$x=1$处连续.

证　因为函数$y=2x^2+1$的定义域为$(-\infty,+\infty)$，所以函数在$x=1$及其近旁有定义，于是

$$\Delta y=[2(1+\Delta x)^2+1]-(2\times 1^2+1)=4(\Delta x)+2(\Delta x)^2$$

则

$$\lim_{\Delta x\to 0}\Delta y=\lim_{\Delta x\to 0}[4(\Delta x)+2(\Delta x)^2]=0$$

所以函数在$x=1$处连续.

定义 2　设函数$y=f(x)$在点x_0及其近旁有定义，如函数$f(x)$当$x\to x_0$时的极限存在，且等于它在点x_0处的函数值$f(x_0)$，即

$$\lim_{x\to x_0} f(x)=f(x_0)$$

那么称函数$f(x)$在点x_0处连续.

定义 2 指出了函数$y=f(x)$在点x_0处连续必须满足的 3 个条件：

（1）函数$f(x)$在点x_0及其近旁有定义；

（2）极限$\lim\limits_{x\to x_0} f(x)$存在；

（3）在点x_0处极限值等于函数值，即$\lim\limits_{x\to x_0} f(x)=f(x_0)$.

例 2　讨论图 1–27 所示函数$f(x)=\dfrac{x^2-1}{x-1}$在$x=1$、$x=0$处的连续性.

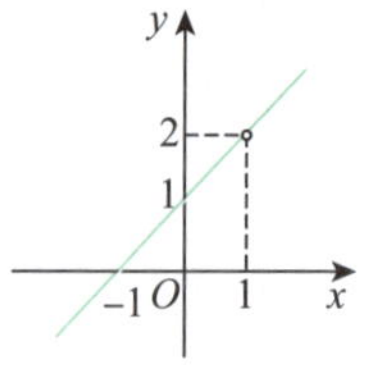

图 1–27

解　函数 $f(x)=\dfrac{x^2-1}{x-1}$ 在 $x=1$ 处没有定义，所以函数在 $x=1$ 处不连续.

函数 $f(x)=\dfrac{x^2-1}{x-1}$ 在 $x=0$ 及其近旁有定义，且 $\lim\limits_{x\to0}f(x)=\lim\limits_{x\to0}\dfrac{x^2-1}{x-1}=\lim\limits_{x\to0}(x+1)=1$，所以函数 $f(x)$ 在 $x=0$ 处连续.

例3　讨论图1-28所示函数 $f(x)=\begin{cases}x+1, & x>1\\ x^2, & x\leqslant1\end{cases}$ 在 $x=1$ 处的连续性.

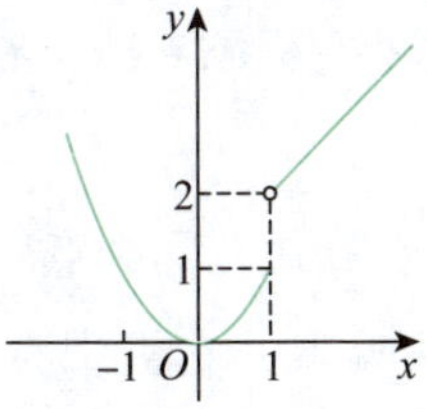

图1-28

解　函数 $f(x)$ 在 $x=1$ 处有定义，且 $\lim\limits_{x\to1^+}(x+1)=2$，$\lim\limits_{x\to1^-}x^2=1$，因为函数在 $x=1$ 处的左/右极限不相等，即 $\lim\limits_{x\to1}f(x)$ 不存在，不满足连续必备的第二个条件，所以分段函数 $f(x)$ 在 $x=1$ 处不连续.

1.4.2　函数在区间上的连续性

（1）如果函数 $f(x)$ 在开区间 (a,b) 内每一点都连续，那么称函数 $f(x)$ 在区间 (a,b) 内连续，区间 (a,b) 叫作函数 $f(x)$ 的连续区间.

（2）如果函数 $f(x)$ 在闭区间 $[a,b]$ 上有定义，在开区间 (a,b) 内连续，且 $\lim\limits_{x\to a^+}f(x)=f(a)$（称函数在 $x=a$ 处右连续），$\lim\limits_{x\to b^-}f(x)=f(b)$（称函数在 $x=b$ 处左连续），那么就称函数 $f(x)$ 在闭区间 $[a,b]$ 上连续.

（3）函数 $f(x)$ 的所有连续点构成的区间称为函数的连续区间，如 $y=\sin x$ 的连续区间是 $(-\infty,+\infty)$. 在几何上，连续函数的图像是一条连续不间断的直线或曲线.

1.4.3 函数的间断点

定义 3 如果函数$f(x)$有下列 3 种情形之一：

(1) 在$x=x_0$处没有定义；

(2) 虽在$x=x_0$处有定义，但$\lim\limits_{x\to x_0} f(x)$不存在；

(3) 虽在$x=x_0$处有定义，且$\lim\limits_{x\to x_0} f(x)$存在，但$\lim\limits_{x\to x_0} f(x)\neq f(x_0)$.

那么称函数$f(x)$在点x_0处不连续，而点x_0为函数$f(x)$的不连续点或间断点.

定义 4 设x_0为函数$f(x)$的间断点，若左极限$f(x_0^-)$和右极限$f(x_0^+)$都存在，则x_0称为第一类间断点；若左极限$f(x_0^-)$和右极限$f(x_0^+)$至少有一个不存在，则x_0称为第二类间断点.

第一类间断点分为可去间断点和跳跃间断点.

可去间断点：函数在该点左极限、右极限存在且相等，但不等于该点的函数值.

跳跃间断点：函数在该点左极限和右极限存在但不相等.

第二类间断点情况复杂，这里只介绍无穷间断点. 无穷间断点：函数在该点无定义，左极限、右极限至少有一个不存在且趋于无穷大.

例 4 求函数$f(x)=\dfrac{x^2-1}{x-1}$的间断点.

解 因为$x-1\neq 0$，所以$x=1$处没有定义，故$x=1$是第一类可去间断点，如图 1-29 所示.

例 5 求函数$f(x)=\begin{cases} x+1, & x\leqslant 1 \\ x+2, & x>1 \end{cases}$的间断点.

解 因为$x=1$处有定义，但$\lim\limits_{x\to 1^-} x+1=2$，$\lim\limits_{x\to 1^+} x+2=3$，左右极限不相等，所以$x=1$是第一类跳跃间断点，如图 1-30 所示.

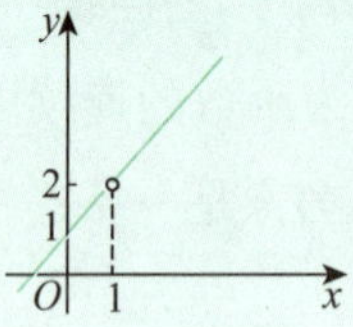

图 1-29

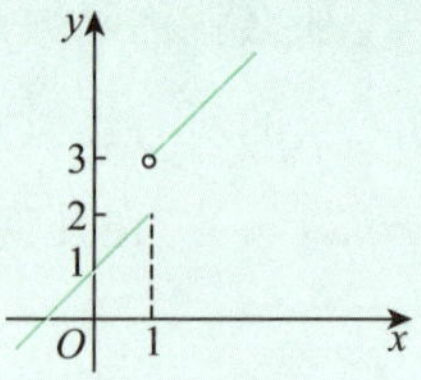

图 1-30

例 6　求函数$f(x)=\dfrac{1}{(1-x)^2}$的间断点.

解　因为 $x=1$ 处没有定义，$\lim\limits_{x\to1}=\dfrac{1}{(1-x)^2}=\infty$，所以 $x=1$ 是第二类无穷间断点，如图 1-31 所示.

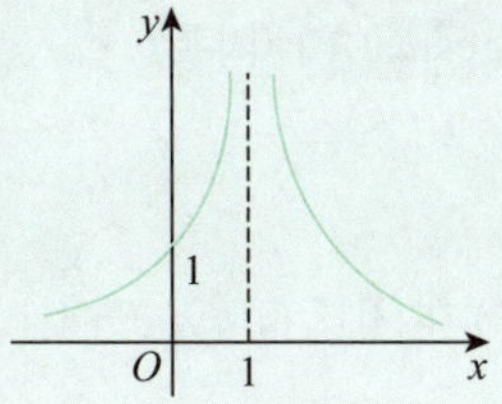

图 1-31

1.4.4　初等函数的连续性

由基本初等函数图像可知，基本初等函数在其定义区间内都是连续的.

定理 1　如果函数$f(x)$、$g(x)$均在点 x_0 处连续，那么$f(x)\pm g(x)$、$f(x)\cdot g(x)$、$\dfrac{f(x)}{g(x)}$（$g(x)\neq0$）也都在点 x_0 处连续 .

定理 2　如果函数$y=f(u)$在点 u_0 处连续，又函数 $u=\varphi(x)$在点 x_0 处连续，且 $u_0=\varphi(x_0)$，那么复合函数$y=f(\varphi(x_0))$在点 x_0 处也连续.

所以可得结论：一切初等函数在其定义域内都是连续的.

例 7　求下列函数的极限：

（1）$\lim\limits_{x\to5}(\sqrt{x^2-9}+\sqrt{6-x})$；　　（2）$\lim\limits_{t\to\frac{\pi}{4}}\dfrac{\sin 2t}{2\cos(\pi-t)}$；

（3）$\lim\limits_{t\to0}\dfrac{\sqrt{1+t}-1}{t}$；　　（4）$\lim\limits_{x\to0}\dfrac{\ln(1+x)}{x}$.

解　（1）$\lim\limits_{x\to5}(\sqrt{x^2-9}+\sqrt{6-x})=\sqrt{25-9}+\sqrt{6-5}=5$；

（2）$\lim\limits_{t\to\frac{\pi}{4}}\dfrac{\sin 2t}{2\cos(\pi-t)}=\dfrac{\sin\left(2\times\dfrac{\pi}{4}\right)}{2\cos\left(\pi-\dfrac{\pi}{4}\right)}=\dfrac{1}{2\times\left(-\dfrac{\sqrt{2}}{2}\right)}=-\dfrac{\sqrt{2}}{2}$；

(3) $\lim\limits_{t\to0}\dfrac{\sqrt{1+t}-1}{t}=\lim\limits_{t\to0}\dfrac{(\sqrt{1+t}-1)(\sqrt{1+t}+1)}{t(\sqrt{1+t}+1)}=\lim\limits_{x\to0}\dfrac{1}{(\sqrt{1+t}+1)}=\dfrac{1}{2}$;

(4) $\lim\limits_{x\to0}\dfrac{\ln(1+x)}{x}=\lim\limits_{x\to0}\ln(1+x)^{\frac{1}{x}}=\ln\lim\limits_{x\to0}(1+x)^{\frac{1}{x}}=\ln e=1$.

1.4.5 闭区间上连续函数的性质

1. 最大值、最小值性质

定理 3 设函数$f(x)$在闭区间$[a,b]$上连续，那么$f(x)$在$[a,b]$上必有最大值与最小值（如图 1–32 所示）.

2. 根的存在性质

定理 4 设函数$f(x)$在闭区间$[a,b]$上连续，且$f(a)$与$f(b)$异号，那么在开区间(a,b)内至少存在一点ξ使$f(\xi)=0$（如图 1–33 所示）.

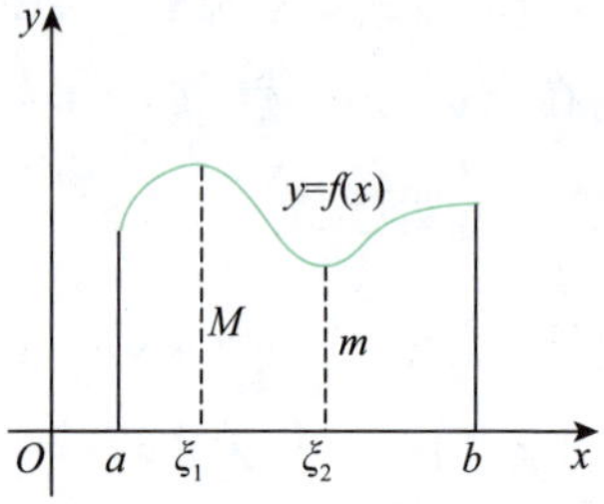

图 1–32

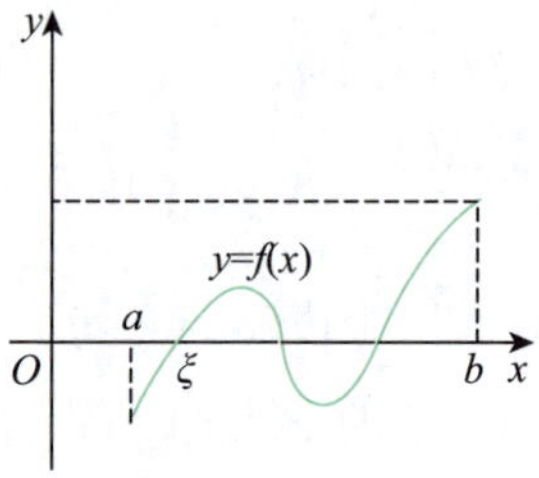

图 1–33

例 8 证明三次方程$x^3-4x^2+1=0$在区间$(0,1)$内至少有一个实根.

证明 设$f(x)=x^3-4x^2+1$.

因为函数$f(x)=x^3-4x^2+1$在闭区间$[0,1]$上连续，且

$$f(0)=1>0,\ f(1)=-2<0$$

由定理 4 知，在$(0,1)$内至少存在一点ξ使$f(\xi)=0$，即$\xi^3-4\xi^2+1=0$，所以方程$x^3-4x^2+1=0$在区间$(0,1)$内至少有一个实根ξ.

解决问题

解 1. AB 连线中点处场强为0，无穷远处场强也为0，故由中点到无穷远处的场强必定是先增大后减小的连续变化过程．所以试探电荷所受的电场力可能增大，也可能减小，也可能先增大后减小．

2. 注满水时，空心球壳和水的重心在球心，水流光时空心球壳的重心又回到球心，故重心必定是先降低后升高的连续运动过程．

习题 1.4

习题答案详解

1. 证明函数 $f(t)=3t+5$ 在 $t=0$ 处连续．

2. 讨论函数 $y=f(x)=\begin{cases}x+1, & x>1\\3-x, & x\leqslant 1\end{cases}$ 在 $x=1$ 处的连续性并画出它的图像．

3. 求下列函数的连续区间：

（1）$f(x)=\dfrac{1}{x^2+x-2}$；

（2）$y=f(t)=\dfrac{1}{t-1}+\sqrt{t+2}$．

4. 函数 $y=f(t)=\begin{cases}e^t, & t<0\\a+t, & t\geqslant 0\end{cases}$，当 a 为何值时 $f(t)$ 在 $t=0$ 处连续．

5. 求下列函数的间断点并指出类型：

（1）$f(t)=\dfrac{1}{t^3-1}$；

（2）$f(t)=\dfrac{t+3}{t^2-9}$；

（3）$y=f(x)=\begin{cases}x^2+1, & x\leqslant 0\\x-1, & x>0\end{cases}$；

（4）$y=f(x)=\begin{cases}3x-1, & x\neq 0\\2, & x=0\end{cases}$．

第 2 章　导数与微分

微分学是微积分的重要组成部分，它的基本概念是导数与微分，其中导数反映出函数相对于自变量变化快慢的程度，而微分则指明当自变量有微小变化时函数大体上变化多少.

2.1　导数的概念

提出问题

电路中某点处的电流 i 是通过该点处的电荷量 Q（单位：C）关于时间 t 的瞬时变化率，如果一电路中的电荷量为 $Q(t)=t^3$，求：(1) 电流函数 $i(t)$；(2) 当 $t=2$ s 时的电流；(3) 什么时候电流为 27 A？

知识储备

导数概念的引例

2.1.1　引例

为了说明微分学的基本概念——导数，我们先讨论两个问题：速度问题和切线问题. 这两个问题在历史上都与导数概念的形成有密切的关系.

1. 变速直线运动的速度

设物体作变速直线运动，它的运动方程是

$$s=f(t)$$

求物体在 t_0 时刻的瞬时速度.

当物体作匀速直线运动时，它在任意时刻的速度可用公式

$$速度=\frac{路程}{时间}$$

来计算．但对于变速直线运动，上式中的速度只能反映物体在某段时间内的平均速度，而不能精确地描述运动过程中任一时刻的瞬时速度．那么如何求变速直线运动的物体在 t_0 时刻的瞬时速度呢？下面我们来探讨这个问题．

取从时刻 t_0 到 $t_0+\Delta t$ 这段时间间隔，时间的增量为 Δt，物体运动路程的增量为

$$\Delta s=f(t_0+\Delta t)-f(t_0)$$

从而可以求得物体在此时段内的平均速度为

$$\bar{v}=\frac{f(t_0+\Delta t)-f(t_0)}{\Delta t}$$

很明显，当 $|\Delta t|$ 无限变小时，平均速度 $\bar{v}$ 无限接近于物体在 t_0 时刻的瞬时速度．因此，平均速度的极限值就是物体在 t_0 时刻的瞬时速度 v，即可定义：

$$v=\lim_{\Delta t\to 0}\bar{v}=\lim_{\Delta t\to 0}\frac{\Delta s}{\Delta t}=\lim_{\Delta t\to 0}\frac{f(t_0+\Delta t)-f(t_0)}{\Delta t}$$

2．曲线切线的斜率

如图 2–1 所示，设 M、N 为曲线 C 上的两点，过这两点作割线 MN．当点 N 沿曲线 C 趋于点 M 时，如果割线 MN 绕点 M 旋转并趋于极限位置 MT，则直线 MT 叫作曲线 C 在点 M 处的切线．

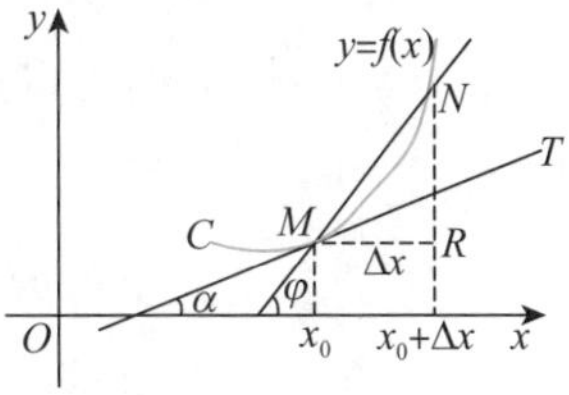

图 2–1

设曲线 C 所对应的函数为 $y=f(x)$，点 M、N 的坐标分别为 $M(x_0, f(x_0))$ 和 $N(x_0+\Delta x, f(x_0+\Delta x))$，则

$$MR=\Delta x,\ NR=f(x_0+\Delta x)-f(x_0)=\Delta y$$

割线 MN 的斜率是

$$\tan\varphi=\frac{\Delta y}{\Delta x}=\frac{f(x_0+\Delta x)-f(x_0)}{\Delta x}$$

其中 φ 是割线 MN 的倾斜角．

当 $\Delta x\to 0$ 时，点 N 沿着曲线无限趋于点 M，而割线 MN 就无限趋于它的极限位置 MT．因此，切线的倾斜角 α 是割线倾斜角 φ 的极限，切线的斜率是割线斜率 $\tan\varphi$ 的极限，即

$$\tan\alpha=\lim_{\Delta x\to 0}\tan\varphi=\lim_{\Delta x\to 0}\frac{\Delta y}{\Delta x}=\lim_{\Delta x\to 0}\frac{f(x_0+\Delta x)-f(x_0)}{\Delta x}$$

以上两例虽然实际意义不同，但从数学结构上看，都可归结为计算函数增量与自变量增量之比的极限问题，也就是下面我们要研究的导数问题．

2.1.2 导数的定义

定义 设函数$y=f(x)$在x_0的某个邻域内有定义，当自变量x在点x_0处有增量Δx（$x_0+\Delta x$也在该邻域内）时，函数有相应的增量

$$\Delta y=f(x_0+\Delta x)-f(x_0)$$

如果当$\Delta x\to 0$时，两个增量之比的极限

$$\lim_{\Delta x\to 0}\frac{\Delta y}{\Delta x}=\lim_{\Delta x\to 0}\frac{f(x_0+\Delta x)-f(x_0)}{\Delta x}$$

存在，则称这个极限值为$y=f(x)$在点x_0处的导数，记作

$$f'(x_0),\ y'\Big|_{x=x_0},\ \frac{\mathrm{d}y}{\mathrm{d}x}\Big|_{x=x_0}\text{或}\frac{\mathrm{d}f(x)}{\mathrm{d}x}\Big|_{x=x_0}$$

即

$$f'(x_0)=\lim_{\Delta x\to 0}\frac{\Delta y}{\Delta x}=\lim_{\Delta x\to 0}\frac{f(x_0+\Delta x)-f(x_0)}{\Delta x}$$

函数$y=f(x)$在点x_0处可导有时也说成$y=f(x)$在点x_0处具有导数或导数存在．如果上述极限不存在，则称函数$y=f(x)$在点x_0处不可导．如果极限为无穷大，则函数$y=f(x)$在点x_0处不可导，但为了方便，也称函数$y=f(x)$在点x_0处的导数为无穷大．

导数的定义式也可取不同的形式，常见的有如下两种：

（1）令$\Delta x=h$，则有

$$f'(x_0)=\lim_{h\to 0}\frac{f(x_0+h)-f(x_0)}{h}.$$

（2）令$x_0+\Delta x=x$，则当$\Delta x\to 0$时，有$x\to x_0$，于是有

$$f'(x_0)=\lim_{x\to x_0}\frac{f(x)-f(x_0)}{x-x_0}.$$

可以看到，在导数的定义中，比值

$$\frac{\Delta y}{\Delta x}=\frac{f(x_0+\Delta x)-f(x_0)}{\Delta x}$$

是当自变量x从x_0变到$x_0+\Delta x$时函数$y=f(x)$的平均变化率，而导数$f'(x_0)$是函数在点x_0处的变化率，它反映了因变量随自变量的变化而变化的快慢程度．

上面讲的是函数在一点处可导．如果函数$y=f(x)$在开区间I内的每点处都可导，就称函数$y=f(x)$在开区间I内可导．这时对于区间I内的每一点x都有一个导数值与它对应，这样就构成了一个新的函数，这个函数叫作原来函数$y=f(x)$的导函数，记作

$$f'(x),\ y',\ \frac{dy}{dx}或\frac{df(x)}{dx},$$

即

$$f'(x)=\lim_{\Delta x\to 0}\frac{f(x+\Delta x)-f(x)}{\Delta x}$$

很明显，函数$y=f(x)$在点x_0处的导数$f'(x_0)$就是导函数$f'(x)$在点x_0处的函数值，即

$$f'(x_0)=f'(x)\big|_{x=x_0}$$

在不至于发生混淆的情况下，导函数也简称导数.

例 1　设函数$f(x)=x^2$，求$f'(x)$、$f'(2)$和$f'(-1)$.

解　给定自变量在x处以增量Δx，对应函数的增量是

$$\Delta y=f(x+\Delta x)-f(x)=(x+\Delta x)^2-x^2=2x\Delta x+(\Delta x)^2$$

两个增量之比是

$$\frac{\Delta y}{\Delta x}=\frac{2x\Delta x+(\Delta x)^2}{\Delta x}=2x+\Delta x$$

对上式两端取极限，得

$$f'(x)=\lim_{\Delta x\to 0}\frac{\Delta y}{\Delta x}=\lim_{\Delta x\to 0}(2x+\Delta x)=2x$$

所以$f'(2)=2x\big|_{x=2}=4$，$f'(-1)=2x\big|_{x=-1}=-2$.

2.1.3　求导数举例

下面根据导数的定义来求一些简单函数的导数.

根据导数的定义来求导数可以分为以下 3 个步骤：

（1）给自变量x以增量Δx，求出对应函数的增量Δy；

（2）计算两个增量的比值$\frac{\Delta y}{\Delta x}$；

（3）对上式两端取极限，得

$$f'(x)=\lim_{\Delta x\to 0}\frac{\Delta y}{\Delta x}=\lim_{\Delta x\to 0}\frac{f(x+\Delta x)-f(x)}{\Delta x}$$

例 2　求函数$y=C$（C为常数）的导数.

解　（1）求增量：$\Delta y=C-C=0$.

（2）算比值：$\dfrac{\Delta y}{\Delta x}=\dfrac{0}{\Delta x}=0$.

（3）取极限：$y'=\lim\limits_{\Delta x\to 0}\dfrac{\Delta y}{\Delta x}=\lim\limits_{\Delta x\to 0}\dfrac{0}{\Delta x}=0$.

即

$$(C)'=0.$$

例 3 求函数$y=x^3$的导数.

解 （1）求增量：$\Delta y=(x+\Delta x)^3-x^3=3x^2\Delta x+3x(\Delta x)^2+(\Delta x)^3$.

（2）算比值：$\dfrac{\Delta y}{\Delta x}=\dfrac{3x^2\Delta x+3x(\Delta x)^2+(\Delta x)^3}{\Delta x}=3x^2+3x\Delta x+(\Delta x)^2$.

（3）取极限：$y'=\lim\limits_{\Delta x\to 0}\dfrac{\Delta y}{\Delta x}=\lim\limits_{\Delta x\to 0}\left[3x^2+3x\Delta x+(\Delta x)^2\right]=3x^2$.

即

$$(x^3)'=3x^2.$$

上述公式可推广到任意正整数幂的情况，即

$$(x^n)'=nx^{n-1}.$$

还可推广到一般的幂函数$y=x^\alpha$（α为实数），即

$$(x^\alpha)'=\alpha x^{\alpha-1}.$$

利用这个公式，可以很方便地求出幂函数的导数.

例 4 求函数$y=\sin x$的导数.

解 （1）求增量：$\Delta y=\sin(x+\Delta x)-\sin x=2\cos\left(x+\dfrac{\Delta x}{2}\right)\sin\dfrac{\Delta x}{2}$.

（2）算比值：$\dfrac{\Delta y}{\Delta x}=2\cos\left(x+\dfrac{\Delta x}{2}\right)\cdot\dfrac{\sin\dfrac{\Delta x}{2}}{\Delta x}$.

（3）取极限：$y'=\lim\limits_{\Delta x\to 0}\dfrac{\Delta y}{\Delta x}=\lim\limits_{\Delta x\to 0}2\cos\left(x+\dfrac{\Delta x}{2}\right)\cdot\dfrac{\sin\dfrac{\Delta x}{2}}{\Delta x}$

$$=\lim_{\Delta x\to 0}\cos\left(x+\frac{\Delta x}{2}\right)\cdot\lim_{\Delta x\to 0}\frac{\sin\frac{\Delta x}{2}}{\frac{\Delta x}{2}}=\cos x.$$

即

$$(\sin x)'=\cos x.$$

类似地，可以求得 $(\cos x)'=-\sin x$.

例 5 求函数 $y=\log_a x$（$a>0$ 且 $a\neq 1$）的导数.

解 （1）求增量：$\Delta y=\log_a(x+\Delta x)-\log_a x=\log_a\frac{x+\Delta x}{x}=\log_a\left(1+\frac{\Delta x}{x}\right)$.

（2）算比值：$\frac{\Delta y}{\Delta x}=\frac{\log_a\left(1+\frac{\Delta x}{x}\right)}{\Delta x}=\frac{1}{\Delta x}\log_a\left(1+\frac{\Delta x}{x}\right)=\frac{1}{x}\cdot\frac{x}{\Delta x}\log_a\left(1+\frac{\Delta x}{x}\right)$.

（3）取极限：$y'=\lim_{\Delta x\to 0}\frac{\Delta y}{\Delta x}=\lim_{\Delta x\to 0}\frac{1}{x}\cdot\frac{x}{\Delta x}\log_a\left(1+\frac{\Delta x}{x}\right)=\frac{1}{x}\lim_{\Delta x\to 0}\log_a\left(1+\frac{\Delta x}{x}\right)^{\frac{x}{\Delta x}}$

$$=\frac{1}{x}\cdot\log_a e=\frac{1}{x\ln a}.$$

即 $$(\log_a x)'=\frac{1}{x\ln a}.$$

特殊地，$(\ln x)'=\frac{1}{x}$.

例 6 求函数 $y=a^x$（$a>0$ 且 $a\neq 1$）的导数.

解 （1）求增量：$\Delta y=a^{x+\Delta x}-a^x=a^x(a^{\Delta x}-1)$.

（2）算比值：$\frac{\Delta y}{\Delta x}=\frac{a^x(a^{\Delta x}-1)}{\Delta x}=a^x\cdot\frac{a^{\Delta x}-1}{\Delta x}$.

（3）取极限：$y'=\lim_{\Delta x\to 0}a^x\cdot\frac{a^{\Delta x}-1}{\Delta x}=a^x\lim_{\Delta x\to 0}\frac{a^{\Delta x}-1}{\Delta x}$.

令 $a^{\Delta x}-1=t$，则 $\Delta x=\log_a(1+t)$，且当 $\Delta x\to 0$ 时 $t\to 0$. 由此得

$$\lim_{\Delta x \to 0}\frac{a^{\Delta x}-1}{\Delta x}=\lim_{t\to 0}\frac{t}{\log_a(1+t)}=\lim_{t\to 0}\frac{1}{\frac{1}{t}\log_a(1+t)}=\lim_{t\to 0}\frac{1}{\log_a(1+t)^{\frac{1}{t}}}=\ln a.$$

即

$$(a^x)'=a^x\ln a.$$

特殊地，$(e^x)'=e^x$.

2.1.4 导数的几何意义

由前面对曲线切线问题的讨论可知：函数$y=f(x)$在点x_0处的导数$f'(x_0)$在几何上表示曲线$y=f(x)$在点$M(x_0, f(x_0))$处的切线的斜率，即

$$\tan\alpha=f'(x_0)$$

其中α是切线的倾斜角.

根据上述导数的几何意义并应用直线的点斜式方程，可知曲线$y=f(x)$在点$M(x_0, f(x_0))$处的切线方程为

$$y-f(x_0)=f'(x_0)(x-x_0)$$

如果函数$y=f(x)$在点x_0处的导数为无穷大，即切线的斜率为无穷大，则切线方程为$x=x_0$，此时切线垂直于x轴.

过切点$M(x_0, f(x_0))$且与切线垂直的直线叫作曲线$y=f(x)$在点$M(x_0, f(x_0))$处的法线. 如果$f'(x_0)\neq 0$，则法线的斜率为$-\frac{1}{f'(x_0)}$，从而法线方程为

$$y-f(x_0)=-\frac{1}{f'(x_0)}(x-x_0)$$

例 7　求曲线$y=\frac{1}{x}$在点$\left(\frac{1}{2}, 2\right)$处的切线的斜率，并写出该点处的切线方程和法线方程.

解　根据导数的几何意义可知所求切线的斜率为

$$k_1=y'\Big|_{x=\frac{1}{2}}$$

由于$y'=\left(\frac{1}{x}\right)'=-\frac{1}{x^2}$，于是

$$k_1=-\frac{1}{x^2}\bigg|_{x=\frac{1}{2}}=-4$$

从而所求切线方程为

$$y-2=-4\left(x-\frac{1}{2}\right)$$

即

$$4x+y-4=0$$

所求法线的斜率为

$$k_2=-\frac{1}{k_1}=\frac{1}{4}$$

于是所求法线方程为

$$y-2=\frac{1}{4}\left(x-\frac{1}{2}\right)$$

即

$$2x-8y+15=0$$

2.1.5　可导与连续的关系

可导性与连续性是函数的两个重要概念，它们之间有什么内在联系呢？

定理　如果函数$y=f(x)$在点x_0处可导，则它在点x_0处一定连续.

证　设函数$y=f(x)$在点x_0处可导，即极限

$$f'(x_0)=\lim_{\Delta x\to 0}\frac{\Delta y}{\Delta x}$$

存在，所以根据有极限的函数与无穷小的关系得

$$\frac{\Delta y}{\Delta x}=f'(x_0)+\alpha$$

其中 α 是当 $\Delta x \to 0$ 时的无穷小，对上式两端同乘以 Δx，得

$$\Delta y = f'(x_0)\Delta x + \alpha \cdot \Delta x$$

于是

$$\lim_{\Delta x \to 0} \Delta y = \lim_{\Delta x \to 0} [f'(x_0)\Delta x + \alpha \cdot \Delta x] = 0$$

由此可见，当 $\Delta x \to 0$ 时，$\Delta y \to 0$．这就是说函数 $y = f(x)$ 在点 x_0 处是连续的．但是一个函数在某点连续却不一定在该点可导，下面举例说明．

例 8　考察函数 $y = |x| = \begin{cases} x, & x \geqslant 0 \\ -x, & x < 0 \end{cases}$ 在 $x = 0$ 处的连续性与可导性．

解　$\Delta y = |0 + \Delta x| - |0| = |\Delta x|$，因为

$$\lim_{\Delta x \to 0} \Delta y = \lim_{\Delta x \to 0} |\Delta x| = 0$$

所以函数 $y = |x|$ 在 $x = 0$ 处连续．而

$$\lim_{\Delta x \to 0^+} \frac{\Delta y}{\Delta x} = \lim_{\Delta x \to 0^+} \frac{|\Delta x|}{\Delta x} = 1$$

$$\lim_{\Delta x \to 0^-} \frac{\Delta y}{\Delta x} = \lim_{\Delta x \to 0^-} \frac{|\Delta x|}{\Delta x} = -1$$

即 $\lim\limits_{\Delta x \to 0} \dfrac{\Delta y}{\Delta x}$ 不存在．所以函数 $y = |x|$ 在 $x = 0$ 处不可导，曲线 $y = |x|$ 在原点 O 处没有切线，如图 2-2 所示．

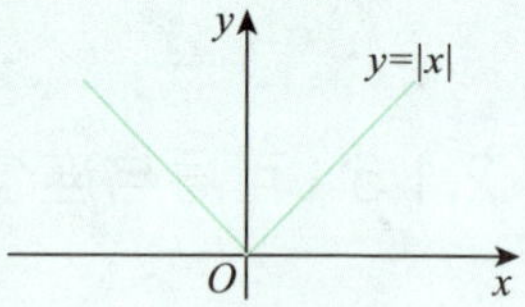

图 2-2

由以上的讨论可知，函数在某点连续是函数在该点可导的必要条件，但不是充分条件．

解决问题

解　（1）$i(t) = \dfrac{dQ}{dt} = (t^3)' = 3t^2$；

（2）$i(2) = 3t^2\big|_{t=2} = 3 \cdot 2^2 = 12$（A）；

（3）令 $i(t) = 3t^2 = 27$，得 $t = \pm 3$（舍去负值），即当 $t = 3$ s 时电流为 27 A．

习题 2.1

习题答案详解

1. 下列各题中均假定$f'(x_0)$存在，按照导数定义观察下列极限，指出A表示什么：

（1）$\lim\limits_{\Delta x\to 0}\dfrac{f(x_0-\Delta x)-f(x_0)}{\Delta x}=A$；

（2）$\lim\limits_{x\to 0}\dfrac{f(x)}{x}=A$，其中$f(0)=0$，且$f'(0)$存在；

（3）$\lim\limits_{h\to 0}\dfrac{f(x_0+h)-f(x_0-h)}{h}=A$.

2. 求下列函数的导数：

（1）$y=x^4$；（2）$y=\sqrt[3]{x^2}$；（3）$y=\dfrac{1}{\sqrt{x}}$；

（4）$y=\dfrac{1}{x^2}$；（5）$y=x^3\sqrt[5]{x}$；（6）$y=\dfrac{x^2\sqrt[3]{x^2}}{\sqrt{x^5}}$.

3. 已知物体的运动规律为$s=t^3$（m），求该物体在$t=2$ s时的速度.

4. 求曲线$y=\sin x$在具有下列横坐标的各点处切线的斜率：

（1）$x=\dfrac{2}{3}\pi$；

（2）$x=\pi$.

5. 求曲线$y=\mathrm{e}^x$上点$(0,1)$处的切线方程和法线方程.

6. 在抛物线$y=x^2$上取横坐标为$x_1=1$和$x_2=3$的两点，作过这两点的割线.问该抛物线上哪一点的切线平行于这条割线？

7. 证明函数$y=\begin{cases}x^2\sin\dfrac{1}{x}, & x\neq 0\\ 0, & x=0\end{cases}$在$x=0$处连续并可导.

2.2 函数的和、差、积、商的求导法则

提出问题

一个电路中，流过的电荷量Q（单位：C）关于时间t（单位：s）的函数为$Q(t)=3t^2-t$，求$Q'(t)$.

知识储备

前面我们根据导数的定义求出了一些简单函数的导数. 但是,对于比较复杂的函数,直接根据定义来求它们的导数往往很困难. 在本节和下节中,将介绍求导数的几个基本法则,并继续介绍导数的基本公式. 利用这些法则和公式就比利用定义求导方便多了.

定理 1 设函数 $u=u(x)$ 和 $v=v(x)$ 在点 x 处可导,则它们的和、差在点 x 处也可导,且

$$(u\pm v)'=u'\pm v'$$

即两个可导函数的和、差的导数等于这两个函数的导数的和、差.

这个法则可推广到有限个可导函数的情形,例如

$$(u\pm v\pm w)'=u'\pm v'\pm w'$$

定理 2 设函数 $u=u(x)$ 和 $v=v(x)$ 在点 x 处可导,则它们的积在点 x 处也可导,且

乘积函数的求导法则

$$(uv)'=u'v+uv'$$

即两个可导函数的积的导数等于第一个因子的导数与第二个因子的乘积,加上第一个因子与第二个因子的导数的乘积.

特殊地,如果 $v=C$(C 为常数),则有

$$(Cu)'=Cu'$$

即求一个常数与一个可导函数的乘积的导数时,常数因子可以提到求导符号的外面去.

积的求导法则也可推广到有限个可导函数的情形,例如

$$(uvw)'=u'vw+uv'w+uvw'$$

定理 3 设函数 $u=u(x)$ 和 $v=v(x)$ 在点 x 处可导,则它们的商在点 x 处也可导,且

$$\left(\frac{u}{v}\right)'=\frac{u'v-uv'}{v^2}\ (v\neq 0)$$

即两个可导函数的商的导数等于分子的导数与分母的乘积减去分子与分母的导数的乘积,再除以分母的平方.

上述定理的证明思路相似,这里只证明定理 2.

证　设 $f(x)=u(x)v(x)$，则由导数的定义有

$$
\begin{aligned}
f'(x)&=\lim_{\Delta x\to 0}\frac{f(x+\Delta x)-f(x)}{\Delta x}\\
&=\lim_{\Delta x\to 0}\frac{u(x+\Delta x)v(x+\Delta x)-u(x)v(x)}{\Delta x}\\
&=\lim_{\Delta x\to 0}\frac{u(x+\Delta x)v(x+\Delta x)-u(x)v(x+\Delta x)+u(x)v(x+\Delta x)-u(x)v(x)}{\Delta x}\\
&=\lim_{\Delta x\to 0}\frac{[u(x+\Delta x)-u(x)]v(x+\Delta x)+u(x)[v(x+\Delta x)-v(x)]}{\Delta x}\\
&=\lim_{\Delta x\to 0}\left[\frac{u(x+\Delta x)-u(x)}{\Delta x}\cdot v(x+\Delta x)+u(x)\cdot\frac{v(x+\Delta x)-v(x)}{\Delta x}\right]\\
&=u'(x)v(x)+u(x)v'(x)
\end{aligned}
$$

例 1　已知 $y=\dfrac{1}{x}+x^5+7$，求 y'.

解　$y'=\left(\dfrac{1}{x}+x^5+7\right)'=\left(\dfrac{1}{x}\right)'+(x^5)'+(7)'=-\dfrac{1}{x^2}+5x^4$.

例 2　已知 $f(x)=x^3+4\cos x-\sin\dfrac{\pi}{2}$，求 $f'(x)$.

解　$f'(x)=\left(x^3+4\cos x-\sin\dfrac{\pi}{2}\right)'=(x^3)'+4(\cos x)'-\left(\sin\dfrac{\pi}{2}\right)'$

$=3x^2-4\sin x$

注意： $\sin\dfrac{\pi}{2}$ 是常数，因此 $\left(\sin\dfrac{\pi}{2}\right)'=0$，而不是 $\left(\sin\dfrac{\pi}{2}\right)'=\cos\dfrac{\pi}{2}$.

例 3　已知 $y=x^4\ln x$，求 y'.

解　$y'=(x^4\ln x)'=(x^4)'\ln x+x^4(\ln x)'=4x^3\ln x+x^3$

例 4　已知 $y=x^2\ln x\cos x$，求 y'.

解　$y'=(x^2\ln x\cos x)'=(x^2)'\ln x\cos x+x^2(\ln x)'\cos x+x^2\ln x(\cos x)'$

$=2x\ln x\cos x+x\cos x-x^2\ln x\sin x$

例 5 求函数$y=\tan x$的导数.

解 $y'=(\tan x)'=\left(\dfrac{\sin x}{\cos x}\right)'=\dfrac{(\sin x)'\cos x-\sin x(\cos x)'}{(\cos x)^2}$

$$=\frac{\cos^2 x+\sin^2 x}{\cos^2 x}=\frac{1}{\cos^2 x}=\sec^2 x$$

例 6 求函数$y=\sec x$的导数.

解 $y'=(\sec x)'=\left(\dfrac{1}{\cos x}\right)'=\dfrac{(1)'\cos x-1\cdot(\cos x)'}{\cos^2 x}=\dfrac{\sin x}{\cos^2 x}=\sec x\tan x$

用类似的方法，还可求得余切函数和余割函数的导数：

$$(\cot x)'=-\csc^2 x$$

$$(\csc x)'=-\csc x\cot x$$

解决问题

解 $Q'(t)=(3t^2-t)'=3(t^2)'-(t)'=6t-1$.

习题 2.2

习题答案详解

1. 推导余切函数和余割函数的导数公式：

$(\cot x)'=-\csc^2 x$；$(\csc x)'=-\csc x\cot x$.

2. 求下列函数的导数：

(1) $y=3x^2-\dfrac{2}{x^2}+5$；

(2) $y=x^2(2+\sqrt{x})$；

(3) $y=x^2\cos x$；

(4) $y=3e^x\cos x$；

(5) $y=a^x+e^x$；

(6) $y=e^x(x^2-3x+1)$；

(7) $y=3a^x-\dfrac{2}{x}$；

(8) $y=2\tan x+\sec x-1$；

(9) $y=\sin x\cos x$；

(10) $y=(x-1)(x-2)(x-3)$；

(11) $y=\dfrac{x-1}{x+1}$；

(12) $y=\dfrac{e^x}{x^2}+\ln 3$；

(13) $s=\dfrac{1+\sin t}{1+\cos t}$；

(14) $y=\dfrac{10^x-1}{10^x+1}$；

(15) $y=(2+\sec t)\sin t$;　　　　(16) $y=\dfrac{2\csc x}{1+x^2}$.

3. 求下列函数在给定点处的导数:

(1) $y=\sin x-\cos x$,求$y'\big|_{x=\frac{\pi}{6}}$和$y'\big|_{x=\frac{\pi}{4}}$;

(2) $\rho=\varphi\sin\varphi+\dfrac{1}{2}\cos\varphi$,求$\dfrac{\mathrm{d}\rho}{\mathrm{d}\varphi}\bigg|_{\varphi=\frac{\pi}{4}}$;

(3) $f(t)=\dfrac{1-\sqrt{t}}{1+\sqrt{t}}$,求$f'(4)$.

4. 以初速度v_0上抛的物体,其上升高度s与时间t的关系是$s=v_0t-\dfrac{1}{2}gt^2$. 求:

(1) 该物体的速度$v(t)$;

(2) 该物体达到最高点的时刻.

2.3 复合函数的求导法则

提出问题

如图 2–3 所示,在电容充电的过程中,其两端电压逐渐增大,直至充电结束.

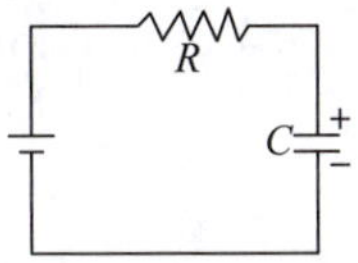

图 2–3

对电容充电的过程中,其电压为$u_C=10\left(1-\mathrm{e}^{-\frac{t}{20}}\right)$,求电容的充电速度.

知识储备

复合函数的
求导法则

2.3.1 复合函数的求导法则

在学习此法则之前先来看一个例子,求$y=\sin 2x$的导数.

由于$(\sin x)'=\cos x$,因此$(\sin 2x)'=\cos 2x$.

这个解答正确吗?

这个解答是错误的,正确的解答应该如下:

$$(\sin 2x)'=(2\sin x\cos x)'=2[(\sin x)'\cos x+\sin x(\cos x)']=2\cos 2x$$

发生错误的原因：只是将$\sin 2x$对$2x$求导了，而没有对自变量x求导，忽略了它是复合函数．关于复合函数的求导我们有下述定理．

定理 设函数$u=\varphi(x)$在点x处可导，而函数$y=f(u)$在对应点$u=\varphi(x)$处可导，则复合函数$y=f[\varphi(x)]$在点x处可导，且有

$$\frac{\mathrm{d}y}{\mathrm{d}x}=\frac{\mathrm{d}y}{\mathrm{d}u}\cdot\frac{\mathrm{d}u}{\mathrm{d}x}=f'(u)\cdot\varphi'(x)\text{或}y'_x=y'_u\cdot u'_x$$

由此定理可知，复合函数的导数等于函数对中间变量的导数乘以中间变量对自变量的导数，该法则可以推广到多个中间变量的情形．我们以两个中间变量为例，设$y=f(u)$，$u=\varphi(v)$，$v=\psi(x)$，则

$$\frac{\mathrm{d}y}{\mathrm{d}x}=\frac{\mathrm{d}y}{\mathrm{d}u}\cdot\frac{\mathrm{d}u}{\mathrm{d}x}\text{，而}\frac{\mathrm{d}u}{\mathrm{d}x}=\frac{\mathrm{d}u}{\mathrm{d}v}\cdot\frac{\mathrm{d}v}{\mathrm{d}x}$$

因此复合函数$y=f\{\varphi[\psi(x)]\}$的导数为

$$\frac{\mathrm{d}y}{\mathrm{d}x}=\frac{\mathrm{d}y}{\mathrm{d}u}\cdot\frac{\mathrm{d}u}{\mathrm{d}v}\cdot\frac{\mathrm{d}v}{\mathrm{d}x}$$

当然，这里假定上式右端所出现的导数在相应点处都存在．

例 1 求函数$y=\ln\tan x$的导数．

解 函数$y=\ln\tan x$可看作是由$y=\ln u$和$u=\tan x$复合而成的，又

$$y'_u=(\ln u)'=\frac{1}{u}，\quad u_x=(\tan x)'=\sec^2 x$$

因此

$$y'_x=y'_u\cdot u'_x=\frac{1}{u}\cdot\sec^2 x=\frac{\sec^2 x}{\tan x}=\frac{1}{\sin x\cos x}$$

例 2 已知$y=(1+2x)^{10}$，求y'．

解 $y=(1+2x)^{10}$可看作是由$y=u^{10}$和$u=1+2x$复合而成的，又

$$y'_u=(u^{10})'=10u^9，\quad u'_x=(1+2x)'=2$$

因此

$$y'_x=y'_u\cdot u'_x=10u^9\cdot 2=20u^9=20(1+2x)^9$$

从以上例子可以看出，应用复合函数求导法则，先要分析所给函数可看作是由哪些函数复合而成的，或者说，所给函数能分解成哪些函数．如果所给函数能分解成比较简单的函数，而这些简单函数的导数我们已经会求，那么应用复合函

数求导法则即可求出所给函数的导数.

哪些函数的导数我们已经会求了呢？首先，基本初等函数的导数我们已经会求了. 其次，应用函数的和、差、积、商求导法则，基本初等函数的和、差、积、商的导数也会求了. 所以，如果一个函数能分解成基本初等函数或是它们的和、差、积、商，我们便可求出它的导数.

因此复合函数的求导关键是将复合函数分解为可以求导的若干个简单函数的复合. 在比较熟练后，中间变量可以不写出来，应用复合函数的求导公式，由外到内逐层求导，直到对自变量求导为止.

例 3　求函数$y=\sqrt[3]{1-2x^2}$的导数.

解

$$y'=\left(\sqrt[3]{1-2x^2}\right)'=\left[(1-2x^2)^{\frac{1}{3}}\right]'=\frac{1}{3}(1-2x^2)^{-\frac{2}{3}}\cdot(1-2x^2)'=-\frac{4x}{3}(1-2x^2)^{-\frac{2}{3}}.$$

例 4　求函数$y=\ln\cos 2x$的导数.

解　$y'=(\ln\cos 2x)'=\dfrac{1}{\cos 2x}\cdot(\cos 2x)'=-\dfrac{\sin 2x}{\cos 2x}\cdot(2x)'=-2\tan 2x$.

例 5　求函数$y=\dfrac{x}{\sqrt{1+x^2}}$的导数.

解　$$y'=\left(\frac{x}{\sqrt{1+x^2}}\right)'=\frac{(x)'\sqrt{1+x^2}-x\left(\sqrt{1+x^2}\right)'}{\left(\sqrt{1+x^2}\right)^2}$$

$$=\frac{\sqrt{1+x^2}-\dfrac{x^2}{\sqrt{1+x^2}}}{1+x^2}=\frac{1}{(1+x^2)\sqrt{1+x^2}}$$

2.3.2　高阶导数

我们知道，在物理学上变速直线运动的速度$v(t)$是位移函数$s(t)$对时间t的导数，即

$$v=\frac{\mathrm{d}s}{\mathrm{d}t}\text{或}v=s'$$

而加速度a又是速度v对时间t的变化率，即速度v对时间t的导数：

$$a=\frac{\mathrm{d}v}{\mathrm{d}t}=\frac{\mathrm{d}}{\mathrm{d}t}\left(\frac{\mathrm{d}s}{\mathrm{d}t}\right)\text{或}a=(s')'$$

这种导数的导数$\frac{\mathrm{d}}{\mathrm{d}t}\left(\frac{\mathrm{d}s}{\mathrm{d}t}\right)$叫作$s$对$t$的二阶导数，记作

$$\frac{\mathrm{d}^2 s}{\mathrm{d}t^2}\text{或}s''$$

因此，直线运动的加速度就是位移函数s对时间t的二阶导数.

一般地，函数$y=f(x)$的导数$y'=f'(x)$仍然是x的函数，我们把$y'=f'(x)$的导数叫作函数$y=f(x)$的二阶导数，记作y''或$\frac{\mathrm{d}^2 y}{\mathrm{d}x^2}$，即

$$y''=(y')'\text{或}\frac{\mathrm{d}^2 y}{\mathrm{d}x^2}=\frac{\mathrm{d}}{\mathrm{d}x}\left(\frac{\mathrm{d}y}{\mathrm{d}x}\right)$$

相应地，把函数$y=f(x)$的导数$f'(x)$叫作函数的一阶导数.

类似地，二阶导数的导数叫作三阶导数，三阶导数的导数叫作四阶导数，…，$(n-1)$阶导数的导数叫作n阶导数，分别记作

$$y''',\ y^{(4)},\ \cdots,\ y^{(n)}$$

或

$$\frac{\mathrm{d}^3 y}{\mathrm{d}x^3},\ \frac{\mathrm{d}^4 y}{\mathrm{d}x^4},\ \cdots,\ \frac{\mathrm{d}^n y}{\mathrm{d}x^n}$$

函数$y=f(x)$具有n阶导数，也常说成函数$f(x)$为n阶可导. 如果函数$f(x)$在点x处具有n阶导数，那么$f(x)$在点x的某一邻域内必定具有一切低于n阶的导数，二阶及二阶以上的导数统称为高阶导数.

由此可见，求高阶导数就是多次接连地求导. 所以仍可应用前面学过的求导方法来计算高阶导数.

例 6 求函数$y=2x^3-3x^2+5$的二阶导数y''.

解 $y'=(2x^3-3x^2+5)'=6x^2-6x$

$y''=(y')'=(6x^2-6x)'=12x-6$

例 7 求函数$y=\mathrm{e}^x\cos x$的二阶导数.

解 $y'=(\mathrm{e}^x\cos x)'=\mathrm{e}^x\cos x-\mathrm{e}^x\sin x=\mathrm{e}^x(\cos x-\sin x)$

$y''=(y')'=[\mathrm{e}^x(\cos x-\sin x)]'=\mathrm{e}^x(\cos x-\sin x)-\mathrm{e}^x(\cos x+\sin x)$

$$=-2e^{x}\sin x$$

例 8 【刹车测试】在测试一汽车的刹车性能时发现，刹车后汽车行驶的距离 s（单位：m）与时间 t（单位：s）满足 $s=19.2t-0.4t^{3}$. 假设汽车作直线运动，求汽车在 $t=4$ s 时的速度和加速度.

解 根据导数的物理意义可知，汽车的速度是距离 s 对时间 t 的一阶导数：

$$v=s'=(19.2t-0.4t^{3})'=19.2-1.2t^{2}$$

汽车的加速度是距离 s 对时间 t 的二阶导数：

$$a=s''=(s')'=(19.2-1.2t^{2})'=-2.4t$$

当 $t=4$ s 时，汽车的速度和加速度分别是

$$v\big|_{t=4}=(19.2-1.2t^{2})\big|_{t=4}=0\ (\mathrm{m/s})$$

$$a\big|_{t=4}=-2.4t\big|_{t=4}=-9.6\ (\mathrm{m/s^{2}})$$

解决问题

解 充电速度反映电压随时间变化的快慢程度，也就是变化率. 因此，求任意时刻的电容充电速度就是求电压对时间的导数，即

$$\frac{\mathrm{d}u_{C}}{\mathrm{d}t}=[10(1-e^{-\frac{t}{20}})]'=-10(e^{-\frac{t}{20}})'=-10e^{-\frac{t}{20}}\cdot\left(-\frac{t}{20}\right)'=\frac{e^{-\frac{t}{20}}}{2}$$

习题 2.3

习题答案详解

1. 求下列函数的导数：

(1) $y=(2x+5)^{4}$；

(2) $y=\cos(4-3x)$；

(3) $y=e^{-3x^{2}}$；

(4) $y=\ln(1+x^{2})$；

(5) $y=\sin^{2}x$；

(6) $y=\sqrt{a^{2}-x^{2}}$；

(7) $y=\tan x^{2}$；

(8) $y=\ln\cos x$；

(9) $y=\ln\left(x+\sqrt{a^{2}+x^{2}}\right)$；

(10) $y=e^{-\frac{x}{2}}\cos 3x$.

2. 求下列函数在指定点处的导数：

(1) $y=\sqrt[3]{4-3x}$，在 $x=1$ 处；

(2) $y=\ln\tan x$，在 $x=\frac{\pi}{6}$ 处；

（3）$y=\ln\frac{2-x^2}{x^3+2}$，在 $x=-1$ 处.

3. 求曲线 $y=(x+1)\sqrt{3-x}$ 在点 $(-1,0)$ 处的切线方程.

4. 求下列函数的二阶导数：

（1）$y=2x^2+\ln x$；（2）$y=e^{2x-1}$；（3）$y=x\cos x$；

（4）$y=e^{-t}\sin t$；（5）$y=\sqrt{a^2-x^2}$；（6）$y=\frac{2x^3+\sqrt{x}+4}{x}$.

5. 已知物体的运动规律为 $s=A\sin\omega t$（A、ω 是常数），求物体运动的加速度，并验证：

$$\frac{d^2s}{dt^2}+\omega^2 s=0$$

2.4 函数的微分

提出问题

设有一电阻负载 $R=36\Omega$，现负载功率 P 从 400 W 变化到 401 W，问负载两端电压 U 大约变化了多少？

知识储备

在实际中，经常会遇到与导数密切相关的一类问题，即当自变量有一个微小变化时，要求计算函数相应的增量．一般来说，计算函数的增量是比较困难的，本节将用无穷小的观点来处理这个问题，并由此建立微分的概念，进而讨论微分公式、微分运算法则，以及微分在近似计算方面的应用.

微分的定义

2.4.1 微分的定义

学习函数的微分之前，我们先来分析一个具体问题：一块正方形金属薄片受温度变化的影响，其边长由 x_0 变到了 $x_0+\Delta x$（如图 2-4 所示），那么此薄片的面积改变了多少？

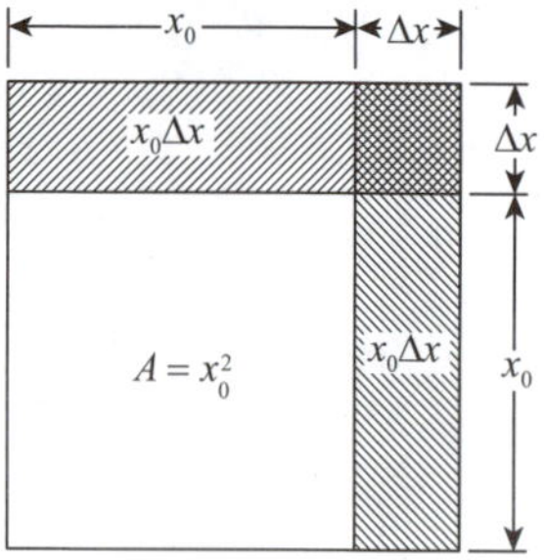

图 2-4

设此薄片的边长为 x，面积为 A，则 A 是 x 的函数：$A=x^2$．薄片受温度变化的影响时面积的改变量可以看成是当自变量 x 自 x_0 取得增量 Δx 时函数 A 相应的

增量 ΔA，即

$$\Delta A=(x_0+\Delta x)^2-x_0^2=2x_0\Delta x+(\Delta x)^2$$

从上式可以看出，ΔA 分成两部分，第一部分 $2x_0\Delta x$ 是 Δx 的线性函数，即图中带有斜线的两个矩形面积之和，而第二部分 $(\Delta x)^2$ 在图中是带有交叉斜线的小正方形的面积，当 $\Delta x\to 0$ 时，第二部分 $(\Delta x)^2$ 是比 Δx 更高阶的无穷小，即 $(\Delta x)^2=o(\Delta x)\ (\Delta x\to 0)$. 由此可见，如果边长改变很微小，即 $|\Delta x|$ 很小时，面积的改变量 ΔA 可近似地用第一部分来代替，即

$$\Delta A\approx 2x_0\Delta x$$

由于 $f'(x_0)=2x_0$，所以上式可写成 $\Delta A\approx f'(x_0)\Delta x$. 一般地，对于函数 $y=f(x)$，只要它在点 x_0 处的导数存在且 $f'(x_0)\neq 0$，则当 $|\Delta x|$ 很小时，便有近似计算公式 $\Delta y\approx f'(x_0)\Delta x$，而舍掉的是一个高阶无穷小，此时我们把 $f'(x_0)\Delta x$ 叫作 $y=f(x)$ 在点 x_0 处的微分.

定义　如果函数 $y=f(x)$ 在点 x_0 处具有导数 $f'(x_0)$，则 $f'(x_0)\Delta x$ 叫作函数 $y=f(x)$ 在点 x_0 处的微分，记为 $\mathrm{d}y\big|_{x=x_0}$，即

$$\mathrm{d}y\big|_{x=x_0}=f'(x_0)\Delta x$$

一般地，函数 $y=f(x)$ 在点 x 处的微分叫作函数的微分，记为 $\mathrm{d}y$，即

$$\mathrm{d}y=f'(x)\Delta x$$

通常把自变量的增量称为自变量的微分，记为 $\mathrm{d}x$，即 $\mathrm{d}x=\Delta x$. 于是函数的微分 $\mathrm{d}y$ 又可记作

$$\mathrm{d}y=f'(x)\mathrm{d}x$$

从而有

$$\frac{\mathrm{d}y}{\mathrm{d}x}=f'(x)$$

这就是说，函数的微分 $\mathrm{d}y$ 与自变量的微分 $\mathrm{d}x$ 之商等于该函数的导数. 因此，导数也叫作“微商”.

可以看出，如果已知函数 $y=f(x)$ 的导数 $f'(x)$，则由 $\mathrm{d}y=f'(x)\mathrm{d}x$ 可求出它的微分 $\mathrm{d}y$；反之，如果已知函数 $y=f(x)$ 的微分 $\mathrm{d}y$，则由 $\dfrac{\mathrm{d}y}{\mathrm{d}x}=f'(x)$ 可求得它的导数. 因此，可导与可微是等价的，我们把求导数和求微分的方法统称为微分法.

注意： 求函数的导数和微分的运算虽然可以互通，但它们的含义不同. 一般地，导数反映了函数的变化率，微分反映了自变量发生微小变化时函数的改变量.

例 1　求函数$y=x^3$当$x=2$，$\Delta x=0.02$时的微分.

解　先求函数$y=x^3$在任意点x处的微分：

$$dy=(x^3)'\Delta x=3x^2\Delta x$$

再求函数$y=x^3$当$x=2$，$\Delta x=0.02$时的微分：

$$dy\Big|_{\substack{x=2\\ \Delta x=0.02}}=3x^2\Delta x\Big|_{\substack{x=2\\ \Delta x=0.02}}=3\times 2^2\times 0.02=0.24$$

2.4.2　微分的几何意义

如图 2-5 所示，设曲线$y=f(x)$中点M的坐标为$(x_0, f(x_0))$，过点M作曲线的切线MT，它的倾斜角为α. 当自变量x在x_0处有一微小的增量Δx时，就得到曲线上另一点$N(x_0+\Delta x, f(x_0+\Delta x))$，相应地曲线的纵坐标有一增量$\Delta y$. 从图中可以看出

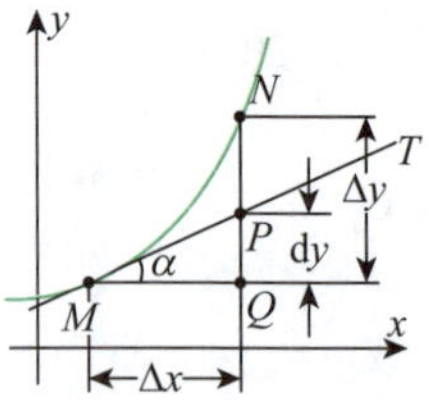

图 2-5

$$dx=\Delta x=MQ, \Delta y=QN$$

设过点M的切线MT与NQ相交于点P，则MT的斜率为

$$\tan\alpha=f'(x_0)=\frac{QP}{MQ}$$

所以函数$y=f(x)$在$x=x_0$处的微分为

$$dy=f'(x_0)dx=\frac{QP}{MQ}\cdot MQ=QP$$

因此，函数$y=f(x)$在$x=x_0$处的微分就是曲线$y=f(x)$在点$M(x_0, f(x_0))$处的切线MT的纵坐标对应于Δx的增量.

由图 2-5 还可以看出，当$f'(x_0)\neq 0$且$|\Delta x|$很小时，$|\Delta y-dy|$比$|\Delta x|$小很多. 因此，在点M的邻近可以用切线段来近似代替曲线段.

2.4.3　微分公式与微分运算法则

根据函数微分的表达式

$$dy=f'(x)dx$$

可知，函数的微分等于函数的导数乘以自变量的微分（改变量），由此可以得到基

本初等函数的微分公式和微分运算法则.

1. 微分的基本公式

（1）$d(C)=0$；　（2）$d(x^{\alpha})=\alpha x^{\alpha-1}dx$；

（3）$d(a^{x})=a^{x}\ln a dx$；　（4）$d(e^{x})=e^{x}dx$；

（5）$d(\log_{a}x)=\dfrac{1}{x\ln a}dx$；　（6）$d(\ln x)=\dfrac{1}{x}dx$；

（7）$d(\sin x)=\cos x dx$；　（8）$d(\cos x)=-\sin x dx$；

（9）$d(\tan x)=\sec^{2}x dx$；　（10）$d(\cot x)=-\csc^{2}x dx$；

（11）$d(\sec x)=\tan x\sec x dx$；　（12）$d(\csc x)=-\cot x\csc x dx$；

（13）$d(\arcsin x)=\dfrac{1}{\sqrt{1-x^{2}}}dx$；　（14）$d(\arccos x)=-\dfrac{1}{\sqrt{1-x^{2}}}dx$；

（15）$d(\arctan x)=\dfrac{1}{1+x^{2}}dx$；　（16）$d(\mathrm{arccot}\, x)=-\dfrac{1}{1+x^{2}}dx$.

2. 微分的四则运算法则

（1）$d(u\pm v)=du\pm dv$；　（2）$d(uv)=vdu+udv$；

（3）$d(Cu)=Cdu$；　（4）$d\left(\dfrac{u}{v}\right)=\dfrac{vdu-udv}{v^{2}}$.

3. 复合函数的微分法则

我们知道，如果函数$y=f(u)$对u是可导的，则

（1）当u是自变量时，函数的微分为

$$dy=f'(u)du$$

（2）当u不是自变量，而是x的可导函数$u=\varphi(x)$时，则y是x的复合函数．根据复合函数求导公式，y对x的导数为

$$\frac{dy}{dx}=f'(u)\varphi'(x)$$

于是

$$dy=f'(u)\varphi'(x)dx$$

但是$\varphi'(x)dx$就是函数$u=\varphi(x)$的微分，即$du=\varphi'(x)dx$，所以

$$dy=f'(u)du$$

由此可见，对函数$y=f(u)$来说，不论u是自变量还是另一变量的可导函数，函数的微分都有$dy=f'(u)du$的形式，这一性质叫作微分形式不变性.

复合函数的微分法则　如果$y=f(u)$，$u=\varphi(x)$，且都可导，则复合函数$y=f[\varphi(x)]$的微分为

$$dy = f'(u)du = f'(u)\varphi'(x)dx$$

例 2 设$y=\sin 2x$，求dy.

解 方法一（利用微分的定义）

因为$y'=(\sin 2x)'=\cos 2x\cdot(2x)'=2\cos 2x$，所以$dy=y'dx=2\cos 2xdx$.

方法二（利用微分法则）

$dy=d(\sin 2x)=\cos 2xd(2x)=2\cos 2xdx$.

例 3 设$y=\ln(1+e^{x^2})$，求dy.

解 方法一（利用微分的定义）

因为 $y'=[\ln(1+e^{x^2})]'=\dfrac{1}{1+e^{x^2}}\cdot(1+e^{x^2})'=\dfrac{2xe^{x^2}}{1+e^{x^2}}$，所以 $dy=y'dx=\dfrac{2xe^{x^2}}{1+e^{x^2}}dx$.

方法二（利用微分法则）

$$dy=d[\ln(1+e^{x^2})]=\frac{1}{1+e^{x^2}}d(1+e^{x^2})=\frac{e^{x^2}}{1+e^{x^2}}d(x^2)=\frac{2xe^{x^2}}{1+e^{x^2}}dx.$$

2.4.4 微分在近似计算中的应用

在工程问题中，经常会遇到一些复杂的计算公式. 如果直接用这些公式进行计算，那是很费力的. 利用微分往往可以把一些复杂的计算公式用简单的近似公式来代替.

前面说过，如果$y=f(x)$在点x_0处的微分$f'(x_0)\neq 0$，且$|\Delta x|$很小时，有

$$\Delta y \approx dy = f'(x_0)\Delta x$$

这个式子也可以写为

$$\Delta y = f(x_0+\Delta x)-f(x_0)\approx f'(x_0)\Delta x \tag{2-1}$$

或

$$f(x_0+\Delta x)\approx f(x_0)+f'(x_0)\Delta x \tag{2-2}$$

在式（2-2）中令$x_0+\Delta x=x$，即$\Delta x=x-x_0$，那么式（2-2）可以改写为

$$f(x)\approx f(x_0)+f'(x_0)(x-x_0) \tag{2-3}$$

如果$f(x_0)$与$f'(x_0)$都容易计算，那么可利用式（2–1）来近似计算Δy，利用式（2–2）来近似计算$f(x_0+\Delta x)$，或利用式（2–3）来近似计算$f(x)$. 这种近似计算的实质就是用x的线性函数$f(x_0)+f'(x_0)(x-x_0)$来近似表达函数$f(x)$. 从导数的几何意义可知，这也是用曲线$y=f(x)$在点$(x_0, f(x_0))$处的切线来近似代替该曲线（就切点邻近部分来说）.

例 4　如图 2–6 所示，电缆$\overset{\frown}{AOB}$的长为s，跨度为$2l$，电缆的最低点O与杆顶连线AB的距离为f，则电缆长可按下面的公式计算：

$$s=2l\left(l+\frac{2f^2}{3l^2}\right)$$

当f变化了Δf时，电缆的变化约为多少？

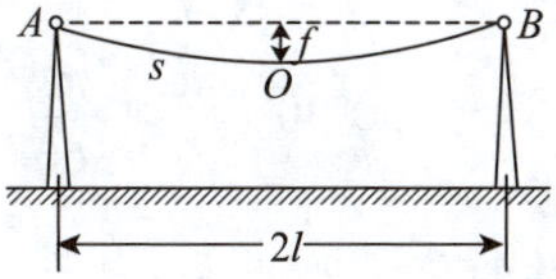

图 2–6

解　求s对f的导数：

$$s'=\left[2l\left(l+\frac{2f^2}{3l^2}\right)\right]'=\frac{8f}{3l}$$

则

$$\Delta s\approx\frac{8f}{3l}\cdot\Delta f$$

例 5　有一批半径为 1 cm 的球，为了提高球面的光洁度，要镀上一层铜，厚度定为 0.01 cm. 估计一下每只球需用铜多少克（铜的密度是 8.9 g/cm³）？

解　先求出镀层的体积，再乘上密度就可得到每只球需要用铜的质量.

因为镀层的体积等于两个球体的体积之差，所以它就是球体体积$V=\frac{4}{3}\pi R^3$当$R_0=1$ cm，$\Delta R=0.01$ cm 时的增量ΔV. V对R的导数为

$$V'\big|_{R=R_0}=\left(\frac{4}{3}\pi R^3\right)'\bigg|_{R=R_0}=4\pi R_0^{\ 2}$$

因此由式（2-1）得

$$\Delta V \approx 4\pi R_0^{\ 2}\Delta R$$

将 $R_0 = 1\ \text{cm}$，$\Delta R = 0.01\ \text{cm}$ 代入上式，得

$$\Delta V \approx 4\pi R_0^{\ 2}\Delta R = 4\times 3.14\times 1^2\times 0.01 = 0.13\ （\text{cm}^3）$$

于是镀每只球需用的铜约为

$$0.13\times 8.9\approx 1.16\ （\text{g}）$$

例 6 利用微分计算 $\sin 30°30'$ 的近似值.

解 把 $30°30'$ 化为弧度，得

$$30°30' = \frac{\pi}{6} + \frac{\pi}{360}$$

由于所求的是正弦函数的值，因此设 $f(x) = \sin x$. 此时 $f'(x) = \cos x$.

如果 $x_0 = \dfrac{\pi}{6}$，则 $f\left(\dfrac{\pi}{6}\right) = \sin\dfrac{\pi}{6} = \dfrac{1}{2}$ 与 $f'\left(\dfrac{\pi}{6}\right) = \cos\dfrac{\pi}{6} = \dfrac{\sqrt{3}}{2}$ 都容易计算，并且 $\Delta x = \dfrac{\pi}{360}$ 比较小，应用式（2-2）便得

$$\sin 30°30' = \sin\left(\frac{\pi}{6} + \frac{\pi}{360}\right) \approx \sin\frac{\pi}{6} + \cos\frac{\pi}{6}\cdot\frac{\pi}{360} = \frac{1}{2} + \frac{\sqrt{3}}{2}\cdot\frac{\pi}{360}$$

$$\approx 0.5000 + 0.0076 = 0.5076$$

下面我们来推导一些常用的近似公式. 为此，在式（2-3）中取 $x_0 = 0$，于是得

$$f(x) \approx f(0) + f'(0)x \tag{2-4}$$

应用式（2-4）可以推得以下几个工程上常用的近似公式（假定 $|x|$ 是较小的值）:

（1）$\sqrt[n]{1+x} \approx 1 + \dfrac{1}{n}x$；（2）$\sin x \approx x$；（3）$\tan x \approx x$；

（4）$\text{e}^x \approx 1 + x$；（5）$\ln(1+x) \approx x$.

例 7 计算 $\sqrt{1.05}$ 的近似值.

解 利用公式 $\sqrt[n]{1+x} \approx 1 + \dfrac{1}{n}x$，得

$$\sqrt{1.05}=\sqrt{1+0.05}\approx 1+\frac{1}{2}\times 0.05=1.025$$

解决问题

解 由负载电阻上消耗的电功率 $P=\frac{U^2}{36}$ 可得 $U=6\sqrt{P}$，则

$$U'=(6P^{\frac{1}{2}})'=3P^{-\frac{1}{2}}$$

负载功率 P 从 400 W 变化到 401 W 时，功率的增量为 $\Delta P=1$ W，用 $\mathrm{d}U$ 估算 ΔU，得

$$\Delta U\Big|_{\substack{P=400\\ \Delta P=1}}\approx 3P^{-\frac{1}{2}}\cdot\Delta P\Big|_{\substack{P=400\\ \Delta P=1}}=\frac{3\times 1}{\sqrt{400}}=\frac{3}{20}=0.15(\mathrm{V})$$

习题 2.4

习题答案详解

1. 已知 $y=x^3-x$，计算在 $x=2$ 处当 Δx 分别等于 1、0.1、0.01 时的 Δy 和 $\mathrm{d}y$.

2. 求下列函数的微分：

（1）$y=\frac{1}{x}+2\sqrt{x}$；（2）$y=x\sin 2x$；（3）$y=\frac{x}{\sqrt{x^2+1}}$；

（4）$y=[\ln(1-x)]^2$；（5）$y=x^2\mathrm{e}^{2x}$；（6）$y=\mathrm{e}^{-x}\cos(3-x)$.

3. 将适当的函数填入下列括号内，使等式成立：

（1）$\mathrm{d}(\quad)=2\mathrm{d}x$；（2）$\mathrm{d}(\quad)=3x\mathrm{d}x$；（3）$\mathrm{d}(\quad)=\cos t\mathrm{d}t$；

（4）$\mathrm{d}(\quad)=\sin\omega x\mathrm{d}x$；（5）$\mathrm{d}(\quad)=\frac{1}{1+x}\mathrm{d}x$；（6）$\mathrm{d}(\quad)=\mathrm{e}^{-2x}\mathrm{d}x$.

4. 计算下列各函数值的近似值：

（1）$\sin 30.5°$；（2）$3^{0.05}$；（3）$\ln 0.98$；（4）$\sqrt[3]{1010}$.

第 3 章　导数的应用

上一章讨论了函数相对于自变量变化的快慢程度，从而建立了函数导数的概念，它在自然科学和工程技术上有着极其广泛的应用．本章利用导数这一重要工具来研究函数的一些性态，主要包括函数的单调性和极值、最大值和最小值，并利用这些知识解决一些实际问题．

3.1　洛必达法则

提出问题

在分析弹道轨迹时，研究人员遇到一个轨迹方程式$f(t)=\dfrac{e^t-1}{2t}$，需要讨论这个轨迹曲线在$t\to 0$时的极限状态．

知识储备

在求极限的过程中常常会遇到这样的情形，即在同一变化过程中分子、分母同时趋于 0 或无穷大，这时分式的极限可能存在也可能不存在，通常把这种极限叫作未定式，并分别记为$\dfrac{0}{0}$和$\dfrac{\infty}{\infty}$．对于这类极限，即使它存在也不能用“商的极限等于极限的商”这一法则．下面介绍一种非常有效的求未定式的方法——洛必达法则．

3.1.1　未定式$\dfrac{0}{0}$型极限的求法

洛必达法则

洛必达法则Ⅰ　如果函数$f(x)$和$g(x)$满足下述条件：

（1）$\lim\limits_{x\to x_0} f(x)=\lim\limits_{x\to x_0} g(x)=0$；

（2）在点 x_0 的某邻域（点 x_0 可以除外），$f'(x)$ 和 $g'(x)$ 均存在且 $g'(x)\neq 0$；

（3）$\lim\limits_{x\to x_0}\dfrac{f'(x)}{g'(x)}=A$（或为 ∞），

则有

$$\lim_{x\to x_0}\frac{f(x)}{g(x)}=\lim_{x\to x_0}\frac{f'(x)}{g'(x)}=A\ （或为\infty）$$

这就是说，当 $\lim\limits_{x\to x_0}\dfrac{f'(x)}{g'(x)}$ 存在时，$\lim\limits_{x\to x_0}\dfrac{f(x)}{g(x)}$ 也存在且等于 $\lim\limits_{x\to x_0}\dfrac{f'(x)}{g'(x)}$；当 $\lim\limits_{x\to x_0}\dfrac{f'(x)}{g'(x)}$ 为无穷大时，$\lim\limits_{x\to x_0}\dfrac{f(x)}{g(x)}$ 也是无穷大. 这种在一定条件下通过分子分母分别求导再求极限来确定未定式的值的方法称为洛必达法则.

洛必达法则 I 对于 $x\to\infty$ 时的未定式 $\dfrac{0}{0}$ 型同样适用.

例 1　求 $\lim\limits_{x\to 2}\dfrac{x^4-16}{x-2}$.

解　$\lim\limits_{x\to 2}\dfrac{x^4-16}{x-2}=\lim\limits_{x\to 2}\dfrac{(x^4-16)'}{(x-2)'}=\lim\limits_{x\to 2}\dfrac{4x^3}{1}=32$.

例 2　求 $\lim\limits_{x\to 0}\dfrac{\ln(1+x)}{x^2}$.

解　$\lim\limits_{x\to 0}\dfrac{\ln(1+x)}{x^2}=\lim\limits_{x\to 0}\dfrac{[\ln(1+x)]'}{(x^2)'}=\lim\limits_{x\to 0}\dfrac{\frac{1}{1+x}}{2x}=\lim\limits_{x\to 0}\dfrac{1}{2x(1+x)}=\infty$.

例 3　求 $\lim\limits_{x\to +\infty}\dfrac{\frac{\pi}{2}-\arctan x}{\frac{1}{x}}$.

解　$\lim\limits_{x\to +\infty}\dfrac{\frac{\pi}{2}-\arctan x}{\frac{1}{x}}=\lim\limits_{x\to +\infty}\dfrac{-\frac{1}{1+x^2}}{-\frac{1}{x^2}}=\lim\limits_{x\to +\infty}\dfrac{x^2}{1+x^2}=1$.

3.1.2　未定式 $\dfrac{\infty}{\infty}$ 型极限的求法

洛必达法则 Ⅱ　如果函数 $f(x)$ 和 $g(x)$ 满足下述条件：

（1）$\lim\limits_{x\to x_0}f(x)=\lim\limits_{x\to x_0}g(x)=\infty$；

（2）在点x_0的某邻域（点x_0可以除外），$f'(x)$和$g'(x)$均存在且$g'(x)\neq 0$；

（3）$\lim\limits_{x\to x_0}\dfrac{f'(x)}{g'(x)}=A$（或为$\infty$），

则有

$$\lim_{x\to x_0}\frac{f(x)}{g(x)}=\lim_{x\to x_0}\frac{f'(x)}{g'(x)}=A\ (\text{或为}\infty)$$

对于$x\to\infty$时的未定式$\dfrac{\infty}{\infty}$型，洛必达法则Ⅱ同样适用.

例 4　求$\lim\limits_{x\to+\infty}\dfrac{\ln x}{x^2}$.

解　$\lim\limits_{x\to+\infty}\dfrac{\ln x}{x^2}=\lim\limits_{x\to+\infty}\dfrac{\frac{1}{x}}{2x}=\lim\limits_{x\to+\infty}\dfrac{1}{2x^2}=0$.

例 5　求$\lim\limits_{x\to+\infty}\dfrac{e^x}{x^3}$.

解　$\lim\limits_{x\to+\infty}\dfrac{e^x}{x^3}=\lim\limits_{x\to+\infty}\dfrac{e^x}{3x^2}=\lim\limits_{x\to+\infty}\dfrac{e^x}{6x}=\lim\limits_{x\to+\infty}\dfrac{e^x}{6}=+\infty$.

可以看到，例 5 中使用了 3 次洛必达法则．一般来说，如果$\lim\dfrac{f'(x)}{g'(x)}$仍属$\dfrac{0}{0}$型或$\dfrac{\infty}{\infty}$型，且满足法则Ⅰ或法则Ⅱ的条件，那么洛必达法则可以反复使用，即

$$\lim\frac{f(x)}{g(x)}=\lim\frac{f'(x)}{g'(x)}=\lim\frac{f''(x)}{g''(x)}=\cdots=\lim\frac{f^{(n)}(x)}{g^{(n)}(x)}$$

但应注意，连续使用洛必达法则时，每次都必须作检查，如果所求极限已不是未定式，则不能再用这个法则，否则将得出错误的结果.

例 6　求$\lim\limits_{x\to 0}\dfrac{x-\sin x}{x^3}$.

解　$\lim\limits_{x\to 0}\dfrac{x-\sin x}{x^3}=\lim\limits_{x\to 0}\dfrac{1-\cos x}{3x^2}=\lim\limits_{x\to 0}\dfrac{\sin x}{6x}=\dfrac{1}{6}$.

洛必达法则是求未定式的一种有效的方法，但不一定是最简捷的方法．因此，在求极限过程中最好能与其他求极限的方法结合使用，效果更好．例如能化简时应尽可能化简，可以应用等价无穷小替代时应尽可能应用，这样可以使运算简捷.

例 7　求$\lim\limits_{x\to 0}\dfrac{\tan x-x}{x^2\sin x}$.

解 如果直接使用洛必达法则，那么分母的导数（尤其是高阶导数）较复杂，如果作一个等价无穷小替代，那么运算就方便得多. 其运算如下：

$$\lim_{x\to0}\frac{\tan x-x}{x^2\sin x}=\lim_{x\to0}\frac{\tan x-x}{x^3}=\lim_{x\to0}\frac{\sec^2x-1}{3x^2}=\lim_{x\to0}\frac{\tan^2x}{3x^2}=\frac{1}{3}\lim_{x\to0}\left(\frac{\tan x}{x}\right)^2=\frac{1}{3}$$

例8 求$\lim\limits_{x\to\infty}\dfrac{x+\sin x}{x}$.

解 这个极限是$\dfrac{\infty}{\infty}$型未定式，但是由于极限

$$\lim_{x\to\infty}\frac{(x+\sin x)'}{(x)'}=\lim_{x\to\infty}(1+\cos x)$$

不存在，所以不能使用洛必达法则. 改用其他方法计算，那么有

$$\lim_{x\to\infty}\frac{x+\sin x}{x}=\lim_{x\to\infty}\left(1+\frac{\sin x}{x}\right)=1$$

请大家注意，洛必达法则是求未定式的一种有效方法，但不是万能的，我们在使用时一定要注意其条件是否满足. 如果条件不满足，则说明该法则失效，但该法则失效时并不能断定原极限不存在.

3.1.3 其他类型的未定式极限的求法

除了$\dfrac{0}{0}$型和$\dfrac{\infty}{\infty}$型未定式外，还有$0\cdot\infty$型、$\infty-\infty$型、1^∞型、0^0型、∞^0型的未定式.

设函数$f(x)$和$g(x)$在自变量的同一变化过程中有$f(x)\to0$，$g(x)\to\infty$，则称$\lim f(x)\cdot g(x)$为$0\cdot\infty$型未定式；若$f(x)\to\infty$，$g(x)\to\infty$，则称$\lim[f(x)-g(x)]$为$\infty-\infty$型未定式；若$f(x)\to1$，$g(x)\to\infty$，则称$\lim f(x)^{g(x)}$为1^∞型未定式；若$f(x)\to0$，$g(x)\to0$，则称$\lim f(x)^{g(x)}$为0^0型未定式；若$f(x)\to\infty$，$g(x)\to0$，则称$\lim f(x)^{g(x)}$为∞^0型未定式.

对于$0\cdot\infty$型和$\infty-\infty$型未定式，通常是用代数方法将其化为$\dfrac{0}{0}$型或$\dfrac{\infty}{\infty}$型未定式；对于1^∞型、0^0型和∞^0型的未定式，都是先将函数$f(x)^{g(x)}$化为$e^{g(x)\ln f(x)}$，即为$0\cdot\infty$型未定式，再化为$\dfrac{0}{0}$型或$\dfrac{\infty}{\infty}$型未定式，然后利用洛必达法则求出极限.

例 9 求 $\lim\limits_{x\to 0^+} x\ln x$.

解 $\lim\limits_{x\to 0^+} x\ln x = \lim\limits_{x\to 0^+} \dfrac{\ln x}{\dfrac{1}{x}} = \lim\limits_{x\to 0^+} \dfrac{\dfrac{1}{x}}{-\dfrac{1}{x^2}} = -\lim\limits_{x\to 0^+} x = 0$.

例 10 求 $\lim\limits_{x\to \frac{\pi}{2}} (\sec x - \tan x)$.

解
$$\lim_{x\to \frac{\pi}{2}} (\sec x - \tan x) = \lim_{x\to \frac{\pi}{2}} \left(\frac{1}{\cos x} - \frac{\sin x}{\cos x}\right) = \lim_{x\to \frac{\pi}{2}} \frac{1-\sin x}{\cos x} = \lim_{x\to \frac{\pi}{2}} \frac{-\cos x}{-\sin x}$$
$$= \lim_{x\to \frac{\pi}{2}} \cot x = 0$$

例 11 求 $\lim\limits_{x\to 0^+} x^x$.

解 $\lim\limits_{x\to 0^+} x^x = \lim\limits_{x\to 0^+} e^{x\ln x} = e^{\lim\limits_{x\to 0^+} x\ln x} = e^0 = 1$.

解决问题

解 这是一个$\dfrac{0}{0}$型未定式，利用洛必达法则，$\lim\limits_{t\to 0} \dfrac{e^t - 1}{2t} = \lim\limits_{t\to 0} \dfrac{(e^t - 1)'}{(2t)'} = \lim\limits_{t\to 0} \dfrac{e^t}{2} = \dfrac{1}{2}$.

习题 3.1

习题答案详解

1. 判断下列极限计算是否正确：

（1）$\lim\limits_{x\to 0} \dfrac{x^2 - 1}{x} = \lim\limits_{x\to 0} \dfrac{2x}{1} = 0$.　　（　　）

（2）$\lim\limits_{x\to 2} \dfrac{x^3 - 2x - 4}{x - 2} = \lim\limits_{x\to 2} \dfrac{3x^2 - 2}{1} = 10$.　　（　　）

（3）$\lim\limits_{x\to 2} \dfrac{x^3 - 2x - 4}{(x-2)^2} = \lim\limits_{x\to 2} \dfrac{3x^2 - 2}{2(x-2)} = \lim\limits_{x\to 2} \dfrac{6x}{2} = 6$.　　（　　）

（4）$\lim\limits_{x\to \infty} \dfrac{x - \sin x}{x + \sin x} = \lim\limits_{x\to \infty} \dfrac{1 - \cos x}{1 + \cos x} = 1$.　　（　　）

2. 用洛必达法则求下列极限：

（1）$\lim\limits_{x\to 0} \dfrac{\ln(1+x)}{x}$；　（2）$\lim\limits_{x\to 0} \dfrac{e^x - e^{-x}}{\sin x}$；　（3）$\lim\limits_{x\to a} \dfrac{\sin x - \sin a}{x - a}$；

（4）$\lim\limits_{x\to\pi}\dfrac{\sin 3x}{\tan 5x}$；（5）$\lim\limits_{x\to1}\dfrac{x^3-3x^2+2}{x^3-x^2-x+1}$；（6）$\lim\limits_{x\to\frac{\pi}{2}}\dfrac{\ln\sin x}{(\pi-2x)^2}$；

（7）$\lim\limits_{x\to\frac{\pi}{2}}\dfrac{\tan x}{\tan 3x}$；（8）$\lim\limits_{x\to0}x\cot 2x$；（9）$\lim\limits_{x\to0}x^2e^{\frac{1}{x^2}}$；

（10）$\lim\limits_{x\to1}\left(\dfrac{2}{x^2-1}-\dfrac{1}{x-1}\right)$；（11）$\lim\limits_{x\to\infty}\left(1+\dfrac{a}{x}\right)^x$；（12）$\lim\limits_{x\to0^+}x^{\sin x}$；

（13）$\lim\limits_{x\to0^+}\left(\dfrac{1}{x}\right)^{\tan x}$.

3.2 函数的单调性和极值

提出问题

某制造商制造并售出球形瓶装的某种饮料，瓶子的制造成本是$0.8\pi r^2$分，其中r（单位：cm）是瓶子的半径，已知售出 1 mL 的饮料，制造商可获利 0.2 分，且制造商制造的瓶子最大半径为 6 cm. 讨论瓶子半径大小的变化和饮料的利润增减的关系.

知识储备

3.2.1 函数的单调性

我们知道，如果函数$y=f(x)$在区间$[a,b]$上单调增加（单调减少），那么它的图像是一条沿x轴正向上升（下降）的曲线. 这时，曲线上各点处的切线的斜率是非负的（非正的），如图 3-1 所示，由此可见，函数的单调性与导数的符号有着密切的联系.

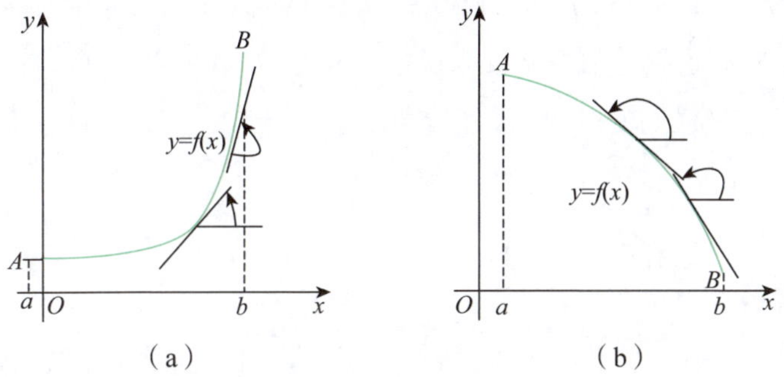

图 3-1

由此启发我们，可以用导数的符号来判定函数的单调性，这就是下面的函数单调性的判定定理.

定理 1 设函数 $y=f(x)$ 在区间 $[a,b]$ 上连续，在 (a,b) 内可导.

（1）如果在 (a,b) 内 $f'(x)>0$，那么函数 $y=f(x)$ 在区间 $[a,b]$ 上单调增加；

（2）如果在 (a,b) 内 $f'(x)<0$，那么函数 $y=f(x)$ 在区间 $[a,b]$ 上单调减少.

如果把这个定理中的区间 $[a,b]$ 换成其他各种区间（包括无穷区间），那么结论也成立.

例 1 讨论函数 $y=e^x-x-1$ 的单调性.

解 函数 $y=e^x-x-1$ 的定义域是 $(-\infty,+\infty)$，它的导数是

$$y'=(e^x-x-1)'=e^x-1$$

因为在 $(-\infty,0)$ 内 $y'<0$，所以函数 $y=e^x-x-1$ 在 $(-\infty,0)$ 内单调减少；

因为在 $(0,+\infty)$ 内 $y'>0$，所以函数 $y=e^x-x-1$ 在 $(0,+\infty)$ 内单调增加.

我们注意到，$x=0$ 是函数 $y=e^x-x-1$ 单调减少区间 $(-\infty,0)$ 与单调增加区间 $(0,+\infty)$ 的分界点，而在该点处 $y'=0$.

我们称函数 $f(x)$ 的一阶导数等于 0 的点为函数 $f(x)$ 的驻点. 在讨论函数的单调性时，可以先求出驻点，划分出单调区间，再利用导数的正负判断单调性有时会更方便些.

从例 1 中看出，有些函数在它的定义区间上不是单调的，但是当我们用驻点来划分函数的定义区间后，就可以使函数在各个部分区间上单调. 这个结论对于在定义区间上具有连续导数的函数来说都是成立的. 如果函数在某些点处不可导，则划分函数的定义区间的分界点，还应包括这些导数不存在的点. 综合上述两种情形，我们得到求函数单调区间的步骤如下：

（1）求函数的定义域；

（2）求导数；

（3）令 $f'(x)=0$，求出驻点，分析 $f'(x)$ 不存在的点，得到各个单调区间的分界点；

（4）讨论$f'(x)$在各区间内的符号，判断函数$f(x)$在各区间内的单调性.

例 2 求函数$f(x)=x^3-3x^2-9x+14$的单调区间.

解 函数的定义域为$(-\infty,+\infty)$. 求导数，得

$$f'(x)=(x^3-3x^2-9x+14)'=3x^2-6x-9=3(x+1)(x-3)$$

令$f'(x)=0$，解得驻点为$x_1=-1$，$x_2=3$. 这两个点将$(-\infty,+\infty)$分为 3 个区间，列表讨论如下（表中↗表示单调增加，↘表示单调减少）.

x	$(-\infty,-1)$	-1	$(-1,3)$	3	$(3,+\infty)$
$f'(x)$	+	0	−	0	+
$f(x)$	↗		↘		↗

所以，函数的单调增加区间为$(-\infty,-1)$和$(3,+\infty)$，单调减少区间为$(-1,3)$.

3.2.2 函数的极值

在讨论函数的增减性时曾遇到这样的情形：函数先是递增的，到达某一点后它又变为递减的；或先递减，后又变为递增的. 于是在函数的增减性发生转变的地方就出现了这样的函数值，它与附近的函数值比较起来是最大的或最小的，通常把前者称为函数的极大值，把后者称为函数的极小值. 下面我们给出它们的定义和判定方法.

1. 极值的定义

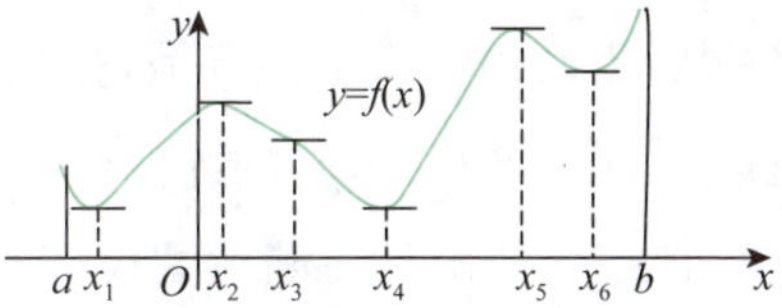

图 3-2

从图 3-2 可以看到，点x_1、x_2、x_4、x_5、x_6是函数$y=f(x)$单调区间的分界点，且在x_2、x_5处的函数值$f(x_2)$、$f(x_5)$比它们左右近旁各点处的函数值都大，而在点x_1、x_4、x_6处的函数值$f(x_1)$、$f(x_4)$、$f(x_6)$比它们左右近旁各点处的函数值都小，对于具有这种特性的点及其对应的函数值我们有下述定义 .

定义 设函数 $y=f(x)$ 在区间 (a,b) 内有定义，x_0 是 (a,b) 内的一个点，如果存在点 x_0 的一个邻域，对于这个邻域内的任何 $x(x\neq x_0)$：

（1）$f(x)<f(x_0)$ 均成立，则称 $f(x_0)$ 是函数 $f(x)$ 的一个极大值，点 x_0 叫作函数的一个极大值点；

（2）$f(x)>f(x_0)$ 均成立，则称 $f(x_0)$ 是函数 $f(x)$ 的一个极小值，点 x_0 叫作函数的一个极小值点.

函数的极大值与极小值统称为函数的极值，使函数取得极值的点称为极值点.

例如，例 2 中的函数

$$f(x)=x^3-3x^2-9x+14$$

有极大值 $f(-1)=19$ 和极小值 $f(3)=-13$，点 $x=-1$ 和 $x=3$ 是函数 $f(x)$ 的极值点.

函数的极大值和极小值概念是局部性的，如果 $f(x_0)$ 是 $f(x)$ 的一个极大值，那只是就 x_0 附近的一个局部范围来说；如果就整个指定的范围来说，$f(x_0)$ 不一定是最大值. 关于极小值也类似.

在图 3-2 中，函数 $f(x)$ 有两个极大值：$f(x_2)$、$f(x_5)$；3 个极小值：$f(x_1)$、$f(x_4)$、$f(x_6)$，其中极大值 $f(x_2)$ 比极小值 $f(x_6)$ 还小. 就整个区间 $[a,b]$ 来说，只有一个极小值 $f(x_1)$ 同时也是最小值，而没有一个极大值是最大值.

从图 3-2 中还可以看到，在函数取得极值处曲线上的切线是水平的. 反之，曲线上有水平切线的地方函数不一定取得极值. 例如图中 $x=x_0$ 处，曲线上有水平切线，但 $f(x_0)$ 不是极值.

2. 函数取得极值的必要条件和充分条件

定理 2（必要条件） 设函数 $f(x)$ 在点 x_0 处具有导数，且在点 x_0 处取得极值，那么该函数在点 x_0 处的导数 $f'(x_0)=0$.

定理 2 就是说：可导函数 $f(x)$ 的极值点必定是它的驻点. 但反过来，函数的驻点却不一定是它的极值点. 例如，$f(x)=x^3$ 的导数 $f'(x)=3x^2$，$f'(0)=0$，因此 $x=0$ 是该可导函数的驻点，但 $x=0$ 却不是该函数的极值点. 因此，定理 2 通常称为极值存在的必要条件.

如果函数在某些点处的导数不存在，那么函数可能在这些点处取得极值. 例如，函数 $f(x)=|x|$ 在 $x=0$ 处的导数不存在，但在该点处有极小值 $f(0)=0$（如图 3-3 所示），而函数 $f(x)=x^{\frac{1}{3}}$ 在 $x=0$ 处不可导，在该点处没有极值（如图 3-4 所示）.

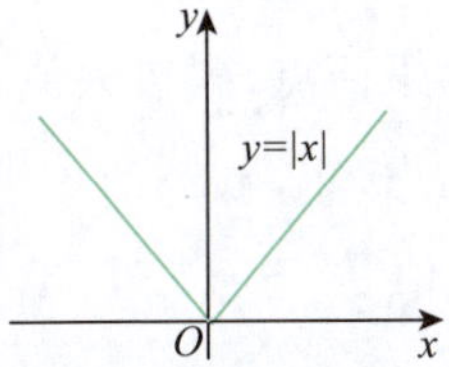

图 3–3

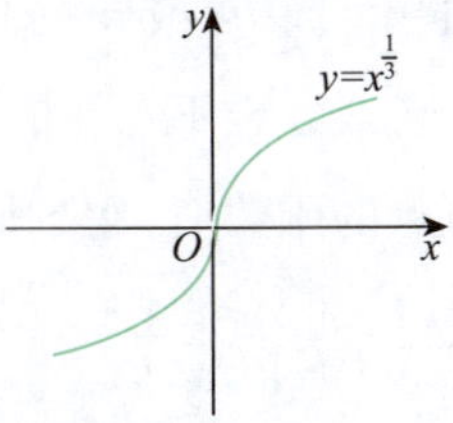

图 3–4

综上所述，函数的极值只可能在驻点或导数不存在的点取得．因此，求函数的极值时，可以先求出函数的所有驻点和导数不存在的点，再判断这些点中哪些点是极值点．

下面研究极值存在的充分条件．

如图 3–5 所示，函数 $f(x)$ 在点 x_0 处取得极大值，在 x_0 的左侧单调增加，在 x_0 的右侧单调减少．这就是说，在 x_0 的左侧有 $f'(x)>0$，在 x_0 的右侧有 $f'(x)<0$．对于取得极小值的情形，可类似地讨论（如图 3–6 所示）．

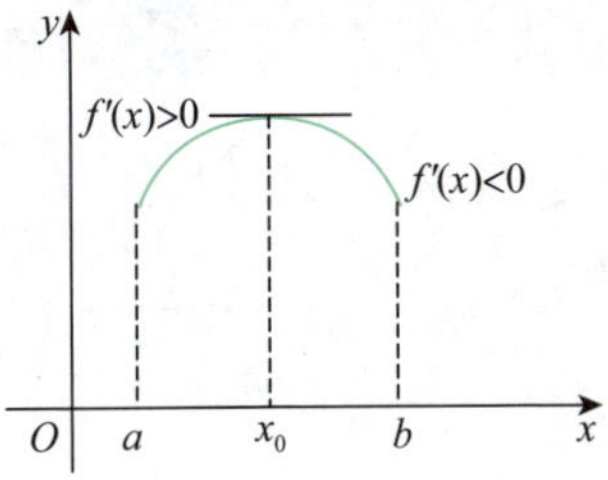

图 3–5

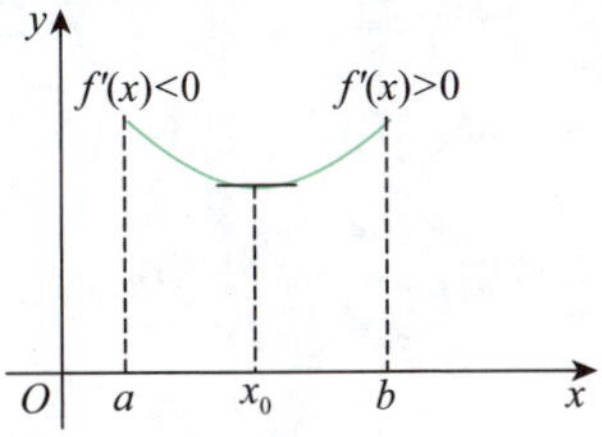

图 3–6

定理 3（第一充分条件）　设函数 $f(x)$ 在点 x_0 处连续，在 x_0 的某个邻域内可导（$f'(x_0)$ 可以不存在）．

（1）如果当 x 取 x_0 左侧邻近的值时，$f'(x)>0$，当 x 取 x_0 右侧邻近的值时，$f'(x)<0$，那么函数 $f(x)$ 在点 x_0 处取得极大值；

（2）如果当 x 取 x_0 左侧邻近的值时，$f'(x)<0$，当 x 取 x_0 右侧邻近的值时，$f'(x)>0$，那么函数 $f(x)$ 在点 x_0 处取得极小值；

（3）如果在 x_0 的去心邻域内，$f'(x)$ 不改变符号，那么函数 $f(x)$ 在点 x_0 处没有极值．

综合定理 2 和定理 3，得到求函数极值的一般步骤如下：

（1）求函数的定义域；

（2）求导数 $f'(x)$；

（3）求$f(x)$的全部驻点或导数不存在的点；

（4）讨论各驻点或导数不存在的点是否为极值点，是极大值点还是极小值点；

（5）求各极值点的函数值，得到函数的全部极值.

例 3　求函数$f(x)=x^3-3x^2-9x+5$的极值.

解　函数的定义域为$(-\infty,+\infty)$. 求导数，得

$$f'(x)=(x^3-3x^2-9x+5)'=3x^2-6x-9=3(x+1)(x-3)$$

令$f'(x)=0$，解得$x_1=-1$，$x_2=3$. 这两个根将$(-\infty,+\infty)$分为3个区间，列表讨论如下：

x	$(-\infty,-1)$	-1	$(-1,3)$	3	$(3,+\infty)$
$f'(x)$	+	0	−	0	+
$f(x)$	↗	极大值 10	↘	极小值 −22	↗

由上表知，函数的极大值为$f(-1)=10$，极小值为$f(3)=-22$.

例 4　求函数$f(x)=3(x-1)^{\frac{2}{3}}$的单调区间、极值点与极值.

单调性和极值求解例题

解　函数的定义域为$(-\infty,+\infty)$，且函数在$(-\infty,+\infty)$内连续. 求导数，得

$$f'(x)=\left[3(x-1)^{\frac{2}{3}}\right]'=2(x-1)^{-\frac{1}{3}}=\frac{2}{\sqrt[3]{x-1}}$$

函数$f(x)$在$(-\infty,+\infty)$内没有导数等于0的点，但在$x=1$处导数不存在. 点$x=1$将区间$(-\infty,+\infty)$分成两个区间，列表讨论如下：

x	$(-\infty,-1)$	1	$(3,+\infty)$
$f'(x)$	−	不存在	+
$f(x)$	↘	极小值 0	↗

所以，函数的单调增加区间为$(1,+\infty)$，单调减少区间为$(-\infty,1)$；函数的极小值点是$x=1$，极小值是$f(1)=0$；没有极大值点和极大值.

当函数$f(x)$在驻点的二阶导数存在且不为0时，也可以用下面的定理来判定

$f(x)$在驻点处取得极大值还是极小值.

定理 4（第二充分条件） 设函数$f(x)$在点x_0处具有二阶导数且$f'(x_0)=0$，$f''(x_0)\neq 0$，那么

（1）当$f''(x_0)>0$时，函数$f(x)$在点x_0处取得极小值；

（2）当$f''(x_0)<0$时，函数$f(x)$在点x_0处取得极大值.

定理 4 告诉我们，如果函数$f(x)$在驻点x_0处的二阶导数$f''(x_0)\neq 0$，那么该驻点x_0一定是极值点，并且可以按二阶导数$f''(x_0)$的符号来判定$f(x_0)$是极大值还是极小值. 但是如果$f''(x_0)=0$，定理 4 则不能用. 事实上，当$f'(x_0)=0$，$f''(x_0)=0$时，$f(x)$在点x_0处可能有极大值，可能有极小值，也可能没有极值. 例如，$f_1(x)=-x^4$，$f_2(x)=x^4$，$f_3(x)=x^3$这 3 个函数属于这 3 种情况. 因此，如果函数在驻点处的二阶导数为 0，那么还得用一阶导数在驻点左右邻近的符号来判定.

例 5 求函数$f(x)=2-(x-3)^2$的极值.

解 函数的定义域为$(-\infty,+\infty)$. 求导数，得

$$f'(x)=[2-(x-3)^2]'=-2(x-3)$$

令$f'(x)=0$，解得$x=3$. 又$f''(x)=[-2(x-3)]'=-2$. 因为$f''(3)=-2<0$，所以函数$f(x)=2-(x-3)^2$在$x=3$处取得极大值，极大值为$f(3)=2$.

解决问题

解 由于瓶子的半径为r，所以每瓶饮料的利润是

$$y=f(r)=0.2\times\frac{4}{3}\pi r^3-0.8\pi r^2=0.8\pi\left(\frac{r^3}{3}-r^2\right),\ 0<r\leqslant 6$$

令 $f'(r)=0.8\pi(r^2-2r)=0$. 当 $r=2$ 时，$f'(r)=0$；当$0<r<2$时，$f'(r)<0$；当$2<r<6$时，$f'(r)>0$.

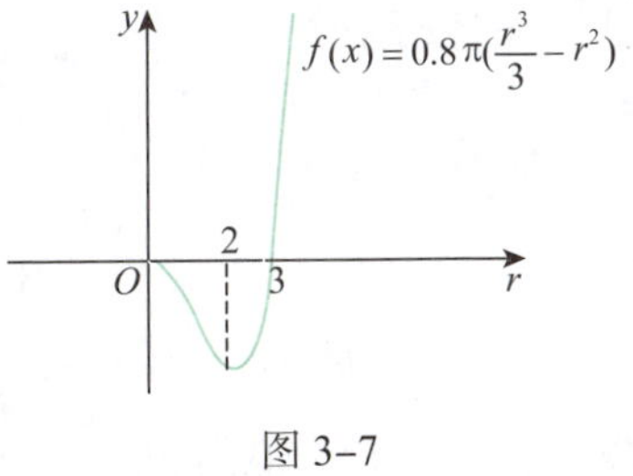

图 3-7

因此，当半径$r>2$时，$f'(r)>0$，它表示$f(r)$单调增加，即半径越大，利润越高；半径$r<2$时，$f'(r)>0$，它表示$f(r)$单调减少，即半径越大，利润越低. 半径为 2 时，利润最低，这时$f(2)<0$，表示此时利润是负值，饮料的利润还不够瓶子的成本，如图 3-7 所示 .

习题 3.2

习题答案详解

1. 判定下列函数在指定区间内的单调性：

（1）$y=x^2+2x-1$，$(-1, +\infty)$；　（2）$y=x+\cos x$，$\left[0, \dfrac{\pi}{2}\right]$；

（3）$y=\cot x-\tan x$，$\left[0, \dfrac{\pi}{2}\right]$；　（4）$y=\ln x-x$，$(1, +\infty)$.

2. 求下列函数的单调区间：

（1）$y=2x^2+1$；　（2）$y=2x^2-\ln x$.

3. 求下列函数的极值：

（1）$y=x-\ln(1+x)$；　（2）$y=-x^4+2x^2$；　（3）$y=x+\sqrt{1-x}$；

4. 求下列函数的单调区间和极值：

（1）$y=x^3-3x$；　（2）$y=2x^3-6x^2-18x-7$；

（3）$y=2x+\dfrac{8}{x}$.

5. 利用二阶导数判断下列函数的极值：

（1）$y=2x-\ln(4x)^2$；　（2）$y=\dfrac{1}{3}x^3-2x^2+3x+1$.

3.3 函数的最大值和最小值

提出问题

工程人员在分析电路时，遇到由电动势 E、内电阻 r 与外电阻 R 所构成的闭合电路（如图 3-8 所示），问当 E 与 r 已知时，R 等于多少才有最大输出功率 P？

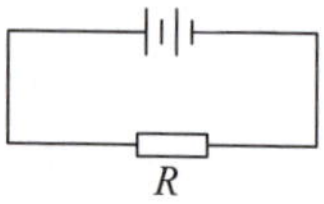

图 3-8

知识储备

在实际中，常常会遇到在一定条件下如何使“用料最省”“效率最高”“成本最低”“路程最短”等问题，用数学的方法进行描述，它们都可归结为求一个函数的最大值、最小值问题.

最值与极值不同，极值是一个仅与一点附近的函数值有关的局部概念，最值却是一个与函数考察范围 I 有关的整体概念，随着 I 变化，最值的存在性及数值可能也发生变化，因此一个函数的极值可以有若干个，但一个函数的最大值、最小值如果存在的话，只能是唯一的.

如果最值点不是 I 的边界点，那么它必定是极值点.

对于闭区间 $[a, b]$ 上的连续函数 $f(x)$ 由最值存在定理知一定存在着最大值和最小值. 显然，连续函数在闭区间 $[a, b]$ 上的最大值和最小值只能在区间 (a, b) 内的极值点和区间端点处达到.

设函数 $f(x)$ 在 $I=[a, b]$ 上连续，则求出最值的步骤如下：

（1）求出函数 $f(x)$ 在 (a, b) 内的所有可能极值点，即驻点及不可导点；

（2）计算函数 $f(x)$ 在驻点、不可导点处及端点 a、b 处的函数值；

（3）比较这些函数值，其中最大者即为函数的最大值，最小者即为函数的最小值.

3.3.1　求闭区间上连续函数的最大值和最小值

函数的最值

例 1　求函数 $f(x)=x^4-2x^2+5$ 在区间 $[-2, 2]$ 上的最大值和最小值.

解　$f(x)$ 在 $[-2, 2]$ 上连续.

（1）$f'(x)=4x^3-4x=4x(x-1)(x+1)$.

令 $f'(x)=0$，得驻点 $x_1=-1$，$x_2=0$，$x_3=1$，且无不可导点.

（2）计算函数 $f(x)$ 在驻点、区间端点处的函数值：

$$f(-2)=13,\ f(-1)=4,\ f(0)=5,\ f(1)=4,\ f(2)=13$$

（3）函数在 $[-2, 2]$ 上的最大值为 13，最大值点为 -2 和 2；最小值为 4，最小值点为 -1 和 1.

例 2　求 $f(x)=x-x\sqrt{x}$ 在区间 $[0, 4]$ 上的最大值与最小值.

解　（1）$f'(x)=1-\dfrac{3}{2}\sqrt{x}$. 令 $f'(x)=0$，得驻点 $x=\dfrac{4}{9}$.

（2）计算函数在驻点、区间端点处的函数值：

$$f\left(\frac{4}{9}\right)=\frac{4}{27},\ f(0)=0,\ f(4)=-4$$

（3）比较可得函数$f(x)$在$[0,4]$上最大值为$f\left(\frac{4}{9}\right)=\frac{4}{27}$，最小值为$f(4)=-4$.

3.3.2 实际问题应用

数学和实际问题中遇到的函数未必都是闭区间上的连续函数. 一般可按下述原则处理：若实际问题归结出的函数$f(x)$在其考察范围I上是可导的，且事先可断定最大值（或最小值）必定在I的内部达到，而在I的内部又仅有$f(x)$的唯一一个驻点x_0，那么就可断定$f(x)$的最大值（或最小值）就在点x_0取得（如图 3–9 所示）.

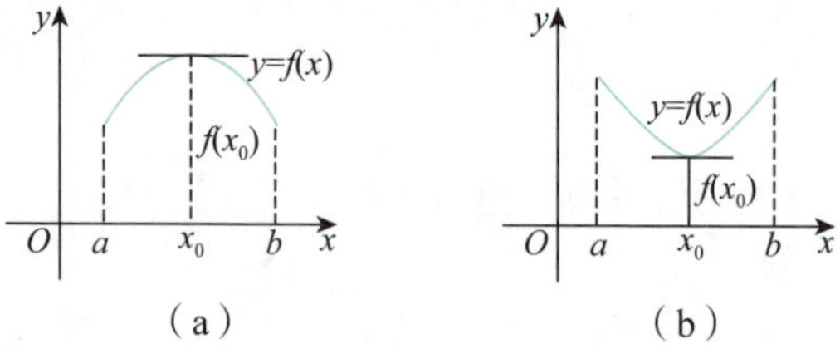

图 3–9

例 3　某航空企业要制造一种容积为V的圆柱形航空煤油罐，问怎样设计才能使所用材料最省？

解　设航空煤油罐的底面半径为r，高为h，则航空煤油罐的侧面积为$2\pi rh$，底面积为πr^2，表面积$S=2\pi r^2+2\pi rh$.

由$V=\pi r^2h$，得 $h=\frac{V}{\pi r^2}$，所以

$$S=2\pi r^2+\frac{2V}{r},\quad r\in(0,+\infty)$$

$$S'=4\pi r-\frac{2V}{r^2}=\frac{2(2\pi r^3-V)}{r^2}$$

令$s'=0$，得唯一驻点$r=\left(\frac{V}{2\pi}\right)^{\frac{1}{3}}\in(0,+\infty)$，因此它一定是使$S$达到最小值的点. 此时对应的高 $h=\frac{V}{\pi r^2}=2\left(\frac{V}{2\pi}\right)^{\frac{1}{3}}=2r$.

即当航空煤油罐的高和底面直径相等时所用材料最省.

例 4　如图 3–10 所示为线芯半径为 a、铝皮内径为 b 的单芯同轴电缆．当在线芯和铝皮之间加上电压 V 时，线芯表面的电场 $E=V\Big/\left(a\ln\dfrac{b}{a}\right)$，如果 b 为固定数，求 a 为多少时，电场 E 为最小值，同时求 E 的最小值．

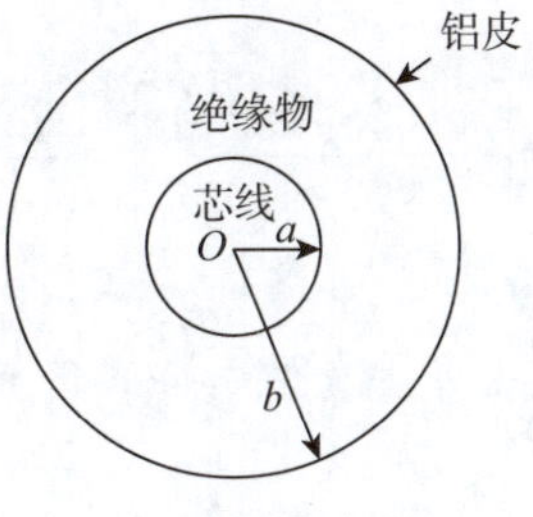

图 3–10

解　由题意可知 $0<a<b$，令 $y=a\ln\dfrac{b}{a}=a(\ln b-\ln a)$，则 $E=V/y$，当 y 取最大值时，E 取最小值．求导，得

$$\frac{\mathrm{d}y}{\mathrm{d}a}=[a(\ln b-\ln a)]'=\ln b-\ln a-a\cdot\frac{1}{a}=\ln\frac{b}{a}-1$$

令 $\dfrac{\mathrm{d}y}{\mathrm{d}a}=0$，得 $\ln\dfrac{b}{a}=1$，即 $\dfrac{b}{a}=\mathrm{e}$．可得 $a=\dfrac{b}{\mathrm{e}}<b$ 是 $(0,b)$ 内唯一的驻点，所以，当 $a=\dfrac{b}{\mathrm{e}}$ 时，y 取最大值，从而 E 就有最小值．且 $E_{\min}=E\big|_{a=\frac{b}{\mathrm{e}}}=V\Big/\left(\dfrac{b}{\mathrm{e}}\ln\mathrm{e}\right)=\dfrac{\mathrm{e}V}{b}$．

例 5　要设计一种横断面为半圆形的正柱形敞口容器的模具，其表面积为 S，问当 r 和 h 的尺寸满足什么条件时，此容器有最大的容积．

解　设底面半径为 $r(r>0)$，其高为 $h(h>0)$，由题意可得其直截面面积为 $2rh$，曲侧面面积为 πrh，底面的面积为 $\dfrac{\pi r^2}{2}$，那么由

$$S=2rh+\pi rh+\frac{\pi r^2}{2}$$

得

$$h=\frac{S-\dfrac{\pi r^2}{2}}{2r+\pi r}=\frac{2S-\pi r^2}{2(2+\pi)r}$$

正柱形敞口容器的容积为

$$V=\frac{\pi r^2 h}{2}=\frac{\pi r^2}{2}\cdot\frac{2S-\pi r^2}{2(2+\pi)r}=\frac{\pi r(2S-\pi r^2)}{4(2+\pi)}$$

对上式求导，得

$$V'=\left[\frac{\pi r(2S-\pi r^2)}{4(2+\pi)}\right]'=\frac{2S\pi-3\pi^2 r^2}{4(2+\pi)}$$

令$V'=0$，解得$r=\pm\sqrt{\frac{2s}{3\pi}}$（舍去负值），即在区间$(0,+\infty)$内只有一个驻点，又该问题一定有最大值，因此当$r=\sqrt{\frac{2s}{3\pi}}$，$h=\frac{1}{(\pi+2)}\cdot\sqrt{\frac{2\pi s}{3}}$时正柱形敞口容器有最大容积.

解决问题

解　由欧姆定律知$I=\frac{E}{r+R}$，则通过R的功率是

$$P=I^2R=\frac{E^2R}{(r+R)^2}\ ,R\geqslant 0$$

求导，得

$$P'=\left[\frac{E^2R}{(r+R)^2}\right]'=E^2\frac{r-R}{(r+R)^3}$$

令$P'=0$，得驻点$R=r$．因为在区间$(0,+\infty)$内函数只有一个驻点，所以当$R=r$时，输出功率最大.

习题 3.3

习题答案详解

1. 求下列函数的最大值和最小值：

（1）$y=2x^3-3x^2$，$-1\leqslant x\leqslant 4$；　　（2）$y=x^4-8x^2+2$，$-1\leqslant x\leqslant 3$；

（3）$y=x+\sqrt{1-x}$，$-5\leqslant x\leqslant 1$.

2. 问函数$y=x^2-\frac{54}{x}\ (x<0)$在何处取得最小值？

3. 问函数$y=\frac{x}{x^2+1}\ (x\geqslant 0)$在何处取得最大值？

4. 已知在时刻t时通过导体的电荷量$Q(t)=t^3-2t^2+6t+2$，问在什么时刻电流最低？

5. 甲乙两生产队合用一变压器（如图 3–11 所示）. 若两队用同型号线架设输电线，问变压器设在输电干线何处时所需输电线最短？

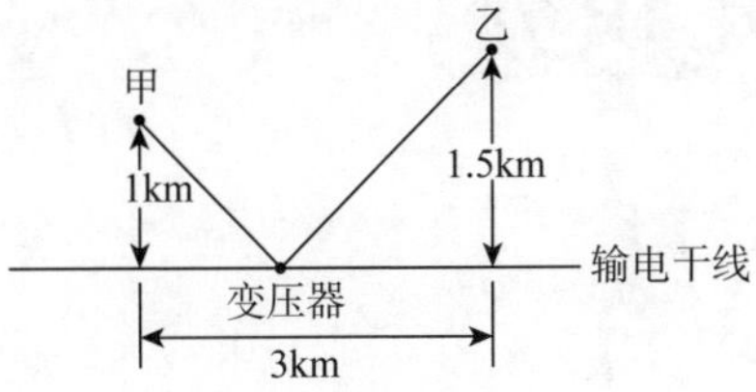

图 3–11

6. 现有一房地产公司有 50 套公寓要出租，当租金定为每月 1800 元时，公寓会全部租出去；当租金每增加 100 元时，就有一套公寓租不出去，而租出去的每月需花费 200 元的整修维护费. 试问租金定为多少可获得最大收入？

7. 在边长为 60 cm 的正方形铁皮的四角上切去相等的正方形（如图 3–12 所示），然后把它的四边翻转 90° 角再焊接成一个无盖的方底箱子，问箱底的边长是多少时箱子的容积最大？最大容积是多少？

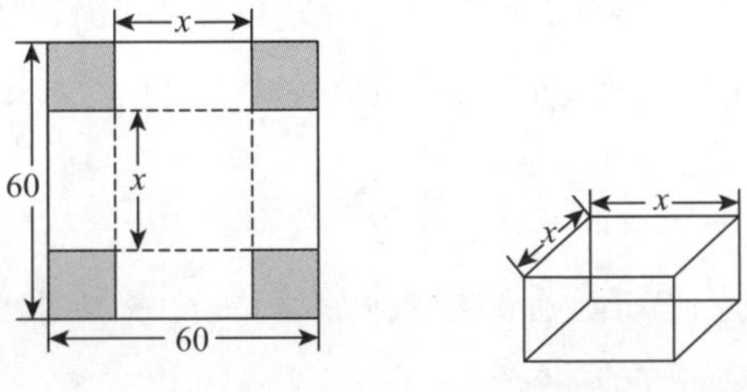

图 3–12

8. 某大型客机承担相距 3000 km 的甲乙两地间的客运任务，客机飞行成本由燃料费用和其他费用组成. 已知该客机每小时的燃料费用（元）与其飞行速度（km/h）的平方成正比（比例系数为 0.05），其他费用为每小时 32000 元，且该客机的最大飞行速度为 1500 km/h，在客机全程都是匀速行驶的（假设）条件下：

（1）请将从甲地到乙地的飞行成本y（元）表示为速度x（km/h）的函数；

（2）要使从甲地到乙地的飞行成本最少，该客机应以多大的速度飞行？

第 4 章　不定积分

前面已经讨论了一元函数的微分学，本章和下一章将讨论一元函数的积分学．在一元函数的积分学中有两个基本概念：不定积分和定积分．本章讲述不定积分的概念、性质及求不定积分的基本方法．

4.1　原函数与不定积分的概念

提出问题

1. 已知物体在任意时刻的速度 $v(t)=s'(t)$，求物体的运动规律 $s=s(t)$．
2. 已知曲线在任意一点处的切线的斜率 $k=f'(x)$，求曲线方程 $y=f(x)$．

知识储备

现在问题就变成：已知函数的导数 $F'(x)=f(x)$，求原来的那个函数 $F(x)$ 了．为此我们引进原函数的概念．

4.1.1　原函数的概念

原函数的概念

定义 1　已知 $f(x)$ 是一个定义在某区间的函数，如果存在某函数 $F(x)$，使得对该区间内的任一点 x 都有

$$F'(x)=f(x) \text{或} \mathrm{d}F(x)=f(x)\mathrm{d}x$$

那么函数 $F(x)$ 称为函数 $f(x)$ 在该区间内的一个原函数．

例如在 $x\in(-\infty,+\infty)$ 内，因为 $(\sin x)'=\cos x$，所以 $\sin x$ 是 $\cos x$ 的一个原函数．

又如，在 $x\in(-\infty,+\infty)$ 内，因为有

$$(x^2)'=2x$$
$$(x^2+1)'=2x$$
$$(x^2-\sqrt{5})'=2x$$
$$(x^2+C)'=2x$$

所以x^2、x^2+1、$x^2-\sqrt{5}$、x^2+C都是 $2x$ 的原函数.

显然,一个函数的原函数不是唯一的. 事实上,如果$F(x)$是$f(x)$在区间 I 上的一个原函数,即$F'(x)=f(x)\ (x\in I)$,那么,对任意常数 C,均有$[F(x)+C]'=F'(x)=f(x)$, $x\in I$,从而$F(x)+C$也是$f(x)$在区间 I 上的原函数. 这说明,如果函数$f(x)$在区间 I 上有一个原函数,那么$f(x)$在 I 上有无穷多个原函数. 另一方面,如果函数$F(x)$和$G(x)$都是函数$f(x)$在区间 I 上的原函数,那么

$$[G(x)-F(x)]'=G'(x)-F'(x)=f(x)-f(x)=0, x\in I$$

从而$G(x)-F(x)=C$,即$G(x)=F(x)+C$,其中 C 为某个常数. 因此,如果函数$f(x)$在区间 I 上有一个原函数$F(x)$,那么$f(x)$在区间 I 上的全体原函数组成的集合为函数族$\{F(x)+C, -\infty<C<+\infty\}$.

4.1.2 不定积分的定义

定义 2 如果函数$f(x)$在区间 I 上有原函数,那么称$f(x)$在 I 上的全体原函数组成的函数族为函数$f(x)$在区间 I 上的不定积分,记为

$$\int f(x)\mathrm{d}x$$

其中记号$\int$称为积分号,$f(x)$称为被积函数,$f(x)\mathrm{d}x$称为被积表达式,x称为积分变量.

由定义及前面的说明知,如果$F(x)$是$f(x)$在区间 I 上的一个原函数,那么$\int f(x)\mathrm{d}x=F(x)+C$,其中 C 为任意常数.

例如,因为$(\sin x)'=\cos x$,所以$\int\cos x\mathrm{d}x=\sin x+C$;因为$(\arcsin x)'=\frac{1}{\sqrt{1-x^2}}$,所以$\int\frac{1}{\sqrt{1-x^2}}\mathrm{d}x=\arcsin x+C$.

一个函数要具备什么条件,才能保证它的原函数一定存在呢? 关于这个问题,我们有下述结论(证明略).

定理(原函数存在定理) 如果函数$f(x)$在区间 I 上连续,那么$f(x)$在区间 I 上一定有原函数,即一定存在区间 I 上的可导函数 $F(x)$,使

得$F'(x)=f(x)$, $x\in I$.

简单地说就是，连续函数必有原函数. 由于初等函数在其定义区间上连续，所以初等函数在其定义区间上一定有原函数.

怎样求一个连续函数的原函数或不定积分呢？后面几节讨论这个问题. 下面仅给出一些简单函数的不定积分的例子.

例 1　求下列函数的不定积分：

（1）$\int 2x\mathrm{d}x$；　　（2）$\int \mathrm{e}^x\mathrm{d}x$.

解　（1）因为$(x^2)'=2x$，所以x^2为函数$2x$的一个原函数. 故

$$\int 2x\mathrm{d}x=x^2+C$$

（2）因为$(\mathrm{e}^x)'=\mathrm{e}^x$，所以$\mathrm{e}^x$为函数$\mathrm{e}^x$的一个原函数. 故

$$\int \mathrm{e}^x\mathrm{d}x=\mathrm{e}^x+C$$

4.1.3　不定积分的性质

从不定积分的概念可知，“求不定积分”与“求导”或“求微分”互为逆运算，所以有下述性质.

性质 1　$\frac{\mathrm{d}}{\mathrm{d}x}\int f(x)\mathrm{d}x=f(x)$或$\mathrm{d}\int f(x)\mathrm{d}x=f(x)\mathrm{d}x$.

性质 2　$\int F'(x)\mathrm{d}x=F(x)+C$或$\int \mathrm{d}F(x)=F(x)+C$.

例 2　写出下列各式的结果：

（1）$\left[\int\frac{\arcsin x}{1+x^2}\mathrm{d}x\right]'$；　　（2）$\int \mathrm{d}(\mathrm{e}^x\sin x)$.

解　（1）$\left[\int\frac{\arcsin x}{1+x^2}\mathrm{d}x\right]'=\frac{\arcsin x}{1+x^2}$；

（2）$\int \mathrm{d}(\mathrm{e}^x\sin x)=\mathrm{e}^x\sin x+C$.

4.1.4　不定积分的几何意义

例 3　设曲线通过点(1，0)，且曲线上任一点处的切线斜率等于该点横坐标

的两倍，试求此曲线的方程.

解 设曲线方程为 $y=f(x)$，则由已知，曲线在点 $(x, f(x))$ 处的斜率为 $2x$，即 $f'(x)=2x$，这就是说 $f(x)$ 是 $2x$ 的一个原函数.

又因为 $(x^2)'=2x$，所以 x^2 是 $2x$ 的一个原函数，但是 $2x$ 的全部原函数是 x^2+C，所以 $f(x)$ 只是 x^2+C 中的某一个，也就是说，所求曲线 $y=f(x)$ 只是曲线族 $y=x^2+C$ 中的某一条，并且一定会经过点 $(1, 0)$.

把 $x=1$，$y=0$ 代入 $y=x^2+C$ 中，得 $C=-1$. 于是所求曲线方程为

$$y=x^2-1$$

一般地，在直角坐标系中，$f(x)$ 的任意一个原函数 $F(x)$ 的图像是一条曲线 $y=F(x)$，这条曲线上任意点 $(x, F(x))$ 处的切线的斜率 $F'(x)$ 恰为函数值 $f(x)$，称这条曲线 $y=F(x)$ 为 $f(x)$ 的一条积分曲线.

$f(x)$ 的不定积分 $F(x)+C$ 在几何上表示由积分曲线 $y=F(x)$ 沿 y 轴上下平移而得到的一族曲线，称为积分曲线族，如图 4–1 所示 .

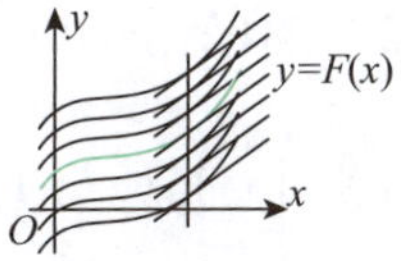

图 4–1

因为 $[F(x)+C]'=f(x)$，所以积分曲线轴上横坐标相同的点处的切线的斜率相等，即切线都平行.

解决问题

解 1. 已知物体在任意时刻的速度 $v(t)=s'(t)$，则物体的运动规律为 $s(t)=\int v(t)\mathrm{d}t$.

2. 已知曲线在任意一点处的切线的斜率 $k=f'(x)$，则曲线方程为 $y=\int k\mathrm{d}x=\int f'(x)\mathrm{d}x$.

习题 4.1

习题答案详解

1. 求下列函数$f(x)$的一个原函数：

（1）$f(x)=x^3$；　　（2）$f(x)=3^x$；

（3）$f(x)=\sin 2x$；　　（4）$f(x)=\dfrac{1}{1+x^2}$.

2. 用微分法验证下列等式：

（1）$\int \dfrac{1}{x^2}\mathrm{d}x=-\dfrac{1}{x}+C$；

（2）$\int (x^2+3x-5)\mathrm{d}x=\dfrac{1}{3}x^3+6x^2-5x+C$；

（3）$\int \dfrac{2x}{1+x^2}\mathrm{d}x=\ln(1+x^2)+C$.

3. 用不定积分的定义求下列不定积分：

（1）$\int \dfrac{1}{1+x^2}\mathrm{d}x$；　　（2）$\int \sec^2 x\mathrm{d}x$；

（3）$\int x^4\mathrm{d}x$；　　（4）$\int \sqrt[5]{x}\mathrm{d}x$.

4. 运用不定积分的性质写出下列各式的结果：

（1）$\int \left[\dfrac{\cos 3x}{\sin^2 x}\right]'\mathrm{d}x$；　　（2）$\int \mathrm{d}(\mathrm{e}^{2x}\cos 5x)$；

（3）$\mathrm{d}\int \dfrac{x^2}{\mathrm{e}^x+1}\mathrm{d}x$；　　（4）$\left[\int x^3\ln(x^2+1)\mathrm{d}x\right]'$.

5. 已知某曲线上任意一点(x,y)处的斜率为x^2，且曲线通过点$A(3,0)$，求该曲线的方程.

4.2　不定积分的运算法则与直接积分法

提出问题

1. 一物体作直线运动，其速度方程为$v(t)=(2t^2+1)$(m/s)，当$t=1$ s时，物体所经过的路程为 3 m，求物体的运动方程.

2. 已知某产品收益$R(x)$是产量x的函数，且$R'(x)=100-0.02x$，求该产品的收益函数$R(x)$.

知识储备

4.2.1　不定积分的基本公式

直接积分法

由于积分运算与微分运算互为逆运算，因此可以很自然地由导数或微分的基本公式得到相应的基本积分公式. 下面将这些基本积分公式罗列如下：

（1）$\int k\mathrm{d}x = kx + C$（$k$ 为常数）；

（2）$\int x^a\mathrm{d}x = \dfrac{x^{a+1}}{a+1} + C$（$a \neq -1$）；

（3）$\int \dfrac{1}{x}\mathrm{d}x = \ln|x| + C$；

（4）$\int \mathrm{e}^x\mathrm{d}x = \mathrm{e}^x + C$；

（5）$\int a^x\mathrm{d}x = \dfrac{a^x}{\ln a} + C$；

（6）$\int \cos x\mathrm{d}x = \sin x + C$；

（7）$\int \sin x\mathrm{d}x = -\cos x + C$；

（8）$\int \dfrac{\mathrm{d}x}{\cos^2 x} = \int \sec^2 x\mathrm{d}x = \tan x + C$；

（9）$\int \dfrac{\mathrm{d}x}{\sin^2 x} = \int \csc^2 x\mathrm{d}x = -\cot x + C$；

（10）$\int \sec x\tan x\mathrm{d}x = \sec x + C$；

（11）$\int \csc x\cot x\mathrm{d}x = -\csc x + C$；

（12）$\int \dfrac{\mathrm{d}x}{1+x^2} = \arctan x + C$（或 $\int \dfrac{1}{1+x^2}\mathrm{d}x = -\mathrm{arccot}\, x + C$）；

（13）$\int \dfrac{\mathrm{d}x}{\sqrt{1-x^2}} = \arcsin x + C$（或 $\int \dfrac{\mathrm{d}x}{\sqrt{1-x^2}} = -\arccos x + C$）.

以上 13 个基本积分公式是求不定积分的基础，其他函数的不定积分往往经过运算变形后最终都归结为这些不定积分，因此必须牢牢记住. 下面举例说明如何利用这些公式计算一些简单的不定积分.

例 1　求下列不定积分：

（1）$\int \dfrac{1}{\sqrt{x}}\mathrm{d}x$；　（2）$\int x\sqrt{x}\mathrm{d}x$；　（3）$\int 3^x\mathrm{d}x$；　（4）$\int \dfrac{1}{x}\mathrm{d}x$.

解：（1）$\int \dfrac{1}{\sqrt{x}}\mathrm{d}x = \int x^{-\frac{1}{2}}\mathrm{d}x = \dfrac{1}{-\frac{1}{2}+1}x^{-\frac{1}{2}+1} + C = 2\sqrt{x} + C$；

（2）$\int x\sqrt{x}\mathrm{d}x=\int x^{\frac{3}{2}}\mathrm{d}x=\frac{1}{\frac{3}{2}+1}x^{\frac{3}{2}+1}+C=\frac{2}{5}x^{\frac{5}{2}}+C$；

（3）$\int 3^x\mathrm{d}x=\frac{3^x}{\ln 3}+C$；

（4）$\int\frac{1}{x}\mathrm{d}x=\ln|x|+C$，因为 $x>0$ 时，$(\ln x)'=\frac{1}{x}$，又 $x<0$ 时，$[\ln(-x)]'=\frac{-1}{-x}=\frac{1}{x}$，所以

$$\int\frac{1}{x}\mathrm{d}x=\ln|x|+C$$

4.2.2 不定积分的基本运算法则

仅仅有以上的基本积分公式是很不够的，即使像 $\ln x$、$\tan x$、$\cot x$、$\sec x$、$\csc x$、$\arctan x$、$\mathrm{arccot}\, x$ 这样的基本初等函数，也无法直接利用上述基本公式给出它们的不定积分. 因此，有必要由一些求导法则去导出相应的求不定积分的方法，并逐步扩充不定积分公式. 这里先从导数的加减运算得到不定积分的线性运算法则.

法则 1 被积函数中非零的常数因子可以提到积分号外面来，即

$$\int kf(x)\mathrm{d}x=k\int f(x)\mathrm{d}x\ (k\neq 0\text{为常数})$$

法则 2 两个函数的和（或差）的不定积分等于函数的不定积分的和（或差），即

$$\int[f(x)\pm g(x)]\mathrm{d}x=\int f(x)\mathrm{d}x\pm\int g(x)\mathrm{d}x$$

以上法则可以推广到有限多个函数相加减的情形，即

$$\int[f_1(x)\pm f_2(x)\pm\cdots\pm f_n(x)]\mathrm{d}x=\int f_1(x)\mathrm{d}x\pm\int f_2(x)\mathrm{d}x\pm\cdots\pm\int f_n(x)\mathrm{d}x$$

例 2 求下列不定积分：

（1）$\int(2x^2+\mathrm{e}^x-3)\mathrm{d}x$；

（2）$\int\left(2\sin x+\frac{3}{1+x^2}-\frac{7}{\sqrt{1-x^2}}\right)\mathrm{d}x$.

解

（1）$\int(2x^2+\mathrm{e}^x-3)\mathrm{d}x=2\int x^2\mathrm{d}x+\int\mathrm{e}^x\mathrm{d}x-\int 3\mathrm{d}x$

$$=\frac{2}{3}x^3+C_1+\mathrm{e}^x+C_2-3x+C_3$$

$$=\frac{2}{3}x^3+\mathrm{e}^x-3x+C;$$

（2）$\int\left(2\sin x+\frac{3}{1+x^2}-\frac{7}{\sqrt{1-x^2}}\right)\mathrm{d}x$

$$=2\int\sin x\mathrm{d}x+\int\frac{3}{1+x^2}\mathrm{d}x-\int\frac{7}{\sqrt{1-x^2}}\mathrm{d}x$$

$$=-2\cos x+3\arctan x-7\arcsin x+C.$$

4.2.3 直接积分法

在求积分问题中，我们可以直接利用基本积分公式和两条运算法则求出结果，但有时，被积函数需要经过适当的恒等变形（包括代数变形和三角变形），再利用基本积分公式和运算法则求出结果. 这样的求积分的方法叫作直接积分法.

例 3 求下列不定积分：

（1）$\int\frac{(x-1)^2}{x}\mathrm{d}x$；（2）$\int\frac{x^2}{1+x^2}\mathrm{d}x$；（3）$\int\frac{1+2x^2}{x^2(1+x^2)}\mathrm{d}x$；

（4）$\int\tan^2x\mathrm{d}x$；（5）$\int\cos^2\frac{x}{2}\mathrm{d}x$；（6）$\int 2^x\mathrm{e}^x\mathrm{d}x$.

解 （1）$\int\frac{(x-1)^2}{x}\mathrm{d}x=\int\frac{x^2-2x+1}{x}\mathrm{d}x=\int\left(x-2+\frac{1}{x}\right)\mathrm{d}x$

$$=\frac{1}{2}x^2-2x+\ln|x|+C;$$

（2）$\int\frac{x^2}{1+x^2}\mathrm{d}x=\int\frac{(x^2+1)-1}{1+x^2}\mathrm{d}x=\int\left(1-\frac{1}{1+x^2}\right)\mathrm{d}x$

$$=x-\arctan x+C;$$

（3）$\int\frac{1+2x^2}{x^2(1+x^2)}\mathrm{d}x=\int\frac{x^2+(1+x^2)}{x^2(1+x^2)}\mathrm{d}x=\int\left[\frac{1}{(1+x^2)}+\frac{1}{x^2}\right]\mathrm{d}x$

$$=\arctan x-\frac{1}{x}+C;$$

（4）$\int\tan^2 x\mathrm{d}x=\int(\sec^2 x-1)\mathrm{d}x=\tan x-x+C;$

（5）$\int\cos^2\frac{x}{2}\mathrm{d}x=\int\frac{1+\cos x}{2}\mathrm{d}x=\frac{1}{2}\int(1+\cos x)\mathrm{d}x$

$$=\frac{1}{2}(x+\sin x)+C;$$

（6）$\int 2^x\mathrm{e}^x\mathrm{d}x=\int(2\mathrm{e})^x\mathrm{d}x=\frac{(2\mathrm{e})^x}{\ln(2\mathrm{e})}+C$.

解决问题

解 1. 设物体的运动方程为

$$s=s(t)$$

根据题意可得

$$s'(t)=v(t)=2t^2+1$$

所以
$$s(t)=\int(2t^2+1)\mathrm{d}t=\frac{2}{3}t^3+t+C$$

把$t=1$，$s=3$代入上式，得$C=\frac{4}{3}$. 因此，所求物体的运动方程为

$$s(t)=\frac{2}{3}t^3+t+\frac{4}{3}$$

2. 因为$R'(x)=100-0.02x$，所以

$$R(x)=\int R'(x)\mathrm{d}x=\int(100-0.02x)\mathrm{d}x$$
$$=100x-0.01x^2+C$$

显然，产量为$x=0$时，收益为$R=0$，代入上式得$C=0$，即所求产品的边际收益函数为

$$R(x)=100x-0.01x^2$$

习题 4.2

习题答案详解

1. 求下列不定积分：

（1）$\int x^6\mathrm{d}x$；（2）$\int x\sqrt{x}\mathrm{d}x$；（3）$\int\frac{x^2}{\sqrt[3]{x}}\mathrm{d}x$；

（4）$\int(x^2-3x+2)\mathrm{d}x$；　（5）$\int 3^x\mathrm{e}^x\mathrm{d}x$；　（6）$\int\frac{2^x-3^x}{5^x}\mathrm{d}x$；

（7）$\int\frac{\cos 2t}{\cos t-\sin t}\mathrm{d}t$；　（8）$\int\frac{\cos 2t}{\cos^2 t\sin^2 t}\mathrm{d}t$；　（9）$\int\cot^2 x\mathrm{d}x$；

（10）$\int\sin^2\frac{x}{2}\mathrm{d}x$；　（11）$\int\frac{x^2}{1+x^2}\mathrm{d}x$；　（12）$\int\frac{x^4}{1+x^2}\mathrm{d}x$；

（13）$\int\frac{(x-1)^2}{x}\mathrm{d}x$；　（14）$\int\frac{(x+1)^2}{x(x^2+1)}\mathrm{d}x$.

2. 已知函数$f(x)$的导数为$f'(x)=3-2x$，且$f(1)=4$，求函数$f(x)$.

3. 一物体以速度$v=3t^2+3t$（m/s）作直线运动，当$t=1$ s 时物体经过的路程$s=3$ m，求物体的运动方程.

4. 一曲线经过$(1,2)$，且曲线上任意一点的切线的斜率等于该点的横坐标的平方，求该曲线的方程.

4.3　不定积分的换元积分法

提出问题

1. 求不定积分$\int x\mathrm{e}^{x^2}\mathrm{d}x$.

2. 求不定积分$\int\sqrt{a^2-x^2}\mathrm{d}x\ (a>0)$.

知识储备

前面介绍了原函数与不定积分的概念、基本积分公式以及不定积分的线性性质，并通过例子说明如何利用它们直接计算某些函数的不定积分. 但是仅仅利用不定积分的线性性质和基本积分公式所能计算的不定积分非常有限，因此有必要进一步研究不定积分的求法. 本节介绍如何将复合函数的微分法反过来用于计算不定积分，利用中间变量的代换得到复合函数的不定积分，这就是通常所说的不定积分的换元积分法，简称换元法. 换元法通常分为两类：第一类换元法和第二类换元法.

4.3.1　第一类换元法（凑微分法）

凑微分法

先分析下面的例子.

求$\int\cos 4x\mathrm{d}x$，首先我们注意到，在基本积分公式表中有公式

$$\int\cos x\mathrm{d}x=\sin x+C$$

把上述公式中的积分变量 x 换成 u，则有

$$\int \cos u \mathrm{d}u = \sin u + C$$

但是求 $\int \cos 4x \mathrm{d}x$ 时不能直接应用．为了能套用上述公式，先作如下变形，然后再进行计算，即

$$\int \cos 4x \mathrm{d}x = \frac{1}{4}\int \cos 4x \cdot 4\mathrm{d}x = \frac{1}{4}\int \cos 4x \mathrm{d}(4x)$$

$$\underline{\underline{4x=u}}\frac{1}{4}\int \cos u \mathrm{d}u = \frac{1}{4}\sin u + C$$

$$\underline{\underline{u=4x}}\frac{1}{4}\sin 4x + C$$

验证 因为 $\left(\frac{1}{4}\sin 4x + C\right)' = \cos 4x$，所以 $\frac{1}{4}\sin 4x + C$ 是 $\cos 4x$ 的原函数，也说明上面的计算思路是对的．在求上面这个积分时我们引入了新变量 $u=\varphi(x)$，从而把原积分化为关于 u 的一个简单积分，再运用基本积分公式求解．事实上，由

$$\int f(x)\mathrm{d}x = F(x) + C$$

得 $\mathrm{d}F(x) = f(x)\mathrm{d}x$．根据微分形式的不变性可以知道：

$$\mathrm{d}F(u) = f(u)\mathrm{d}u$$

从而根据不定积分的定义，有

$$\int f(u)\mathrm{d}u = F(u) + C$$

这个结论说明，在基本积分公式中，自变量 x 换成任一可导函数 $u=\varphi(x)$ 时公式仍然成立．这就大大扩充了基本积分公式的使用范围．

应用这一结论，上述例子所运用的方法可归纳成以下计算过程：

$$\begin{aligned}\int g(x)\mathrm{d}x &= \int f(\varphi(x))\varphi'(x)\mathrm{d}x \\ &= \int f(\varphi(x))\mathrm{d}\varphi[(x)] \\ &= \int f(u)\mathrm{d}u \\ &= F(u) + C \\ &= F(\varphi(x)) + C\end{aligned}$$

通常把这种求积分的方法叫作第一类换元法．上述步骤中，关键是怎样选择适当的变量代换 $u=\varphi(x)$，将 $g(x)\mathrm{d}x$ 凑成 $f(\varphi(x))\mathrm{d}\varphi[(x)]$，因此第一类换元法也称为凑微分法．

例1 求不定积分 $\int \sin 3x\mathrm{d}x$.

解 被积函数 $\sin 3x$ 是一个复合函数，它是由 $f(u)=\sin u$ 和 $u=3x$ 复合而成的. 因此，为了利用第一类换元积分公式，我们将 $\sin 3x$ 变形为 $\sin 3x=\frac{1}{3}\sin 3x(3x)'$，因此有

$$\int \sin 3x\mathrm{d}x=\frac{1}{3}\int \sin 3x(3x)'\mathrm{d}x=\frac{1}{3}\int \sin 3x\mathrm{d}(3x)$$

$$\underline{\underline{3x=u}}\frac{1}{3}\int \sin u\mathrm{d}u=\frac{1}{3}(-\cos u)+C$$

$$\underline{\underline{u=3x}}-\frac{1}{3}\cos 3x+C$$

例2 求不定积分 $\int \frac{1}{\sqrt{1-2x}}\mathrm{d}x$.

解 函数 $\frac{1}{\sqrt{1-2x}}$ 是一个复合函数，它是由 $f(u)=\frac{1}{\sqrt{u}}$ 和 $u=\varphi(x)=1-2x$ 复合而成的. 为了利用第一类换元积分公式，将函数 $\frac{1}{\sqrt{1-2x}}$ 变形为 $\frac{1}{\sqrt{1-2x}}=-\frac{1}{2}\cdot\frac{1}{\sqrt{1-2x}}(1-2x)'$，因此

$$\int \frac{\mathrm{d}x}{\sqrt{1-2x}}=-\frac{1}{2}\int \frac{1}{\sqrt{1-2x}}(1-2x)'\mathrm{d}x=-\frac{1}{2}\int \frac{1}{\sqrt{1-2x}}\mathrm{d}(1-2x)$$

$$\underline{\underline{1-2x=u}}-\frac{1}{2}\int \frac{1}{\sqrt{u}}\mathrm{d}u=-\frac{1}{2}\cdot 2\sqrt{u}+C$$

$$\underline{\underline{u=1-2x}}-\sqrt{1-2x}+C$$

由以上各例的解题过程可以看出，用第一类换元法求不定积分的主要步骤如下：

（1）变换积分形式（或凑微分），即$\int f(g(x))g'(x)\mathrm{d}x=\int f(g(x))\mathrm{d}[g(x)]$；

（2）作变量代换$g(x)=u$，有$\int f(g(x))\mathrm{d}[g(x)]=\int f(u)\mathrm{d}u$；

（3）利用常用的积分公式求出不定积分$\int f(u)\mathrm{d}u=F(u)+C$；

（4）将$u=g(x)$代回得$\int f(g(x))g'(x)\mathrm{d}x=F(g(x))+C$.

其中最关键的是第一步，即如何凑出合适的微分.

例 3　设$F(x)$为函数$f(x)$的一个原函数，求$\int \frac{1}{x}f(\ln x)\mathrm{d}x$.

解　因为$f(\ln x)$为函数$f(u)$和$u=\varphi(x)=\ln x$的复合，并且$\varphi'(x)=\frac{1}{x}$，所以$\frac{1}{x}f(\ln x)=f(\ln x)(\ln x)'$.

因此由第一类换元积分公式有

$$\begin{aligned}\int \frac{1}{x}f(\ln x)\mathrm{d}x&=\int f(\ln x)(\ln x)'\mathrm{d}x\\&=\int f(\ln x)\mathrm{d}(\ln x)\overset{\ln x=u}{=\!=\!=}\int f(u)\mathrm{d}u\\&=F(u)+C\overset{u=\ln x}{=\!=\!=}F(\ln x)+C\end{aligned}$$

当比较熟练以后，就没必要将中间变量明显地设出来了.

例 4　求下列积分：

（1）$\int \frac{\mathrm{d}x}{a^2+x^2}(a\neq 0)$；

（2）$\int \frac{\mathrm{d}x}{\sqrt{a^2-x^2}}(a>0)$；

（3）$\int \frac{\mathrm{d}x}{a^2-x^2}(a\neq 0)$.

解　（1）$\int \frac{\mathrm{d}x}{a^2+x^2}=\int \frac{\mathrm{d}x}{a^2\left[1+\left(\frac{x}{a}\right)^2\right]}=\frac{1}{a}\int \frac{\mathrm{d}\left(\frac{x}{a}\right)}{1+\left(\frac{x}{a}\right)^2}=\frac{1}{a}\arctan\frac{x}{a}+C$；

（2）$\int \frac{\mathrm{d}x}{\sqrt{a^2-x^2}}=\int \frac{\mathrm{d}x}{a\sqrt{1-\left(\frac{x}{a}\right)^2}}=\int \frac{\mathrm{d}\left(\frac{x}{a}\right)}{\sqrt{1-\left(\frac{x}{a}\right)^2}}=\arcsin\frac{x}{a}+C$；

（3）因为

$$\frac{1}{a^2-x^2}=\frac{1}{(a-x)(a+x)}=\frac{1}{2a}\cdot\frac{(a-x)+(a+x)}{(a-x)(a+x)}=\frac{1}{2a}\left(\frac{1}{a+x}+\frac{1}{a-x}\right)$$

故 $$\int\frac{dx}{a^2-x^2}=\frac{1}{2a}\int\left(\frac{1}{a+x}+\frac{1}{a+x}\right)dx=\frac{1}{2a}\left(\int\frac{d(a+x)}{a+x}-\int\frac{d(a-x)}{a-x}\right)$$

$$=\frac{1}{2a}(\ln|a+x|-\ln|a-x|)+C=\frac{1}{2a}\ln\left|\frac{a+x}{a-x}\right|+C$$

这样，我们得到 3 个积分公式：

$$\int\frac{dx}{a^2+x^x}=\frac{1}{a}\arctan\frac{x}{a}+C$$

$$\int\frac{dx}{\sqrt{a^2-x^2}}=\arcsin\frac{x}{a}+C$$

$$\int\frac{dx}{a^2-x^2}=\frac{1}{2a}\ln\left|\frac{a+x}{a-x}\right|+C$$

显然，熟记一些凑微分公式是十分必要的. 下面给出一些常见的凑微分形式：

（1）$\int f(ax+b)dx=\frac{1}{a}\int f(ax+b)d(ax+b)\ (a\neq 0)$；

（2）$\int f(x^{\mu})x^{\mu-1}dx=\frac{1}{\mu}\int f(x^{\mu})d(x^{\mu})\ (\mu\neq 0)$，

特别情形为 $\int xf(x^2)dx=\frac{1}{2}\int f(x)^2d(x^2)$

$$\int x^2f(x^3)dx=\frac{1}{3}\int f(x^3)d(x^3)$$

$$\int\frac{1}{x^2}f\left(\frac{1}{x}\right)dx=-\int f\left(\frac{1}{x}\right)d\left(\frac{1}{x}\right)$$

$$\int\frac{1}{\sqrt{x}}f(\sqrt{x})dx=2\int f(\sqrt{x})d(\sqrt{x})$$；

（3）$\int f(a^x)a^xdx=\frac{1}{\ln a}\int f(a^x)d(a^x)\ (0<a,\ a\neq 1)$，

特别情形为 $\int f(e^x)e^xdx=\int f(e^x)d(e^x)$；

（4）$\int f(\ln x)\frac{dx}{x}=\int f(\ln x)d(\ln x)$；

（5）$\int f(\sin x)\cos xdx=\int f(\sin x)d(\sin x)$；

（6）$\int f(\cos x)\sin xdx=-\int f(\cos x)d(\cos x)$；

(7) $\int f(\tan x)\sec^2 x\mathrm{d}x=\int f(\tan x)\mathrm{d}(\tan x)$;

(8) $\int f(\cot x)\csc^2 x\mathrm{d}x=-\int f(\cot x)\mathrm{d}(\cot x)$;

(9) $\int f(\arcsin x)\dfrac{\mathrm{d}x}{\sqrt{1-x^2}}=\int f(\arcsin x)\mathrm{d}(\arcsin x)$;

(10) $\int f(\arctan x)\dfrac{\mathrm{d}x}{1+x^2}=\int f(\arctan x)\mathrm{d}(\arctan x)$.

例 5　求不定积分：

(1) $\int(3x+1)^5\mathrm{d}x$;　(2) $\int\dfrac{1}{x\ln x}\mathrm{d}x$;　(3) $\int\dfrac{1}{x^2}\mathrm{e}^{\frac{1}{x}}\mathrm{d}x$;

(4) $\int\mathrm{e}^{\sin x}\cos x\mathrm{d}x$;　(5) $\int\tan x\mathrm{d}x$;　(6) $\int\sec x\mathrm{d}x$.

解　(1) $\int(3x+1)^5\mathrm{d}x=\dfrac{1}{3}\int(3x+1)^5\mathrm{d}(3x+1)$ (令 $u=3x+1$)

$$=\frac{1}{3}\int u^5\mathrm{d}u=\frac{1}{3}\frac{1}{6}u^6+C$$

$$=\frac{1}{18}(3x+1)^6+C;$$

(2) $\int\dfrac{1}{x\ln x}\mathrm{d}x=\int\dfrac{1}{\ln x}\mathrm{d}(\ln x)=\ln|\ln x|+C$;

(3) $\int\dfrac{1}{x^2}\mathrm{e}^{\frac{1}{x}}\mathrm{d}x=-\int\mathrm{e}^{\frac{1}{x}}\mathrm{d}\left(\dfrac{1}{x}\right)=-\mathrm{e}^{\frac{1}{x}}+C$;

(4) $\int\mathrm{e}^{\sin x}\cos x\mathrm{d}x=\int\mathrm{e}^{\sin x}\mathrm{d}(\sin x)=\mathrm{e}^{\sin x}+C$;

(5) $\int\tan x\mathrm{d}x=\int\dfrac{\sin x}{\cos x}\mathrm{d}x=-\int\dfrac{1}{\cos}\mathrm{d}(\cos x)=-\ln|\cos x|+C$;

(6) $\int\sec x\mathrm{d}x=\int\dfrac{1}{\cos x}\mathrm{d}x$

$$=\int\frac{\cos x}{\cos^2 x}\mathrm{d}x=\int\frac{1}{1-\sin^2 x}\mathrm{d}(\sin x)$$

$$=\frac{1}{2}\ln\left|\frac{1+\sin x}{1-\sin x}\right|+C=\frac{1}{2}\ln\left(\frac{1+\sin x}{\cos x}\right)^2+C$$

$$=\ln\left|\frac{1}{\cos x}+\frac{\sin x}{\cos x}\right|+C=\ln|\sec x+\tan x|+C.$$

4.3.2　第二类换元法

在第一类换元法中，是将 $g'(x)\mathrm{d}x=\mathrm{d}[g(x)]$ 凑微分，然后令 $u=g(x)$，不定积分变为新元（变量）u 的函数的简单积分．在积分运算过程中我们经常会遇到相反的情形，适当地选取变量代换令 $x=g(t)$，则有 $\mathrm{d}x=g'(t)\mathrm{d}t$，将 x 变换为新元 t 得到

$$\int f(x)\mathrm{d}x=\int f(g(t))g'(t)\mathrm{d}t$$

则

$$\int f(x)\mathrm{d}x=\int f(g(t))g'(t)\mathrm{d}t=F(t)+C$$

若 $x=g(t)$ 有反函数 $t=g^{-1}(x)$，则用代入法得

$$\int f(x)\mathrm{d}x=\int f(g(t))g'(t)\mathrm{d}t=F(g^{-1}(x))+C$$

这样的换元方法叫作第二类换元法．

能应用第二类换元法的常见情形有以下两类：

（1）当被积函数 $f(x)$ 中含有 $\sqrt[n]{ax+b}$ 时，令 $\sqrt[n]{ax+b}=t$，解出 $x=\dfrac{1}{a}(t^n-b)$．

（2）①当被积函数 $f(x)$ 中含有 $\sqrt{a^2-x^2}$ 时，令 $x=a\cdot\sin t$，则 $a^2-x^2=a^2(1-\sin^2 t)=a^2\cos^2 t$．

②当被积函数 $f(x)$ 中含有 $\sqrt{a^2+x^2}$ 时，令 $x=a\cdot\tan t$，则 $a^2-x^2=a^2(1+\tan^2 t)=a^2\sec^2 t$．

③当被积函数 $f(x)$ 中含有 $\sqrt{x^2-a^2}$ 时，令 $x=a\cdot\sec t$，则 $x^2-a^2=a^2(\sec^2 t-1)=a^2\tan^2 t$．

例 6　求下列不定积分：

（1）$\displaystyle\int\frac{1}{1+\sqrt{x}}\mathrm{d}x$；　　（2）$\displaystyle\int\frac{\mathrm{d}x}{\sqrt{x}(1+\sqrt[3]{x})}$．

解　（1）为了消去根式，令 $\sqrt{x}=t$，则 $x=t^2\ (t>0)$，$\mathrm{d}x=2t\mathrm{d}t$，由第二类换元法有

$$\int\frac{1}{1+\sqrt{x}}\mathrm{d}x=\int\frac{1}{1+t}2t\mathrm{d}t=2\int\frac{1+t-1}{1+t}\mathrm{d}t=2\left(\int\mathrm{d}t-\int\frac{\mathrm{d}t}{1+t}\right)$$

$$=2[t-\ln(1+t)]+C\ （回代\ t=\sqrt{x}）$$

$$=2[\sqrt{x}-\ln(1+\sqrt{x})]+C；$$

（2）为了消除根式，令 $x=t^6\ (t>0)$，则 $\mathrm{d}x=6t^5\mathrm{d}t$，并且 $t=\sqrt[6]{x}$，由第

二类换元法有

$$\int\frac{dx}{\sqrt{x}(1+\sqrt[3]{x})}=\int\frac{6t^5dt}{t^3(1+t^2)}=6\int\frac{t^2}{1+t^2}dt=6\int\left(1-\frac{1}{1+t^2}\right)dt$$

$$=6(t-\arctan t)+C\ （回代 t=\sqrt[6]{x}）$$

$$=6(\sqrt[6]{x}-\arctan\sqrt[6]{x})+C\ .$$

例 7　求不定积分$\int\frac{dx}{\sqrt{a^2+x^2}}\ (a>0)$.

解　为了消去根式，利用三角恒等式 $1+\tan^2x=\sec^2x$，令 $x=a\tan t$ $\left(-\frac{\pi}{2}<t<\frac{\pi}{2}\right)$，则

$$\frac{1}{\sqrt{a^2+x^2}}=\frac{1}{\sqrt{a^2+a^2\tan^2t}}=\frac{1}{a\sec t},\ dx=a\sec^2t\,dt$$

由第二类换元法有

$$\int\frac{dx}{\sqrt{a^2+x^2}}=\int\frac{1}{a\sec t}a\sec^2t\,dt=\int\sec t\,dt=\ln|\sec t+\tan t|+C_1$$

由于 $\tan t=\frac{x}{a}\left(-\frac{\pi}{2}<t<\frac{\pi}{2}\right)$，因此

$$\sec t=\sqrt{1+\tan^2t}=\sqrt{1+\left(\frac{x}{a}\right)^2}=\frac{\sqrt{a^2+x^2}}{a}$$

故

$$\int\frac{dx}{\sqrt{a^2+x^2}}=\ln\left|\frac{x}{a}+\frac{\sqrt{a^2+x^2}}{a}\right|+C_1=\ln(x+\sqrt{a^2+x^2})+C$$

其中 $C=C_1-\ln a$.

例 8　求不定积分$\int\frac{dx}{\sqrt{x^2-a^2}}\ (a>0)$.

解　为了消去根式，利用三角恒等式 $1+\tan^2x=\sec^2x$，令 $x=a\cdot\sec t\left(0<t<\frac{\pi}{2}\right)$，则

$$\sqrt{x^2-a^2}=\sqrt{a^2\sec^2 t-a^2}=a\sqrt{\sec^2 t-1}=a\tan t,\quad dx=a\sec t\tan t dt$$

于是

$$\int\frac{dx}{\sqrt{x^2-a^2}}=\int\frac{1}{a\tan t}a\sec t\tan t dt=\int\sec t dt=\ln|\sec t+\tan t|+C_1$$

由于 $\sec t=\frac{x}{a}\left(0<t<\frac{\pi}{2}\right)$，因此

$$\tan t=\sqrt{\sec^2 t-1}=\sqrt{\left(\frac{x}{a}\right)^2-1}=\frac{\sqrt{x^2-a^2}}{a}$$

故

$$\int\frac{dx}{\sqrt{x^2-a^2}}=\ln\left|\frac{x}{a}+\frac{\sqrt{x^2-a^2}}{a}\right|+C_1=\ln\left|x+\sqrt{x^2-a^2}\right|+C$$

其中 $C=C_1-\ln a$.

从以上例子可以看出：如果被积函数含有 $\sqrt{a^2-x^2}$、$\sqrt{a^2+x^2}$、$\sqrt{x^2-a^2}$，则可以分别作代换 $x=a\sin t$、$x=a\tan t$、$x=a\sec t$ 消去根式，采用这种形式换元的方法称为三角换元法或三角代换法，具体解题时要分析被积函数的具体情况，选取尽可能简捷的代换，不要只拘泥于三角代换.

解决问题

解　1. 函数 e^{x^2} 是复合函数，由 $f(u)=e^u$ 和 $u=\varphi(x)=x^2$ 复合而成，而 $x=\frac{1}{2}(x^2)'$，所以被积函数可以变形为 $xe^{x^2}=\frac{1}{2}e^{x^2}(x^2)'$.

由第一类换元积分公式有

$$\int xe^{x^2}dx=\int\frac{1}{2}e^{x^2}(x^2)'dx=\frac{1}{2}\int e^{x^2}d(x^2)\xlongequal{x^2=u}\frac{1}{2}\int e^u du$$

$$=\frac{1}{2}e^u+C\xlongequal{u=x^2}\frac{1}{2}e^{x^2}+C.$$

2. 为了消去根式，利用三角恒等式 $\sin^2 t+\cos^2 t=1$，可令 $x=a\cdot\sin t$ $\left(-\frac{\pi}{2}<t<\frac{\pi}{2}\right)$，则由第二类换元法，将所求积分化为

$$\int\sqrt{a^2-x^2}\,\mathrm{d}x=\int a\cos t\cdot a\cos t\mathrm{d}t=a^2\int\cos^2 t\mathrm{d}t=a^2\int\frac{1+\cos 2t}{2}\mathrm{d}t$$
$$=\frac{a^2}{2}\int\mathrm{d}t+\frac{a^2}{4}\int\cos 2t\mathrm{d}(2t)=\frac{a^2}{2}t+\frac{a^2}{4}\sin 2t+C$$
$$=\frac{a^2}{2}(t+\sin t\cos t)+C.$$

由于$x=a\sin t\left(-\frac{\pi}{2}<t<\frac{\pi}{2}\right)$，因此$t=\arcsin\left(\frac{x}{a}\right)$，故

$$\cos t=\sqrt{1-\sin^2 t}=\sqrt{1-\left(\frac{x}{a}\right)^2}=\frac{\sqrt{a^2-x^2}}{a}$$

于是$\int\sqrt{a^2-x^2}\,\mathrm{d}x=\frac{a^2}{2}\arcsin\frac{x}{a}+\frac{1}{2}x\sqrt{a^2-x^2}+C$.

习题 4.3

习题答案详解

1. 填空题.

（1）$\mathrm{d}x=$______$\mathrm{d}(2x+1)$；

（2）$x\mathrm{d}x=$______$\mathrm{d}x^2$；

（3）$\mathrm{e}^{-x}\mathrm{d}x=$______$\mathrm{d}(\mathrm{e}^{-x})$；

（4）$\sin 2x\mathrm{d}x=$______$\mathrm{d}(\cos 2x)$.

2. 用第一类换元法求下列不定积分：

（1）$\int\cos 3x\mathrm{d}x$；（2）$\int\mathrm{e}^{-2x}\mathrm{d}x$；（3）$\int(3x-2)^5\mathrm{d}x$；

（4）$\int 10^{3x}\mathrm{d}x$；（5）$\int\frac{\cos x}{1+\sin x}\mathrm{d}x$；（6）$\int\frac{\ln^2 x}{x}\mathrm{d}x$；

（7）$\int\frac{x}{1+x^2}\mathrm{d}x$；（8）$\int\frac{\mathrm{d}x}{9+x^2}$；（9）$\int\frac{\mathrm{d}x}{1-x^2}$；

（10）$\int x^2\cos x^3\mathrm{d}x$；（11）$\int\sin^3 x\cos x\mathrm{d}x$；（12）$\int\sin^3 x\mathrm{d}x$.

3. 用第二类换元法求下列不定积分：

（1）$\int\frac{\sqrt{x}}{x+1}\mathrm{d}x$；（2）$\int\frac{\sqrt{x-1}}{x}\mathrm{d}x$；（3）$\int\frac{x+1}{\sqrt[3]{3x+1}}\mathrm{d}x$；

（4）$\int\frac{x^2}{\sqrt{a^2-x^2}}\mathrm{d}x$；（5）$\int\frac{\sqrt{a^2-x^2}}{x^4}\mathrm{d}x$；（6）$\int\sqrt{1+\mathrm{e}^x}\mathrm{d}x$.

4.4　分部积分法

提出问题

1. 求 $\int \ln x\mathrm{d}x$.

2. 求 $\int \mathrm{e}^x \sin x\mathrm{d}x$.

知识储备

利用复合函数求导法则得到了换元积分法，本节将利用两个函数乘积的求导法则导出求不定积分的另一种基本方法——分部积分法.

设函数 $u=u(x)$ 和 $v=v(x)$ 在区间 I 上有连续导数，则 $u(x)$ 和 $v(x)$ 在区间 I 上也有连续导数，并且

$$(uv)'=u'v+uv'$$

移项得

$$uv'=(uv)'-u'v$$

对以上等式两边求不定积分得

$$\int uv'\mathrm{d}x=uv-\int u'v\mathrm{d}x \tag{4-1}$$

式（4-1）称为分部积分公式.

如果求 $\int uv'\mathrm{d}x$ 比较困难，而求 $\int u'v\mathrm{d}x$ 比较容易，那么就可以利用分部积分公式来达到化难为易的目的．用好这个公式的关键是恰当地选择 u 和 $\mathrm{d}v$，选取的原则是：

（1）由 $\mathrm{d}v$ 易求出 v（可用凑微分法求）；

（2）$\int v\mathrm{d}u$ 比 $\int u\mathrm{d}v$ 更容易积出.

为了简便起见，常常将式（4-1）写成如下形式：

$$\int u\mathrm{d}v=uv-\int v\mathrm{d}u \tag{4-2}$$

式（4-2）也称为分部积分公式.

分部积分法

例 1　求 $\int x\mathrm{e}^x\mathrm{d}x$.

解　$\int x\mathrm{e}^x\mathrm{d}x=\int x\mathrm{d}(\mathrm{e}^x)=x\mathrm{e}^x-\int \mathrm{e}^x\mathrm{d}x=x\mathrm{e}^x-\mathrm{e}^x+C$

$$=(x-1)\mathrm{e}^x+C$$

例 2　求$\int x\sin x\mathrm{d}x$.

解　$\int x\sin x\mathrm{d}x=\int x\mathrm{d}(-\cos x)$

$$=x(-\cos x)-\int(-\cos x)\mathrm{d}x=-x\cos x+\sin x+C$$

例 3　求$\int x\arcsin x\mathrm{d}x$.

解　$\int x\arcsin x\mathrm{d}x=\frac{1}{2}\int\arcsin x\mathrm{d}(x^2)$

$$=\frac{1}{2}x^2\arcsin x-\frac{1}{2}\int x^2\mathrm{d}(\arcsin x)$$

$$=\frac{1}{2}x^2\arcsin x-\frac{1}{2}\int\frac{x^2}{\sqrt{1-x^2}}\mathrm{d}x$$

令$x=\sin t$，则$\sqrt{1-x^2}=\sqrt{1-\sin^2 t}=\cos t$，$\mathrm{d}x=\cos t\mathrm{d}t$，故

$$\int\frac{x^2}{\sqrt{1-x^2}}\mathrm{d}x=\int\frac{\sin^2 t}{\cos t}\cos t\mathrm{d}t$$

$$=\frac{1}{2}\int(1-\cos 2t)\mathrm{d}t=\frac{1}{2}\left(t-\frac{1}{2}\sin 2t\right)+C$$

$$=\frac{1}{2}(t-\sin t\cos t)+C=\frac{1}{2}(\arcsin x-x\sqrt{1-x^2})+C$$

所以$\int x\arcsin x\mathrm{d}x=\frac{1}{2}x^2\arcsin x-\frac{1}{4}(\arcsin x-x\sqrt{1-x^2})+C$.

例 4　求$\int \mathrm{e}^{\sqrt{x}}\mathrm{d}x$.

解　令$\sqrt{x}=t$，得$x=t^2$，则$\mathrm{d}x=2t\mathrm{d}t$. 于是

$$\int\mathrm{e}^{\sqrt{x}}\mathrm{d}x=2\int t\mathrm{e}^t\mathrm{d}t=2\int t\mathrm{d}(\mathrm{e}^t)$$

$$=2(t\mathrm{e}^t-\int\mathrm{e}^t\mathrm{d}t)$$

$$=2(t\mathrm{e}^t-\mathrm{e}^t)+C$$

$$=2\mathrm{e}^{\sqrt{x}}(\sqrt{x}-1)+C$$

这是一道综合题，我们先用换元积分法消去根号，再用分部积分法求得最终结果.

解决问题

解　1. $\int \ln x\mathrm{d}x = x\ln x - \int x\mathrm{d}(\ln x)$

$$= x\ln x - \int 1\mathrm{d}x = x\ln x - x + C$$

2. $\int \mathrm{e}^x \sin x\mathrm{d}x = \int \sin x\mathrm{d}(\mathrm{e}^x)$

$$= \mathrm{e}^x\sin x - \int \mathrm{e}^x\mathrm{d}(\sin x)$$

$$= \mathrm{e}^x\sin x - \int \mathrm{e}^x\cos x\mathrm{d}x$$

$$= \mathrm{e}^x\sin x - \int \cos x\mathrm{d}(\mathrm{e}^x)$$

$$= \mathrm{e}^x\sin x - \mathrm{e}^x\cos x + \int \mathrm{e}^x\mathrm{d}(\cos x)$$

$$= \mathrm{e}^x(\sin x - \cos x) - \int \mathrm{e}^x\sin x\mathrm{d}x$$

将等式右端的$\int \mathrm{e}^x\sin x\mathrm{d}x$移到等式左端，可得

$$2\int \mathrm{e}^x\sin x\mathrm{d}x = \mathrm{e}^x(\sin x - \cos x) + C_1$$

所以

$$\int \mathrm{e}^x\sin x\mathrm{d}x = \frac{1}{2}\mathrm{e}^x(\sin x - \cos x) + C\left(C = \frac{C_1}{2}\right)$$

上题计算过程中，经过分部积分后，出现了“循环现象”，这时可以将所求积分看成是未知量，通过解方程的方法求出．这在分部积分中是一种常用的技巧．

综合以上例题可以知道，当被积函数是两种不同类型的函数的乘积（如$\int x\mathrm{e}^x\mathrm{d}x$、$\int \mathrm{e}^x\sin x\mathrm{d}x$等）时，往往需要用分部积分法来解决，且 u 与 $\mathrm{d}v$ 的选取有规律可循：

（1）对于$\int x^n\mathrm{e}^{ax}\mathrm{d}x$、$\int x^n\sin ax\mathrm{d}x$、$\int x^n\cos ax\mathrm{d}x$，可设$u = x^n$；

（2）对于$\int x^n\ln x\mathrm{d}x$、$\int x^n\arcsin x\mathrm{d}x$、$\int x^n\arctan x\mathrm{d}x$，可设$\mathrm{d}v = x^n\mathrm{d}x$；

（3）对于$\int \mathrm{e}^x\sin x\mathrm{d}x$、$\int \mathrm{e}^x\cos x\mathrm{d}x$，可设$\mathrm{d}v = \mathrm{e}^x\mathrm{d}x$.

习题 4.4

习题答案详解

求下列不定积分：

（1）$\int x\sin x\mathrm{d}x$；　（2）$\int x\ln x\mathrm{d}x$；　（3）$\int t\mathrm{e}^{-2t}\mathrm{d}t$；

（4）$\int \arcsin x\mathrm{d}x$；　（5）$\int x^2\cos x\mathrm{d}x$；　（6）$\int x\cos\frac{x}{2}\mathrm{d}x$；

（7）$\int \frac{\ln x}{\sqrt{x}}\mathrm{d}x$；　（8）$\int \mathrm{e}^{-x}\cos x\mathrm{d}x$；　（9）$\int \ln(1+x^2)\mathrm{d}x$；

（10）$\int \sec^3 x\mathrm{d}x$.

第 5 章　定积分及其应用

定积分是一元函数积分学的另一个重要概念. 本章将从实际问题出发，引出定积分的概念，然后介绍定积分的性质与计算方法以及定积分的相关应用. 最后，我们把定积分的概念加以推广，简要讨论两类广义积分.

5.1　定积分的概念与性质

提出问题

目前大量应用的充电电池包括铅酸蓄电池、镍铬 / 镍氢电池、锂电池 / 锂聚合物电池. 充电电池充电的电路图如图 5–1 所示，设电路中电流关于时间的变化率为 $i(t)$，那么充电两分钟，充电电池充入的电荷总量是多少呢？

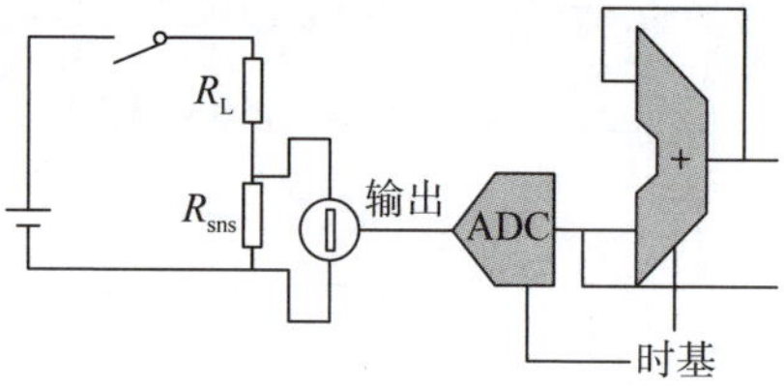

图 5–1

知识储备

5.1.1　两个引例

1. 曲边梯形的面积

曲边梯形是指由三条直边（其中有两条边相互平行，第三条边与这两条边垂直）与一条曲线弧所围成的封闭图形，如图 5-2 所示.

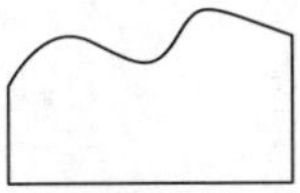

图 5-2

求由区间 $[a, b]$ 上的连续函数 $y=f(x)$ （$f(x)\geqslant 0$）、直线 $x=a$ 和 $x=b$ 与 x 轴所围成的曲边梯形的面积 A，如图 5-3 所示.

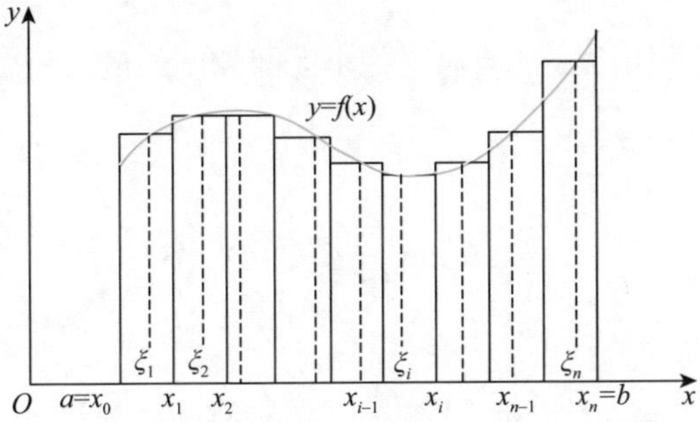

图 5-3

如何计算曲边梯形的面积呢？由于曲边梯形的高 $f(x)$ 在区间 $[a, b]$ 上是连续变化的，因此在很小一段区间上它的变化很小，近似于不变.

将区间 $[a, b]$ 划分为许多小区间，曲边梯形也相应地被划分成许多小曲边梯形. 如果在每个小区间上用其中某一点的高近似代替同一区间上小曲边梯形的高，那么每个小曲边梯形就可以近似看成小矩形. 以这些小矩形的面积作为小曲边梯形面积的近似值，并将区间 $[a, b]$ 无限细分下去，使每个小区间的长度都趋于 0，这时所有小矩形面积之和的极限就是曲边梯形的面积.

根据上面的分析，可按下面的步骤计算曲边梯形的面积：

（1）分割 .

任取分点 $a=x_0<x_1<x_2<\cdots<x_{i-1}<x_i<\cdots<x_{n-1}<x_n=b$ 把区间 $[a, b]$ 分成 n 个小区间，即

$$[x_0, x_1], [x_1, x_2], \cdots, [x_{i-1}, x_i], \cdots, [x_{n-1}, x_n]$$

第 i 个小区间的长度记为 $\Delta x_i=x_i-x_{i-1}$ （$i=1, 2, \cdots, n$）. 相应地，把曲边梯形分成 n 个小曲边梯形，其面积为 ΔA_i （$i=1, 2, \cdots, n$）.

（2）近似代替 .

在第 i 个小区间 $[x_{i-1}, x_i]$ （$i=1, 2, \cdots, n$）上任取一点 ξ_i （$x_{i-1}\leqslant\xi_i\leqslant x_i$），用

以Δx_i为宽，$f(\xi_i)$为高的小矩形的面积$f(\xi_i)\Delta x_i$近似代替相应的小曲边梯形的面积ΔA_i，即

$$\Delta A_i \approx f(\xi_i)\Delta x_i\ (i=1, 2, \cdots, n)$$

(3) 求和.

将每个小矩形的面积相加，所得的和就是整个曲边梯形面积的近似值，即

$$A=\sum_{i=1}^{n}\Delta A_i \approx \sum_{i=1}^{n} f(\xi_i)\Delta x_i$$

(4) 取极限.

当分点个数n无限增大，且使得这些小区间长度的最大值$\lambda=\max\{\Delta x_1, \Delta x_2, \cdots, \Delta x_n\}$趋于0时，和式$\sum\limits_{i=1}^{n} f(\xi_i)\Delta x_i$的极限就是曲边梯形的面积，即

$$A=\lim_{\lambda\to 0}\sum_{i=1}^{n} f(\xi_i)\Delta x_i$$

2. 变速直线运动的路程

设某物体作直线运动，已知速度$v=v(t)$是时间间隔$[T_1, T_2]$上的连续函数，且$v(t)\geqslant 0$，求从T_1到T_2这段时间内物体运动的路程s.

可以考虑用类似于求曲边梯形面积的方法来处理．物体运动的速度$v=v(t)$是连续变化的，但在微小的时间间隔内，速度变化不大，物体近似于匀速运动．因此，可以按以下步骤来计算路程s：

(1) 分割.

任取分点$T_1=t_0<t_1<t_2<\cdots<t_{i-1}<t_i<\cdots<t_{n-1}<t_n=T_2$把时间区间$[T_1, T_2]$分成$n$个小区间，即

$$[t_0, t_1], [t_1, t_2], \cdots, [t_{i-1}, t_i], \cdots, [t_{n-1}, t_n]$$

第i个小区间的长度记为$\Delta t_i=t_i-t_{i-1}\ (i=1, 2, \cdots, n)$．相应地，路程被分成$n$段小路程，记作$\Delta s_i\ (i=1, 2, \cdots, n)$.

(2) 近似代替.

在第i个小区间$[t_{i-1}, t_i]\ (i=1, 2, \cdots, n)$上任取一点$\xi_i\ (t_{i-1}\leqslant\xi_i\leqslant t_i)$，将$[t_{i-1}, t_i]\ (i=1, 2, \cdots, n)$内的变速运动近似地看作速度为$v(\xi_i)$的匀速运动，得到路程$\Delta s_i$的近似值，即

$$\Delta s_i \approx v(\xi_i)\Delta t_i\ (i=1, 2, \cdots, n)$$

(3) 求和.

将每个小区间的小段路程相加，得到整个区间上的路程的近似值，即

$$s=\sum_{i=1}^{n}\Delta s_i\approx\sum_{i=1}^{n}v(\xi_i)\Delta t_i$$

（4）取极限.

当分点个数n无限增大，且使得这些小区间长度的最大值$\lambda=\max\{\Delta t_1,\Delta t_2,\cdots,\Delta t_n\}$趋于 0 时，上述和式的极限就是所求的路程$s$，即

$$s=\lim_{\lambda\to 0}\sum_{i=1}^{n}v(\xi_i)\Delta t_i$$

定积分的概念

5.1.2 定积分的定义

定义 设函数$f(x)$在区间$[a,b]$上有界，在$[a,b]$中任意插入若干个分点：

$$a=x_0<x_1<x_2<\cdots<x_{i-1}<x_i<\cdots<x_{n-1}<x_n=b$$

把区间$[a,b]$分成n个小区间：

$$[x_0,x_1],[x_1,x_2],\cdots,[x_{i-1},x_i],\cdots,[x_{n-1},x_n]$$

第i个小区间的长度记为$\Delta x_i\ (i=1,2,\cdots,n)$，即

$$\Delta x_i=x_i-x_{i-1}\ (i=1,2,\cdots,n)$$

在每个小区间$[x_{i-1},x_i]$上任取一点$\xi_i\ (x_{i-1}\leqslant\xi_i\leqslant x_i)$，作函数值$f(\xi_i)$与小区间长度$\Delta x_i$的乘积$f(\xi_i)\Delta x_i\ (i=1,2,\cdots,n)$，并作出和式（称为积分和式）：

$$\sum_{i=1}^{n}f(\xi_i)\Delta x_i$$

记$\lambda=\max\{\Delta x_1,\Delta x_2,\cdots,\Delta x_n\}$，如果当$\lambda\to 0$时和式的极限

$$\lim_{\lambda\to 0}\sum_{i=1}^{n}f(\xi_i)\Delta x_i$$

存在，且此极限值与对区间$[a,b]$采用何种分法及ξ_i如何选取无关，则称这个极限值为函数$f(x)$在区间$[a,b]$上的定积分，记作$\int_a^b f(x)\mathrm{d}x$，即

$$\int_a^b f(x)\mathrm{d}x=\lim_{\lambda\to 0}\sum_{i=1}^{n}f(\xi_i)\Delta x_i$$

其中，$f(x)$叫作被积函数，$f(x)\mathrm{d}x$叫作被积表达式，x叫作积分变量，a、b分别叫作积分下限与积分上限，$[a,b]$叫作积分区间.

根据定积分的定义，前面两个引例可分别表述如下：

（1）由连续曲线$y=f(x)\ (f(x)\geqslant 0)$、直线$x=a$和$x=b$与$x$轴所围成的曲边梯形的面积等于函数$f(x)$在区间$[a,b]$上的定积分，即

$$A=\int_a^b f(x)\mathrm{d}x$$

（2）物体以速度$v=v(t)$（$v(t)\geqslant 0$）作变速直线运动，从时刻T_1到时刻T_2所走过的路程s等于其速度函数$v=v(t)$在时间区间$[T_1, T_2]$上的定积分，即

$$s=\int_{T_1}^{T_2} v(t)\mathrm{d}t$$

注意：（1）因为定积分$\int_a^b f(x)\mathrm{d}x$是一个和式的极限，所以它是一个确定的数值，它只与被积函数$f(x)$和积分区间$[a, b]$有关，而与积分变量用什么字母表示无关，即有

$$\int_a^b f(x)\mathrm{d}x=\int_a^b f(t)\mathrm{d}t=\int_a^b f(u)\mathrm{d}u$$

（2）在定积分的定义中，我们假定$a<b$，即积分下限小于积分上限．如果$a>b$，我们规定

$$\int_a^b f(x)\mathrm{d}x=-\int_b^a f(x)\mathrm{d}x$$

即定积分上下限互换时，积分值仅改变符号；当$a=b$时，规定

$$\int_a^b f(x)\mathrm{d}x=0$$

如果定积分$\int_a^b f(x)\mathrm{d}x$存在，则称$f(x)$在区间$[a, b]$上可积．函数$f(x)$在区间$[a, b]$上满足怎样的条件才是可积的呢？下面的定理回答了这个问题．

定理　若函数$f(x)$在区间$[a, b]$上连续或只有有限个第一类间断点，则定积分$\int_a^b f(x)\mathrm{d}x$一定存在（即可积）．

初等函数在定义区间内部都是可积的．

例1　利用定积分定义求由曲线$y=x^2$、直线$x=0$和$x=1$与x轴所围成的曲边梯形的面积A．

解　（1）分割：取分点$0=x_0<x_1<x_2<\cdots<x_{i-1}<x_i<\cdots<x_{n-1}<x_n=1$把区间$[0,1]$分成$n$等份，那么分点为$x_i=\dfrac{i}{n}(i=1, 2, \cdots, n)$，每个小区间的长度为$\Delta x_i=\dfrac{1}{n}$．

（2）近似代替：取每个区间的右端点 $\xi_i=\frac{i}{n}(i=1,2,\cdots,n)$，于是小曲边梯形的面积为

$$\Delta A_i\approx f(\xi_i)\Delta x_i=\left(\frac{i}{n}\right)^2\frac{1}{n}=\frac{i^2}{n^3}(i=1,2,\cdots,n)$$

（3）求和：求曲边梯形面积的近似值，即

$$A=\sum_{i=1}^{n}\Delta A_i\approx\sum_{i=1}^{n}f(\xi_i)\Delta x_i=\sum_{i=1}^{n}\frac{i^2}{n^3}$$
$$=\frac{1}{n^3}\frac{1}{6}n(n+1)(2n+1)=\frac{1}{6}\left(1+\frac{1}{n}\right)\left(2+\frac{1}{n}\right)$$

（4）取极限：因为 $\lambda=\Delta x_i=\frac{1}{n}$，当 $\lambda\to0$ 时，$n\to\infty$，所以该曲边梯形的面积为

$$A=\int_0^1x^2\mathrm{d}x=\lim_{\lambda\to0}\sum_{i=1}^{n}f(\xi_i)\Delta x_i=\lim_{n\to\infty}\frac{1}{6}\left(1+\frac{1}{n}\right)\left(2+\frac{1}{n}\right)=\frac{1}{3}$$

5.1.3　定积分的几何意义

从曲边梯形面积的计算可以看出：

（1）如果函数 $f(x)$ 在区间 $[a,b]$ 上连续，且 $f(x)\geqslant0$，则定积分 $\int_a^bf(x)\mathrm{d}x$ 在几何上就表示由曲线 $f(x)$、直线 $x=a$ 和 $x=b$ 与 x 轴所围成的曲边梯形的面积 A（如图 5-3 所示），即

$$\int_a^bf(x)\mathrm{d}x=A$$

（2）如果函数 $f(x)$ 在区间 $[a,b]$ 上连续，且 $f(x)\leqslant0$，则 $-f(x)\geqslant0$，因此由曲线 $f(x)$、直线 $x=a$ 和 $x=b$ 与 x 轴所围成的曲边梯形的面积为

$$A=\lim_{\lambda\to0}\sum_{i=1}^{n}[-f(\xi_i)]\Delta x_i=-\lim_{\lambda\to0}\sum_{i=1}^{n}f(\xi_i)\Delta x_i=-\int_a^bf(x)\mathrm{d}x$$

因此

$$\int_a^bf(x)\mathrm{d}x=-A$$

这就是说，当 $f(x)\leqslant0$ 时，定积分 $\int_a^bf(x)\mathrm{d}x$ 等于曲边梯形面积的负值（如图 5-4 所示）.

（3）如果函数$f(x)$在区间$[a, b]$上连续，且有时取正值，有时取负值（如图 5–5 所示），则有

$$\int_a^b f(x)\mathrm{d}x = A_1 - A_2 + A_3$$

因此，定积分$\int_a^b f(x)\mathrm{d}x$在几何上就表示由曲线$f(x)$、直线$x=a$和$x=b$与x轴所围成的曲边梯形面积的代数和.

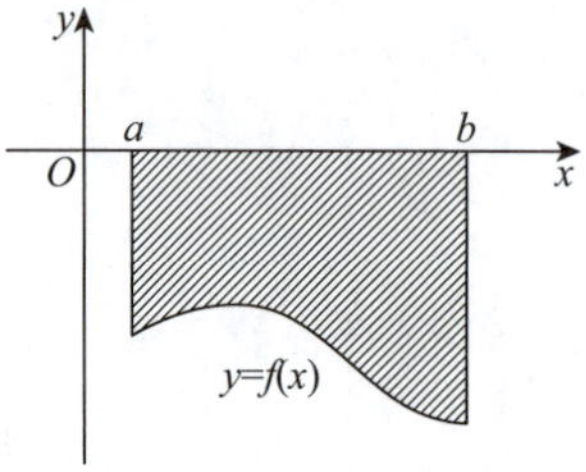

图 5–4

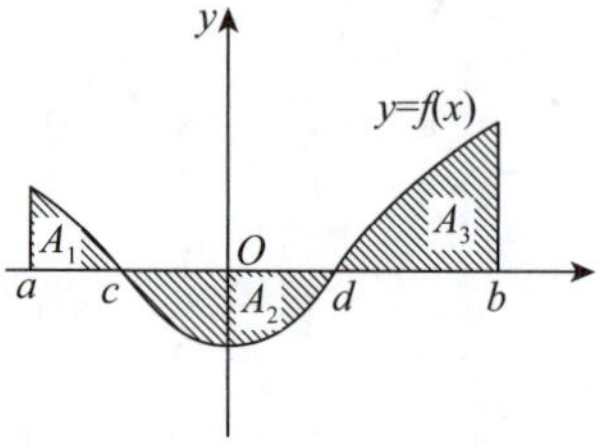

图 5–5

例 2　用定积分表示图 5–6 中各图形阴影部分的面积，并根据定积分的几何意义求出其值.

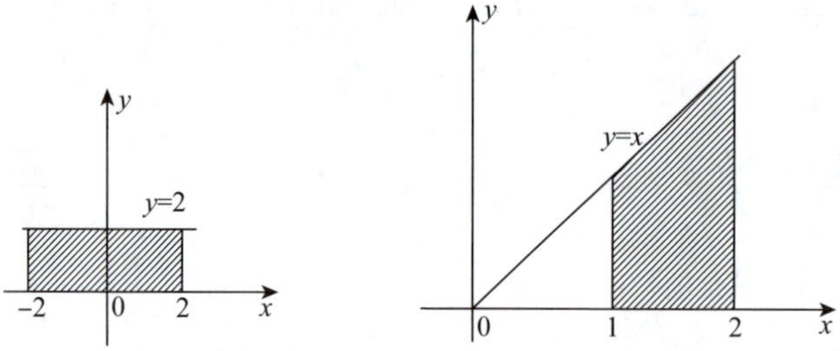

（a）　　（b）

图 5–6

解　（1）在图 5-6（a）中，被积函数$f(x)=2$在区间$[-2, 2]$上连续，且$f(x)>0$，根据定积分的几何意义，阴影部分的面积为

$$A = \int_{-2}^{2} 2\mathrm{d}x = 2\times 4 = 8$$

（2）在图 5-6（b）中，被积函数$f(x)=x$在区间$[1, 2]$上连续，且$f(x)>0$，根据定积分的几何意义，阴影部分的面积为

$$A = \int_1^2 x\mathrm{d}x = \frac{(1+2)\times 1}{2} = \frac{3}{2}$$

5.1.4　定积分的基本性质

在下面的讨论中，假定函数$f(x)$和$g(x)$在所讨论的区间上都是可积的.

性质 1　函数的和（差）的定积分等于它们的定积分的和（差），即

$$\int_a^b [f(x)\pm g(x)]\mathrm{d}x=\int_a^b f(x)\mathrm{d}x\pm\int_a^b g(x)\mathrm{d}x$$

这个性质可以推广到有限个连续函数的代数和的定积分.

性质 2　被积函数中的常数因子可以提到积分号前面，即

$$\int_a^b kf(x)\mathrm{d}x=k\int_a^b f(x)\mathrm{d}x$$

例 3　已知$\int_0^{\frac{\pi}{2}}\sin x\mathrm{d}x=1$，求$\int_0^{\frac{\pi}{2}}(3\sin x-2)\mathrm{d}x$.

解　由例 2 的结论知$\int_0^{\frac{\pi}{2}}2\mathrm{d}x=2\left(\frac{\pi}{2}-0\right)=\pi$，又由性质 1 和性质 2，得

$$\int_0^{\frac{\pi}{2}}(3\sin x-2)\mathrm{d}x=3\int_0^{\frac{\pi}{2}}\sin x\mathrm{d}x-\int_0^{\frac{\pi}{2}}2\mathrm{d}x=3-\pi$$

性质 3　对于任意实数c，有

$$\int_a^b f(x)\mathrm{d}x=\int_a^c f(x)\mathrm{d}x+\int_c^b f(x)\mathrm{d}x$$

这一性质称为定积分关于积分区间具有可加性. 应当注意：c的任意性意味着，不管c是在区间$[a,b]$之内，还是在区间$[a,b]$之外，这一性质均成立.

例 4　已知$\int_0^2 x^2\mathrm{d}x=\frac{8}{3}$，$\int_0^3 x^2\mathrm{d}x=9$，求$\int_2^3 x^2\mathrm{d}x$.

解　根据性质 3，得

$$\int_0^3 x^2\mathrm{d}x=\int_0^2 x^2\mathrm{d}x+\int_2^3 x^2\mathrm{d}x$$

移项，得

$$\int_2^3 x^2\mathrm{d}x=\int_0^3 x^2\mathrm{d}x-\int_0^2 x^2\mathrm{d}x=9-\frac{8}{3}=\frac{19}{3}$$

性质 4（积分中值定理）　如果函数$f(x)$在区间$[a,b]$上连续，则在$[a,b]$上至少存在一点ξ，使得

$$\int_a^b f(x)\mathrm{d}x=f(\xi)(b-a)\qquad(a\leqslant\xi\leqslant b)$$

积分中值定理的几何解释是：设在闭区间$[a,b]$上连续的函数$f(x)\geqslant 0$，则在$[a,b]$上至少存在一点ξ，使得由连续曲线$f(x)$、直线$x=a$和$x=b$与x轴所

围成的曲边梯形的面积等于以（b–a）为底，高为$f(\xi)$的矩形的面积（如图 5–7 所示）.

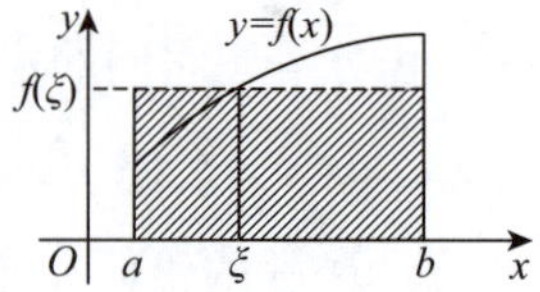

图 5–7

通常我们称

$$f(\xi)=\frac{1}{b-a}\int_a^b f(x)\mathrm{d}x$$

为函数$f(x)$在$[a,b]$上的平均值.

解决问题

解 在时间段内，以不变代变，将电流的变化率视为常量，得电荷量微元

$$\mathrm{d}Q=i(t)\mathrm{d}t$$

那么在时间段$[0,2]$内的电荷总量为

$$Q=\int_0^2 i(t)\mathrm{d}t$$

习题 5.1

习题答案详解

1. 填空题.

（1）由曲线$y=x^3$、直线$x=1$和$x=2$与x轴所围成的曲边梯形的面积用定积分表示为____________________；

（2）由直线$y=x$、$x=-1$和$x=1$与x轴所围成的曲边梯形的面积用定积分表示为____________________；

（3）$\int_{-4}^{4}(x+1)\mathrm{d}x=$______；

（4）$\left[\int_0^1 x\sqrt{1-x^2}\mathrm{d}x\right]'=$______.

2. 根据定积分的几何意义求下列各式的值：

（1）$\int_{-2}^{3}4\mathrm{d}x$；（2）$\int_0^4(x+1)\mathrm{d}x$；（3）$\int_{-1}^{1}\sqrt{1-x^2}\mathrm{d}x$.

3. 已知$\int_{-1}^{0}x^2\mathrm{d}x=\frac{1}{3}$，$\int_{-1}^{0}x\mathrm{d}x=-\frac{1}{2}$，求$\int_{-1}^{0}(2x^2-3x)\mathrm{d}x$的值.

5.2　微积分基本公式

提出问题

如果电路中电流关于时间的变化率 $i(t)=6-4t$，那么从 $t=0$ 到 $t=2$ 这段时间内的电荷总量 Q 是多少？

知识储备

从上节中的例 1 可以看出，根据定义求定积分是非常烦琐的．本节将在揭示定积分与原函数的关系基础上介绍计算定积分简便而有效的工具——牛顿—莱布尼茨公式．

变上限积分函数

5.2.1　积分上限的函数及其导数

设函数 $f(x)$ 在 $[a,b]$ 上连续，$x\in[a,b]$，则函数 $f(x)$ 在 $[a,x]$ 上可积．以 x 为积分上限的定积分

$$\int_a^x f(t)\mathrm{d}t$$

与 x 相对应，显然它是 x 的函数，记作 $\Phi(x)$（如图 5-7 所示），即

$$\Phi(x)=\int_a^x f(t)\mathrm{d}t \qquad x\in[a,b]$$

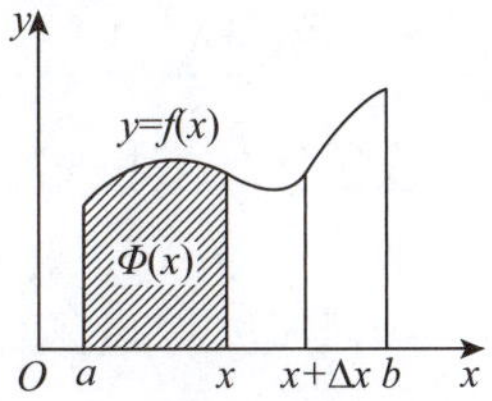

图 5-7

这种积分上限为变量的定积分称为变上限定积分．

关于这个函数的导数，有下面的定理．

定理 1　变上限定积分所确定的函数是被积函数的原函数，即设 $f(x)$ 在 $[a,b]$ 上连续，则

$$\Phi'(x)=\frac{\mathrm{d}}{\mathrm{d}x}\int_a^x f(t)\mathrm{d}t=f(x)$$

此定理告诉我们：(1) 变上限定积分的导数等于被积函数，这表明变上限定积分是被积函数的原函数．这揭示了微分（或导数）与（变上限）定积分之间的内在联系，因而称为微积分基本定理．

(2) 定理 1 要求函数 $f(x)$ 在 $[a,b]$ 上连续，于是附带给出了原函数存在定理，即下述推论．

推论 1 某区间上的连续函数在该区间上存在原函数.

(3) 既然变上限定积分是被积函数的原函数，这就为计算定积分开辟了新途径.

例 1 求 $\frac{\mathrm{d}}{\mathrm{d}x}\int_0^x \sin(1+\mathrm{e}^t)\mathrm{d}t$.

解 $\frac{\mathrm{d}}{\mathrm{d}x}\int_0^x \sin(1+\mathrm{e}^t)\mathrm{d}t = \sin(1+\mathrm{e}^x)$.

例 2 求 $\frac{\mathrm{d}}{\mathrm{d}x}\int_x^0 \sin(1+\mathrm{e}^t)\mathrm{d}t$.

解 $\frac{\mathrm{d}}{\mathrm{d}x}\int_x^0 \sin(1+\mathrm{e}^t)\mathrm{d}t = \frac{\mathrm{d}}{\mathrm{d}x}\left[-\int_0^x \sin(1+\mathrm{e}^t)\mathrm{d}t\right] = -\sin(1+\mathrm{e}^x)$.

推论 2 设 $G(x)=\int_a^{\varphi(x)} f(t)\mathrm{d}t$，$f(t)$ 在 $[a,b]$ 上连续，$\varphi(x)$ 可微且 $a\leqslant\varphi(x)\leqslant b$，则 $G'(x)=f(\varphi(x))\varphi'(x)$.

例 3 求 $\frac{\mathrm{d}}{\mathrm{d}x}\int_0^{x^2} \sin(1+\mathrm{e}^t)\mathrm{d}t$.

解 $\frac{\mathrm{d}}{\mathrm{d}x}\int_0^{x^2} \sin(1+\mathrm{e}^t)\mathrm{d}t = \sin(1+\mathrm{e}^{x^2})(x^2)' = 2x\sin(1+\mathrm{e}^{x^2})$.

5.2.2 微积分基本公式

定理 2 设函数 $f(x)$ 在 $[a,b]$ 上连续，且 $F(x)$ 是 $f(x)$ 的一个原函数，则

$$\int_a^b f(x)\mathrm{d}x = F(b)-F(a)$$

上式称为牛顿—莱布尼茨公式，也叫微积分基本公式. 为书写方便，公式中的 $F(b)-F(a)$ 通常记作 $[F(x)]_a^b$ 或 $F(x)|_a^b$. 因此上述公式也可以写成

$$\int_a^b f(x)\mathrm{d}x = [F(x)]_a^b = F(b)-F(a)$$

或

$$\int_a^b f(x)\mathrm{d}x = F(x)|_a^b = F(b)-F(a)$$

牛顿—莱布尼茨公式把定积分的计算问题归结为求被积函数的原函数在上下限处函数值之差的问题，从而巧妙地避开了求和式极限的艰难道路，为运用定积分计算普遍存在的总量问题另辟了坦途.

例 4 求$\int_{-4}^{-2}\frac{1}{x}dx$.

解 因为$\int\frac{1}{x}dx=\ln|x|+C$，所以$\ln|x|$是$\frac{1}{x}$的一个原函数，所以

$$\int_{-4}^{-2}\frac{1}{x}dx=[\ln|x|]_{-4}^{-2}=\ln 2-\ln 4=\ln\frac{1}{2}=-\ln 2$$

例 5 求$\int_{0}^{2}(e^x+x-1)dx$.

解 $\int_{0}^{2}(e^x+x-1)dx=\left[e^x+\frac{x^2}{2}-x\right]_0^2$

$$=(e^2+2-2)-(e^0+0-0)=e^2-1$$

例 6 求由抛物线$y=x^2$、直线$x=1$和x轴围成的曲边三角形的面积.

解 设所求曲边三角形（如图 5-8 所示）的面积为 S，则

$$S=\int_{0}^{1}x^2dx=\left[\frac{x^3}{3}\right]_0^1=\frac{1}{3}$$

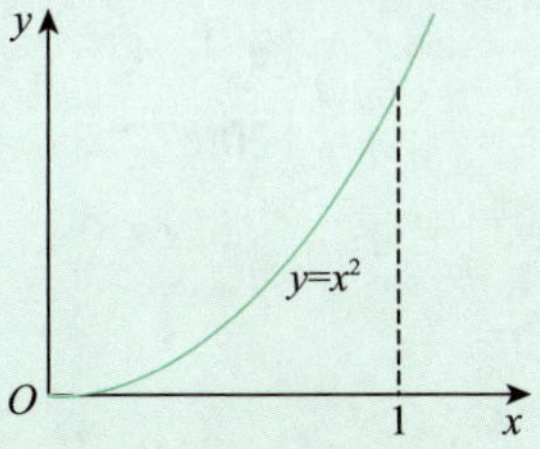

图 5-8

例 7 已知自由落体的运动速度$v(t)=gt$(m/s)，试求物体在运动开始后T(s)内下落的距离.

解 物体下落的距离为

$$s=\int_{0}^{T}gtdt=\left[\frac{1}{2}gt^2\right]_0^T=\frac{1}{2}gT^2\ (\text{m})$$

解决问题

解 如果电路中电流关于时间的变化率$i(t)=6-4t$，那么从$t=0$到$t=2$这段

时间内的电荷总量为

$$Q=\int_0^2 i(t)\,\mathrm{d}t=\int_0^2 (6-4t)\,\mathrm{d}t=[6t-2t^2]_0^2=4$$

习题 5.2

习题答案详解

1. 求下列函数的导数：

(1) $F(x)=\int_0^x \mathrm{e}^{t^2}\mathrm{d}t$；　　(2) $F(x)=\int_0^{x^2}\sqrt{1+t}\,\mathrm{d}t$.

2. 求下列定积分：

(1) $\int_0^{\frac{\pi}{2}}\cos x\mathrm{d}x$；　　(2) $\int_0^1 (x^3+3x-2)\mathrm{d}x$；

(3) $\int_0^1\sqrt{x}(1+\sqrt{x})\mathrm{d}x$；　　(4) $\int_{-\frac{\pi}{2}}^{\frac{\pi}{4}}\sin^2\frac{x}{2}\mathrm{d}x$.

5.3　定积分的换元积分法与分部积分法

提出问题

如图 5–9 所示，已知电压表达式如下：

$$u(t)=\begin{cases}0, & t\leqslant 0\\ 20t\mathrm{e}^{-10t}, & t>0\end{cases}$$

且电压脉冲作用于 100 mH 的电感. 假设 $t\leqslant 0$，$i=0$. 求电感中的电流关于时间的函数.

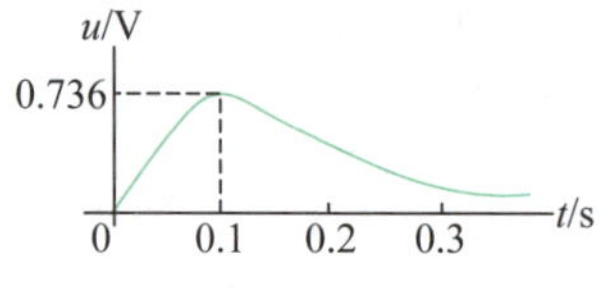

图 5–9

知识储备

牛顿—莱布尼茨公式告诉我们，求连续函数 $f(x)$ 的定积分 $\int_a^b f(x)\mathrm{d}x$ 的关键是求 $f(x)$ 的原函数. 而求原函数时，我们会用到换元积分法和分部积分法. 因此，本节将在不定积分的换元积分法与分部积分法的基础上讨论定积分的换元积分法与分部积分法.

5.3.1 定积分的换元积分法

定积分的换元积分法

定理 1 设

(1) 函数$f(x)$在区间$[a, b]$上连续;

(2) 函数$x=\varphi(t)$在区间$[\alpha, \beta]$上单调,且有连续导数;

(3) $t\in[\alpha, \beta]$时,$x\in[a, b]$,且$a=\varphi(\alpha)$, $b=\varphi(\beta)$,则

$$\int_a^b f(x)\mathrm{d}x=\int_\beta^\alpha f(\varphi(t))\varphi'(t)\mathrm{d}t$$

上式称为定积分的换元积分公式.

例 1 求$\int_0^4\frac{\mathrm{d}x}{1+\sqrt{x}}$.

解 令$\sqrt{x}=t$,即$x=t^2$,$\mathrm{d}x=2t\mathrm{d}t$,且当$x=0$时,$t=0$;当$x=4$时,$t=2$. 于是$\int_0^4\frac{\mathrm{d}x}{1+\sqrt{x}}=\int_0^2\frac{2t\mathrm{d}t}{1+t}=2[t-\ln(1+t)]_0^2=2(2-\ln3)$.

例 2 求$\int_0^a\sqrt{a^2-x^2}\mathrm{d}x\ (a>0)$.

解 令$x=a\sin t\left(t\in\left[0, \frac{\pi}{2}\right]\right)$,则$\mathrm{d}x=a\cos t\mathrm{d}t$,且当$x=0$时,$t=0$;$x=a$时,$t=\frac{\pi}{2}$. 于是

$$\int_0^a\sqrt{a^2-x^2}\mathrm{d}x=\int_0^{\frac{\pi}{2}}a\cos t\cdot a\cos t\mathrm{d}t=a^2\int_0^{\frac{\pi}{2}}\cos^2 t\mathrm{d}t$$

$$=a^2\int_0^{\frac{\pi}{2}}\frac{1+\cos2t}{2}\mathrm{d}t=\frac{a^2}{2}\left[t+\frac{\sin2t}{2}\right]_0^{\frac{\pi}{2}}=\frac{1}{4}\pi a^2$$

定积分的换元积分公式也可以反过来用,即

$$\int_\alpha^\beta f(\varphi(t))\varphi'(t)\mathrm{d}t\xlongequal{\varphi(t)=x}\int_a^b f(x)\mathrm{d}x$$

例 3 求$\int_0^1 x\mathrm{e}^{-\frac{x^2}{2}}\mathrm{d}x$.

解 因为

$$\int_0^1 x\mathrm{e}^{-\frac{x^2}{2}}\mathrm{d}x=-\int_0^1\mathrm{e}^{-\frac{x^2}{2}}\mathrm{d}\left(-\frac{x^2}{2}\right)$$

所以，可令 $u=-\frac{x^2}{2}$. 当 $x=0$ 时，$u=0$；当 $x=1$ 时，$u=-\frac{1}{2}$. 于是

$$\int_0^1 xe^{-\frac{x^2}{2}}dx=-\int_0^{-\frac{1}{2}}e^u du=[-e^u]_0^{-\frac{1}{2}}=1-e^{-\frac{1}{2}}$$

也可以不写出所引进的新变量 u，而写作

$$\int_0^1 xe^{-\frac{x^2}{2}}dx=-\int_0^1 e^{-\frac{x^2}{2}}d\left(-\frac{x^2}{2}\right)=\left[-e^{-\frac{x^2}{2}}\right]_0^1=e^0-e^{-\frac{1}{2}}=1-e^{-\frac{1}{2}}$$

可以看到，当我们在定积分中引进新变量时，就必须相应地把积分上下限同时更换，即“换元必换限”；如果没有引进新变量，则不要更换定积分的上下限.

例 4 求 $\int_0^{\frac{\pi}{2}}\sin^3 x\cos x dx$.

解法 1 $\int_0^{\frac{\pi}{2}}\sin^3 x\cos x dx=\int_0^{\frac{\pi}{2}}\sin^3 x d(\sin x)=\left[\frac{1}{4}\sin^4 x\right]_0^{\frac{\pi}{2}}=\frac{1}{4}$.

解法 2 设 $u=\sin x$，则 $du=\cos x dx$. 且当 $x=0$ 时，$u=0$；当 $x=\frac{\pi}{2}$ 时，$u=1$. 于是

$$\int_0^{\frac{\pi}{2}}\sin^3 x\cos x dx=\int_0^1 u^3 du=\left[\frac{1}{4}u^4\right]_0^1=\frac{1}{4}$$

比较两种解法可知解法 1 更简洁一些. 因此，这样一类被积函数的原函数可以用“凑微分法”求解的定积分应使用解法 1 求解.

设 $f(x)$ 在 $[-a, a]$ 上连续：

（1）如果 $f(x)$ 为奇函数，那么 $\int_{-a}^{a}f(x)dx=0$；

（2）如果 $f(x)$ 为偶函数，那么 $\int_{-a}^{a}f(x)dx=2\int_0^a f(x)dx$.

可用图像来说明：

（1）当 $f(x)$ 为奇函数时，$f(x)$ 的图像关于原点对称，则由奇函数图像（如图 5-10（a）所示）可知，$\int_{-a}^{0}f(x)dx=-\int_0^a f(x)dx$，从而有

$$\int_{-a}^{a}f(x)dx=0$$

（2）当 $f(x)$ 为偶函数时，$f(x)$ 的图像关于 y 轴对称，则由偶函数图像（如

图 5–10（b）所示）可知，$\int_{-a}^{0} f(x)\mathrm{d}x=\int_{0}^{a} f(x)\mathrm{d}x$，从而有

$$\int_{-a}^{a} f(x)\mathrm{d}x=2\int_{0}^{a} f(x)\mathrm{d}x$$

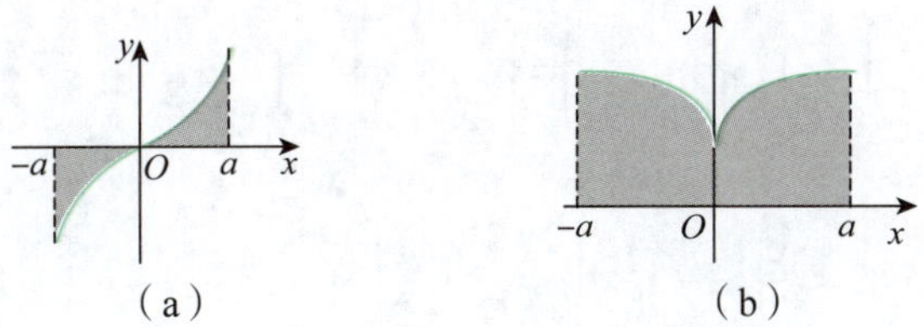

图 5–10

例 5 计算$\int_{-1}^{1}\frac{\sin^5 x}{1+x^2}\mathrm{d}x$.

解 因为被积函数$\frac{\sin^5 x}{1+x^2}$是奇函数，且积分区间$[-1,1]$是对称区间，所以

$$\int_{-1}^{1}\frac{\sin^5 x}{1+x^2}\mathrm{d}x=0$$

例 6 计算$\int_{-1}^{1}\sqrt{1-x^2}\mathrm{d}x$.

解 因为被积函数$\sqrt{1-x^2}$是偶函数，且积分区间$[-1,1]$是对称区间，所以

$$\begin{aligned}\int_{-1}^{1}\sqrt{1-x^2}\mathrm{d}x&=2\int_{0}^{1}\sqrt{1-x^2}\mathrm{d}x\\&=2\int_{0}^{\frac{\pi}{2}}\cos^2 t\mathrm{d}t\\&=2\times\frac{1}{2}\int_{0}^{\frac{\pi}{2}}(1+\cos 2t)\mathrm{d}t\\&=\left[t+\frac{1}{2}\sin 2t\right]_{0}^{\frac{\pi}{2}}=\frac{\pi}{2}\end{aligned}$$

5.3.2 定积分的分部积分法

定理 2 设函数$u=u(x)$和$v=v(x)$在区间$[a,b]$上存在连续导数，则

$$\int_{a}^{b}u(x)v'(x)\mathrm{d}x=u(x)v(x)\Big|_{a}^{b}-\int_{a}^{b}v(x)u'(x)\mathrm{d}x$$

或简写成

$$\int_{a}^{b}u\mathrm{d}v=uv\Big|_{a}^{b}-\int_{a}^{b}v\mathrm{d}u$$

上式称为定积分的分部积分公式.

例 7　求$\int_1^e x\ln x\mathrm{d}x$.

解
$$\int_1^e x\ln x\mathrm{d}x=\int_1^e \ln x\mathrm{d}\left(\frac{x^2}{2}\right)=\left[\frac{x^2}{2}\ln x\right]_1^e-\int_1^e\frac{x^2}{2}\cdot\frac{1}{x}\mathrm{d}x$$
$$=\frac{e^2}{2}-\frac{1}{2}\int_1^e x\mathrm{d}x=\frac{e^2}{2}-\frac{1}{2}\left[\frac{x^2}{2}\right]_1^e=\frac{e^2+1}{4}$$

例 8　求$\int_0^\pi x^2\cos x\mathrm{d}x$.

解
$$\int_0^\pi x^2\cos x\mathrm{d}x=\int_0^\pi x^2\mathrm{d}(\sin x)=[x^2\sin x]_0^\pi-2\int_0^\pi x\sin x\mathrm{d}x$$
$$=0-2\int_0^\pi x\sin x\mathrm{d}x=2\int_0^\pi x\mathrm{d}(\cos x)$$
$$=2[x\cos x]_0^\pi-2\int_0^\pi\cos x\mathrm{d}x$$
$$=-2\pi-2[\sin x]_0^\pi=-2\pi$$

对于某些问题,有时需要同时使用换元积分法与分部积分法.

例 9　求$\int_1^4 e^{\sqrt{x}}\mathrm{d}x$.

解　令$\sqrt{x}=t$，则$x=t^2$，$\mathrm{d}x=2t\mathrm{d}t$，且当$x=1$时，$t=1$；当$x=4$时，$t=2$．于是
$$\int_1^4 e^{\sqrt{x}}\mathrm{d}x=2\int_1^2 te^t\mathrm{d}t=2\int_1^2 t\mathrm{d}(e^t)$$
$$=2[te^t]_1^2-2\int_1^2 e^t\mathrm{d}t$$
$$=2(2e^2-e)-2[e^t]_1^2=2e^2$$

解决问题

解　当$t=0$时电感中的电流为 0. 因此,当$t>0$时,有
$$i(t)=\frac{1}{0.1}\int_0^t 20\tau e^{-10\tau}\mathrm{d}\tau+0$$

$$= 200\left[\left(-\frac{1}{10}\tau e^{-10\tau}\right)\bigg|_0^t - \int_0^t\left(-\frac{1}{10}e^{-10\tau}\right)d\tau\right]$$

$$= -20te^{-10t} + 20\int_0^t e^{-10\tau}d\tau$$

$$= -20te^{-10t} - 2\int_0^t e^{-10\tau}d(-10\tau)$$

$$= -20te^{-10t} - 2e^{-10\tau}\big|_0^t$$

$$= -20te^{-10t} - 2e^{-10t} + 2$$

习题 5.3

习题答案详解

1. 用换元积分法求下列定积分：

(1) $\int_0^{\frac{\pi}{2}}\cos^4 x\sin x dx$；　(2) $\int_0^1 e^{2x+3}dx$；　(3) $\int_0^1\frac{e^x}{1+e^x}dx$；

(4) $\int_e^{e^2}\frac{1}{x\ln x}dx$；　(5) $\int_1^2\frac{\sqrt{x-1}}{x}dx$；　(6) $\int_0^1\sqrt{1-x^2}dx$.

2. 用分部积分法求下列定积分：

(1) $\int_0^1 xe^x dx$；　(2) $\int_0^{\frac{\pi}{2}}x\sin x dx$；

(3) $\int_0^1 x\arctan x dx$；　(4) $\int_1^e \ln x dx$.

5.4　定积分的应用

提出问题

如图 5-11 所示，计算正弦交流电 $i(t)=I_m\sin\omega t$ 的平均值 .

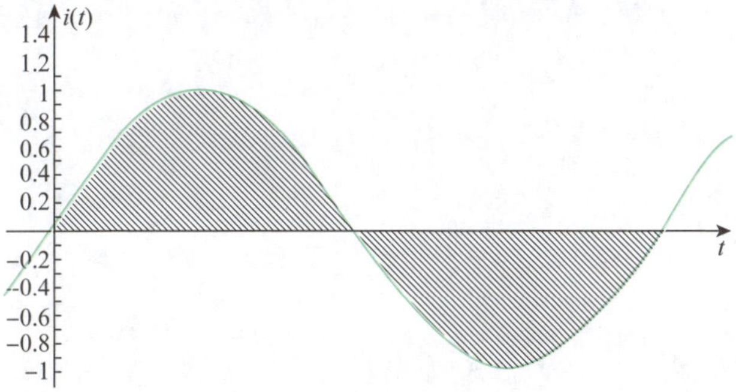

图 5-11

知识储备

5.4.1 定积分的微元法

应用定积分解决实际问题时，常用的方法是定积分的微元法，下面来说明应用微元法解题的过程.

我们已经知道，由闭区间$[a, b]$上的连续曲线$y=f(x)$（$f(x)\geqslant 0$）、直线$x=a$和$x=b$及x轴所围成的曲边梯形（如图 5-12 所示）的面积A，通过“分割—近似代替—求和—取极限”四步，可表达为特定和式的极限，即

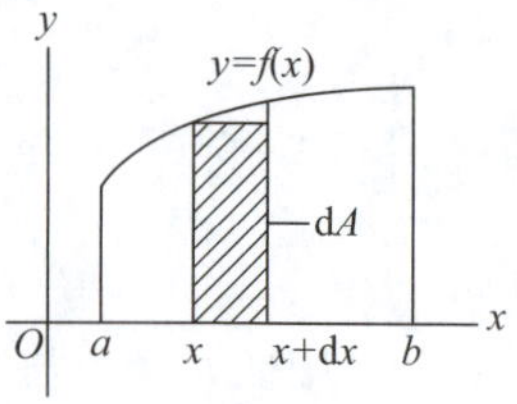

图 5-12

$$A=\lim_{\lambda\to 0}\sum_{i=1}^{n}f(\xi_i)\Delta x_i$$

由于A的值与对应区间$[a, b]$的分法及ξ_i的取法无关，因此$[x_{i-1}, x_i]$（$i=1, 2, \cdots, n$）简记为$[x, x+\mathrm{d}x]$，区间长度Δx_i即为$\mathrm{d}x$. 若取$\xi_i=x$，则$\mathrm{d}x$段所对应的曲边梯形的面积近似为

$$\Delta A\approx f(x)\mathrm{d}x$$

将$f(x)\mathrm{d}x$称为面积A的微元，记作$\mathrm{d}A$，即

$$\mathrm{d}A=f(x)\mathrm{d}x$$

以面积A的微元$f(x)\mathrm{d}x$为被积表达式，在区间上作定积分，得

$$A=\int_a^b\mathrm{d}A=\int_a^b f(x)\mathrm{d}x$$

因此，称此法为微元法.

一般地，使用微元法的步骤如下：

（1）根据问题的具体情况，选取一个变量（如x）为积分变量，并确定它的变化区间$[a, b]$；

（2）选取积分变量x在区间$[a, b]$上的任一小区间$[x, x+\mathrm{d}x]$，以点x处对应的函数值$f(x)$与$\mathrm{d}x$的乘积$f(x)\mathrm{d}x$为所求量A的微元$\mathrm{d}A$，即$\mathrm{d}A=f(x)\mathrm{d}x$；

（3）以所求量A的微元$\mathrm{d}A=f(x)\mathrm{d}x$为被积表达式，在区间$[a, b]$上求定积分，得

$$A=\int_a^b\mathrm{d}A=\int_a^b f(x)\mathrm{d}x$$

在定积分的微元法中写出变量的微元是关键，通常运用以常量代替变量、以

直边代替曲边、以均匀量代替不均匀量等方法．微元法是一种实用性很强的数学方法和变量分析的方法，在工程实践、经济管理和科学技术中有着广泛的应用．

5.4.2　定积分的应用

定积分的应用

1. 平面图形的面积

由曲线 $y=f(x)$ 和 $y=g(x)$ 及直线 $x=a$ 和 $x=b$（$a<b$，且 $f(x)\geqslant g(x)$）所围成的图形面积为 A．如图 5–13（a）所示，取 x 为积分变量，在变化区间 $[a,b]$ 上任取一小区间 $[x,x+\mathrm{d}x]$，其所对应的面积微元为 $\mathrm{d}A=[f(x)-g(x)]\mathrm{d}x$．由微元法可知，该平面图形的面积为

$$A=\int_a^b[f(x)-g(x)]\mathrm{d}x$$

若平面图形是由区间 $[c,d]$ 上的连续曲线 $x=\varphi(y)$ 和 $x=\psi(y)$（$\psi(y)\leqslant\varphi(y)$）及直线 $y=c$ 和 $y=d$ 围成的，如图 5–13（b）所示，那么该平面图形的面积为

$$A=\int_c^d[\varphi(y)-\psi(y)]\mathrm{d}y$$

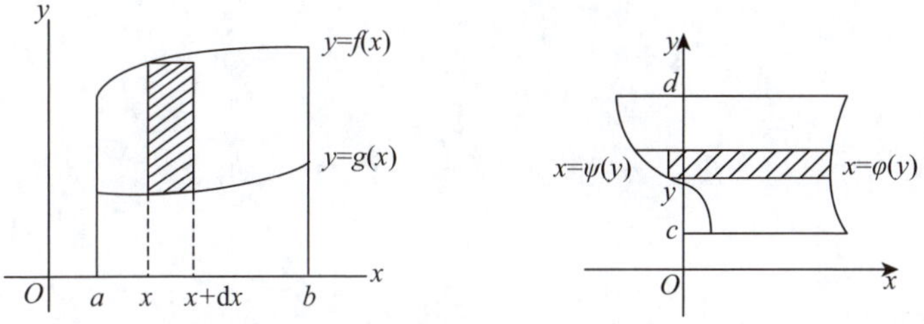

（a）　　（b）

图 5–13

例 1　求由曲线 $y^2=x$ 和 $y=x^2$ 所围成图形的面积．

解　画出图形如图 5-14 所示，联立方程组 $\begin{cases}y=x^2\\y^2=x\end{cases}$，得交点坐标为 $(0,0)$ 和 $(1,1)$．取 x 为积分变量，于是积分区间为 $[0,1]$，故所求平面图形的面积为

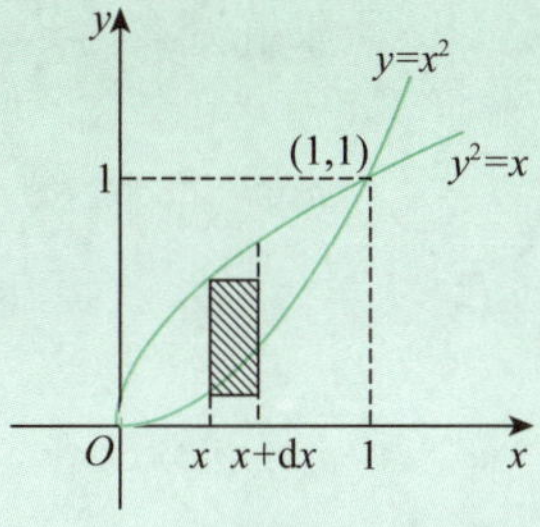

图 5–14

$$A=\int_0^1(\sqrt{x}-x^2)\mathrm{d}x=\left[\frac{2}{3}x^{\frac{3}{2}}-\frac{1}{3}x^3\right]_0^1=\frac{1}{3}$$

例 2　计算抛物线$y^2=2x$与直线$y=x-4$所围成图形的面积.

解　画出图形如图 5-15 所示，联立方程组$\begin{cases} y=x-4 \\ y^2=2x \end{cases}$，得交点坐标为$(2,-2)$和$(8,4)$.

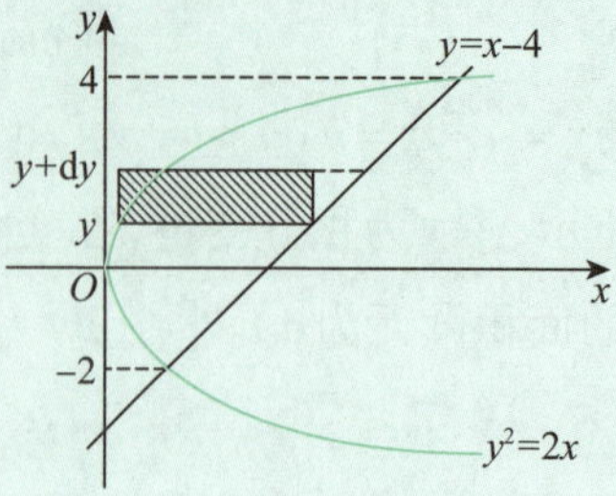

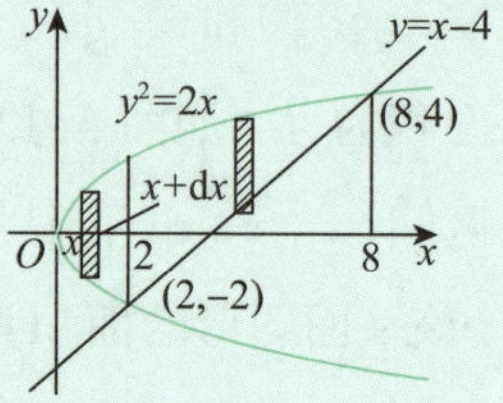

图 5-15

若选取y为积分变量，如图 5-15（a）所示，则积分区间为$[-2,4]$，故所求平面图形的面积为

$$A=\int_{-2}^{4}\left[(y+4)-\frac{1}{2}y^2\right]\mathrm{d}y=\left[\frac{1}{2}y^2+4y-\frac{1}{6}y^3\right]_{-2}^{4}=18$$

若选取x为积分变量，如图 5-15（b）所示，则积分区间为$[0,8]$，故所求平面图形的面积为

$$A=\int_0^2[\sqrt{2x}-(-\sqrt{2x})]\mathrm{d}x+\int_2^8[\sqrt{2x}-(x-4)]\mathrm{d}x=18$$

显然，选取y为积分变量比较简便，这表明积分变量的选取有个合理性的问题.

例 3　求椭圆$\dfrac{x^2}{a^2}+\dfrac{y^2}{b^2}=1$所围成图形的面积（$a>0$，$b>0$）.

解　根据椭圆图形的对称性，整个椭圆面积应为位于第一象限内面积的 4 倍. 如图 5-16 所示，取x为积分变量，则$0\leqslant x\leqslant a$，$y=b\sqrt{1-\dfrac{x^2}{a^2}}$，

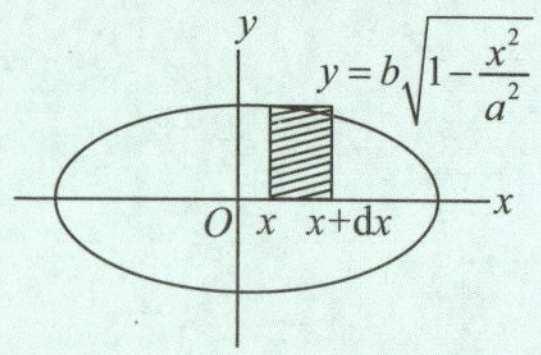

图 5-16

$\mathrm{d}A=y\mathrm{d}x=b\sqrt{1-\dfrac{x^2}{a^2}}\mathrm{d}x$，故

$$A=4\int_0^a y\mathrm{d}x=4\int_0^a b\sqrt{1-\frac{x^2}{a^2}}\mathrm{d}x$$

作变量代换，$x=a\cos t\ \left(0\leqslant t\leqslant\frac{\pi}{2}\right)$，则 $y=b\sqrt{1-\frac{x^2}{a^2}}=b\sin t$，$\mathrm{d}x=-a\sin t\mathrm{d}t$

$$A=4\int_{\frac{\pi}{2}}^0 (b\sin t)(-a\sin t)\mathrm{d}t$$

$$=4ab\int_0^{\frac{\pi}{2}}\sin^2 t\mathrm{d}t=\pi ab$$

2. 变力做功

由物理学知道，物体在常力F的作用下沿力的方向作直线运动，当物体移动一段距离s时，力F所做的功为

$$W=F\cdot s$$

但实际问题中，常常会遇到变力做功的问题．这时必须利用定积分的思想来解决这个问题．

例 4 把电荷量为$+q$（库仑）的点电荷放在x轴原点处形成一个电场，这个电场对周围的电荷有作用力，由库仑定律知，位于x轴上距原点x处的单位正电荷受到的电场力大小为$F(x)=k\frac{q}{x^2}$，其中k为常数．当这个单位正电荷在电场中从$x=a$处沿x轴移至$x=b\ (a<b)$处时，求电场力对它所做的功，如图 5–17 所示．

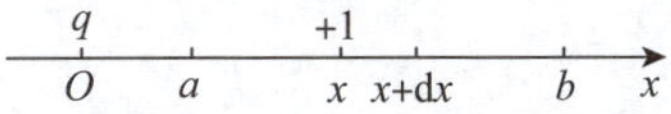

图 5–17

解 由于$F(x)$是变力，因此这是一个非均匀变化的问题，所求的功为一个整体量，在$[a,b]$上具有可加性，可用定积分求解．在$[a,b]$上任取一小区间$[x,x+\mathrm{d}x]$，由于$F(x)$是连续变化的，当$\mathrm{d}x$很小时，$F(x)$变化不大，可近似地看作常力，因而在此小段上所做的功近似地为（功微元）

$$\mathrm{d}W=F(x)\mathrm{d}x=k\frac{q}{x^2}\mathrm{d}x$$

因此，物体从a移动到b，变力$F(x)$所做的功为

$$W=\int_a^b F(x)\mathrm{d}x=\int_a^b k\frac{q}{x^2}\mathrm{d}x=\left[-\frac{kq}{x}\right]_a^b=kq\left(\frac{1}{a}-\frac{1}{b}\right)(\mathrm{J})$$

3. 液体压力

由物理学知道，一水平放置在液体中的薄片，若其面积为 A，距离液体表面的深度为 h，则该薄片一侧所受的压力 F 等于以 A 为底，以 h 为高的液体柱的重量，即

$$F=\rho ghA$$

其中 ρ 为液体的密度（单位：$\mathrm{kg/m^3}$）.

但在实际问题中，常常要计算液体中与液面垂直放置的薄片的一侧所受的压力. 由于薄片上每个位置距液体表面的深度不一样，因此不能简单地利用上述公式进行计算. 下面我们举例说明它的计算方法.

例 5 设一水平放置的水管，其断面是直径为 6 m 的圆，求当水面高度为直径一半时，水管一端的竖立闸门上所受的压力.

解 如图 5-18 所示，建立直角坐标系，则圆的方程为 $x^2+y^2=9$.

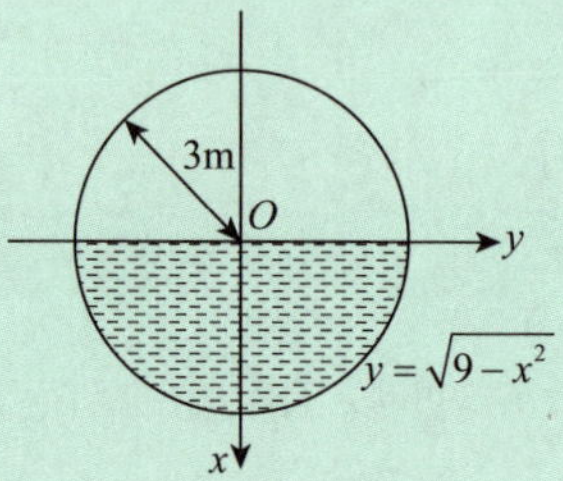

图 5–18

取 x 为积分变量，积分区间为 $[0,3]$. 在区间 $[0,3]$ 上任取一小区间 $[x,x+\mathrm{d}x]$，由于 $\mathrm{d}x$ 很小，一方面，其对应的小条块近似地看作一个以 $2\sqrt{9-x^2}$ 为长，以 $\mathrm{d}x$ 为宽的小矩形，其面积为 $2\sqrt{9-x^2}\mathrm{d}x$；另一方面，把小条块距液面的深度近似地看作不变，都等于 x，因此小条块上受到的压力近似地等于 $9.8\times10^3x\cdot2\sqrt{9-x^2}\mathrm{d}x$，即压力微元为

$$\mathrm{d}F=9.8\times10^3x\cdot2\sqrt{9-x^2}\mathrm{d}x$$

于是，压力微元在区间 $[0,3]$ 上的定积分就是竖立闸门上所受的压力，为

$$F=\int_0^3 9.8\times10^3x\cdot2\sqrt{9-x^2}\mathrm{d}x$$

$$= -9.8\times10^3\int_0^3\sqrt{9-x^2}\,\mathrm{d}(9-x^2)$$

$$= -9.8\times10^3\times\frac{2}{3}\left[(9-x^2)^{\frac{3}{2}}\right]_0^3 \approx 1.76\times10^5\,(\mathrm{N})$$

解决问题

解　在电学上周期满足 $T=\dfrac{2\pi}{\omega}$，所以正弦交流电的平均值为

$$I_{\mathrm{av}}=\frac{\int_0^T|i(t)|\mathrm{d}t}{T}=\frac{2\int_0^{\frac{T}{2}}I_{\mathrm{m}}\sin\omega t\mathrm{d}t}{T}=\frac{2\int_0^{\frac{T}{2}}I_{\mathrm{m}}\sin\omega t\mathrm{d}t}{T}$$

$$=\frac{2\dfrac{I_{\mathrm{m}}}{\omega}\int_0^{\frac{T}{2}}\sin\omega t\mathrm{d}(\omega t)}{\dfrac{2\pi}{\omega}}=\frac{I_{\mathrm{m}}}{\pi}\left[-\cos\omega t\right]_0^{\frac{T}{2}}$$

$$=\frac{I_{\mathrm{m}}}{\pi}(-\cos\pi+\cos0)=\frac{2I_{\mathrm{m}}}{\pi}$$

习题 5.4

习题答案详解

1. 计算由抛物线 $y=x^2$、直线 $x=-1$ 和 $x=2$ 与 x 轴所围成的平面图形的面积.

2. 计算由抛物线 $y=x^2+2$、直线 $x=0$ 和 $x=1$ 与 x 轴所围成的平面图形的面积.

3. 计算由抛物线 $y=x^2$ 和直线 $y=x$ 所围成的平面图形的面积.

4. 设把金属杆的长度从 a 拉长到 $a+x$ 时所需的力等于 $\dfrac{k}{a}x$，其中 k 为常数，试求将金属杆长度从 a 拉长到 b 时所做的功.

5. 图 5-19 中元件的端电流为 $i=\begin{cases}0 &, t<0\\ 20\mathrm{e}^{-5000t} &, t\geqslant 0\end{cases}$（单位：A），计算在时间 $[0,T]$ 内进入元件上端的总电荷（单位：μC）.

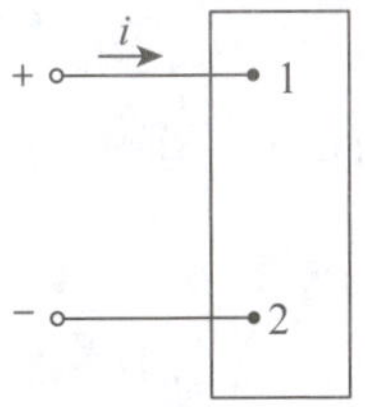

图 5-19

5.5 广义积分

提出问题

已知电容功率$P=\begin{cases}0, & t\leqslant 0\\ 8t, & 0<t\leqslant 1\mathrm{s}\\ -8\mathrm{e}^{-2(t-1)}, & t>1\mathrm{s}\end{cases}$（单位：μW），求积分$\int_0^1 P\mathrm{d}t$和$\int_1^{\infty} P\mathrm{d}t$，并解释它们的含义.

知识储备

前面讨论的定积分，其积分区间都是有限区间，且被积函数都是有界函数，这样的积分也称常义积分. 但在实际问题中，常常会遇到积分区间是无穷区间或者被积函数是无界函数的情形，这两类积分都叫作广义积分.

5.5.1 无穷区间上的广义积分

无穷区间的广义积分

定义 1 设函数$f(x)$在区间$[a,+\infty)$上连续，取$b>a$. 如果极限$\lim\limits_{b\to+\infty}\int_a^b f(x)\mathrm{d}x$存在，则称此极限为函数$f(x)$在无穷区间$[a,+\infty)$上的广义积分，记作$\int_a^{+\infty} f(x)\mathrm{d}x$，即

$$\int_a^{+\infty} f(x)\mathrm{d}x=\lim_{b\to+\infty}\int_a^b f(x)\mathrm{d}x$$

这时也称广义积分$\int_a^{+\infty} f(x)\mathrm{d}x$收敛. 如果上述极限不存在，函数$f(x)$在无穷区间$[a,+\infty)$上的广义积分$\int_a^{+\infty} f(x)\mathrm{d}x$就没有意义，此时称广义积分$\int_a^{+\infty} f(x)\mathrm{d}x$发散.

类似地，设函数$f(x)$在区间$(-\infty,b]$上连续，如果极限$\lim\limits_{a\to-\infty}\int_a^b f(x)\mathrm{d}x$ $(a<b)$存在，则称此极限为函数$f(x)$在无穷区间$(-\infty,b]$上的广义积分，记作$\int_{-\infty}^b f(x)\mathrm{d}x$，即

$$\int_{-\infty}^b f(x)\mathrm{d}x=\lim_{a\to-\infty}\int_a^b f(x)\mathrm{d}x$$

这时也称广义积分$\int_{-\infty}^b f(x)\mathrm{d}x$收敛. 如果上述极限不存在，则称广义积分$\int_{-\infty}^b f(x)\mathrm{d}x$发散.

设函数$f(x)$在区间$(-\infty,+\infty)$上连续，如果广义积分$\int_{-\infty}^0 f(x)\mathrm{d}x$和$\int_0^{+\infty} f(x)\mathrm{d}x$都收敛，则称上述两个广义积分的和为函数$f(x)$在无穷区间

$(-\infty, +\infty)$上的广义积分，记作$\int_{-\infty}^{+\infty} f(x)\mathrm{d}x$，即

$$\int_{-\infty}^{+\infty} f(x)\mathrm{d}x=\int_{-\infty}^{0} f(x)\mathrm{d}x+\int_{0}^{+\infty} f(x)\mathrm{d}x=\lim_{a\to-\infty}\int_{a}^{0} f(x)\mathrm{d}x+\lim_{b\to+\infty}\int_{0}^{b} f(x)\mathrm{d}x$$

这时也称广义积分$\int_{-\infty}^{+\infty} f(x)\mathrm{d}x$收敛. 如果上式右端有一个广义积分发散，则称广义积分$\int_{-\infty}^{+\infty} f(x)\mathrm{d}x$发散.

为方便起见，我们引入以下记号，若$F(x)$是$f(x)$的一个原函数，记$F(+\infty)=\lim\limits_{x\to+\infty}F(x)$，$F(-\infty)=\lim\limits_{x\to-\infty}F(x)$（假设极限存在），则无穷区间上的广义积分可表示为

$$\int_{a}^{+\infty} f(x)\mathrm{d}x=F(x)\Big|_{a}^{+\infty}=F(+\infty)-F(a)$$

$$\int_{-\infty}^{b} f(x)\mathrm{d}x=F(x)\Big|_{-\infty}^{b}=F(b)-F(-\infty)$$

$$\int_{-\infty}^{+\infty} f(x)\mathrm{d}x=F(x)\Big|_{-\infty}^{+\infty}=F(+\infty)-F(-\infty)$$

由于无穷区间上的广义积分是通过变限定积分的极限来定义的，因此定积分的换元积分法和分部积分法可引用到无穷区间上的广义积分中来.

例 1 计算广义积分$\int_{-\infty}^{+\infty}\frac{1}{1+x^2}\mathrm{d}x$.

解 $\int_{0}^{+\infty}\frac{1}{1+x^2}\mathrm{d}x=[\arctan x]_{0}^{+\infty}$

$=\lim\limits_{x\to+\infty}\arctan x-\arctan 0$

$=\frac{\pi}{2}-0=\frac{\pi}{2}$

例 2 判断广义积分$\int_{-\infty}^{0}\cos x\mathrm{d}x$的收敛性.

解 $\int_{-\infty}^{0}\cos x\mathrm{d}x=\sin x\Big|_{-\infty}^{0}=\sin 0-\lim\limits_{x\to-\infty}\sin x$，显然$\lim\limits_{x\to-\infty}\sin x$不存在，所以广义积分$\int_{-\infty}^{0}\cos x\mathrm{d}x$是发散的.

5.5.2 无界函数的广义积分

定义 2 设函数$f(x)$在区间$(a, b]$上连续，而在点a的右邻域内无界. 取$\varepsilon>0$，如果极限$\lim\limits_{\varepsilon\to0}\int_{a+\varepsilon}^{b} f(x)\mathrm{d}x$存在，则称此极限为函数$f(x)$在$(a, b]$上

的广义积分，仍然记作$\int_a^b f(x)\mathrm{d}x$，即

$$\int_a^b f(x)\mathrm{d}x=\lim_{\varepsilon\to 0}\int_{a+\varepsilon}^b f(x)\mathrm{d}x$$

这时也称广义积分$\int_a^b f(x)\mathrm{d}x$收敛；如果上述极限不存在，就称广义积分$\int_a^b f(x)\mathrm{d}x$发散.

这里的点$x=a$称为函数$f(x)$的瑕点，广义积分也称为瑕积分.

类似地，设函数$f(x)$在区间$[a,b)$上连续，而在点b的左邻域内无界. 取$\varepsilon>0$，如果极限$\lim\limits_{\varepsilon\to 0}\int_a^{b-\varepsilon} f(x)\mathrm{d}x$存在，则称此极限为函数$f(x)$在$[a,b)$上的广义积分，仍然记作$\int_a^b f(x)\mathrm{d}x$，即

$$\int_a^b f(x)\mathrm{d}x=\lim_{\varepsilon\to 0}\int_a^{b-\varepsilon} f(x)\mathrm{d}x$$

这时也称广义积分$\int_a^b f(x)\mathrm{d}x$收敛；如果上述极限不存在，就称广义积分$\int_a^b f(x)\mathrm{d}x$发散.

设函数$f(x)$在区间$[a,b]$上除点$c(a<c<b)$外连续，而在点c的邻域内无界. 如果两个广义积分$\int_a^c f(x)\mathrm{d}x$与$\int_c^b f(x)\mathrm{d}x$都收敛，则定义

$$\int_a^b f(x)\mathrm{d}x=\int_a^c f(x)\mathrm{d}x+\int_c^b f(x)\mathrm{d}x$$

否则，就称广义积分$\int_a^b f(x)\mathrm{d}x$发散.

与无穷区间上的广义积分类似，如果$F(x)$为$f(x)$的原函数，则有：

当a为瑕点时，$\int_a^b f(x)\mathrm{d}x=[F(x)]_a^b=F(b)-\lim\limits_{x\to a^+}F(x)$；

当b为瑕点时，$\int_a^b f(x)\mathrm{d}x=[F(x)]_a^b=\lim\limits_{x\to b^-}F(x)-F(a)$；

当$c(a<c<b)$为瑕点时：

$$\begin{aligned}\int_a^b f(x)\mathrm{d}x&=\int_a^c f(x)\mathrm{d}x+\int_c^b f(x)\mathrm{d}x\\&=\left[\lim_{x\to c^-}F(x)-F(a)\right]+\left[F(b)-\lim_{x\to c^+}F(x)\right]\end{aligned}$$

例 3　计算广义积分$\int_0^1\frac{1}{\sqrt{1-x^2}}\mathrm{d}x$.

解　因为$\lim\limits_{x\to 1^-}\frac{1}{\sqrt{1-x^2}}=+\infty$，所以点$x=1$为被积函数的瑕点. 则

$$\int_0^1\frac{1}{\sqrt{1-x^2}}\mathrm{d}x=[\arcsin x]_0^1=\lim_{x\to 1^-}\arcsin x-0=\frac{\pi}{2}$$

例 4　讨论广义积分$\int_{-1}^{1}\frac{1}{x^2}\mathrm{d}x$的收敛性.

解　因为$\lim\limits_{x\to 0}\frac{1}{x^2}=+\infty$，所以点$x=0$为被积函数的瑕点，在区间$(-1,1)$内，应将$\int_{-1}^{1}\frac{1}{x^2}\mathrm{d}x$分为两个积分$\int_{-1}^{0}\frac{1}{x^2}\mathrm{d}x$和$\int_{0}^{1}\frac{1}{x^2}\mathrm{d}x$分别计算. 由于$\int_{0}^{1}\frac{1}{x^2}\mathrm{d}x=\left[-\frac{1}{x}\right]_0^1=-1-\lim\limits_{x\to 0^+}\left(-\frac{1}{x}\right)=\infty$，因此广义积分$\int_{0}^{1}\frac{1}{x^2}\mathrm{d}x$发散，从而广义积分$\int_{-1}^{1}\frac{1}{x^2}\mathrm{d}x$发散.

解决问题

解　$P\mathrm{d}t$的积分表示一定时间间隔的能量，时间间隔对应积分的上下限，有

$$\int_0^1 P\mathrm{d}t=\int_0^1 8t\mathrm{d}t=4\left[t^2\right]_0^1=4\ (\mu\mathrm{J})$$

$$\int_1^{\infty} P\mathrm{d}t=\int_1^{\infty}\left(-8\mathrm{e}^{-2(t-1)}\right)\mathrm{d}t=-8\left[\frac{\mathrm{e}^{-2(t-1)}}{-2}\right]_1^{\infty}=-4\ (\mu\mathrm{J})$$

当时间无限制地增加时，电容电压返回 0 值，理想电容释放的能量一定等于所储存的能量.

习题 5.5

习题答案详解

1. 下列广义积分是否收敛，若收敛，则求出它的值：

(1) $\int_1^{+\infty}\frac{1}{x^3}\mathrm{d}x$；　(2) $\int_{-\infty}^{+\infty}\frac{1}{1+x^2}\mathrm{d}x$；

(3) $\int_1^{+\infty}\mathrm{e}^{-x}\mathrm{d}x$；　(4) $\int_0^{+\infty}\frac{\arctan x}{1+x^2}\mathrm{d}x$；

(5) $\int_{\mathrm{e}}^{+\infty}\frac{1}{x\ln x}\mathrm{d}x$；　(6) $\int_{-\infty}^{0}x\mathrm{e}^{x}\mathrm{d}x$.

2. 计算下列广义积分：

(1) $\int_{\frac{\pi}{4}}^{\frac{\pi}{2}}\frac{1}{\cos^2 x}\mathrm{d}x$；　(2) $\int_1^{2}\frac{1}{(1-x)^2}\mathrm{d}x$；

(3) $\int_{-1}^{1}\frac{1}{\sqrt{1-x^2}}\mathrm{d}x$；　(4) $\int_0^{1}\frac{x}{\sqrt{1-x^2}}\mathrm{d}x$.

第 6 章　常微分方程

在科学研究和生产实际中，经常需要寻找表示客观事物的变量之间的函数关系，但是在大量的实际问题中，往往不能直接找出所需的函数关系，只能根据问题给出的条件列出含有未知函数的导数或微分关系式，这种关系式就是微分方程.

6.1　微分方程的基本概念

微分方程的
基本概念

提出问题

1. 一曲线通过点(1，2)，且该曲线上任意点处的切线斜率为$2x$，求该曲线的方程.

2. 列车在平直路上以 20 m/s 的速度行驶，制动时获得加速度$a=-0.4\ \mathrm{m/s^2}$，求制动后多长时间列车才能停住，以及制动后列车行驶了多少路程 .

知识准备

6.1.1　两个引例

1. 自由落体运动

我们知道，自由落体运动是初速度为 0 的匀加速运动. 如果运动路程与时间的关系表示为$s=s(t)$，那么有

$$\begin{cases} \dfrac{\mathrm{d}^2 s}{\mathrm{d}t^2}=g \\ s(0)=0,\ \left.\dfrac{\mathrm{d}s}{\mathrm{d}t}\right|_{t=0}=0 \end{cases}$$

对$\frac{d^2s}{dt^2}=g$两边积分，得$\frac{ds}{dt}=gt+C_1$，两边再积分，得

$$s(t)=\frac{1}{2}gt^2+C_1t+C_2\text{（其中}C_1\text{、}C_2\text{为任意常数）}$$

由$\left.\frac{ds}{dt}\right|_{t=0}=0$，得$C_1=0$，由$s(0)=0$，得$C_2=0$，所以有

$$s(t)=\frac{1}{2}gt^2$$

2. 人口指数增长模型

人口学家马尔萨斯根据一百多年的人口统计资料在 1798 年提出人口指数增长模型，也称为马尔萨斯模型. 他认为，如果假设人口增长率只与自然出生率和自然死亡率有关，那么人口增长率与人口数量成正比.

设时刻t的人口数量为$N(t)$，人口增长率为$\frac{dN}{dt}$，则有

$$\frac{dN}{dt}=kN$$

其中比例常数$k=a-b$，a为自然出生率，b 为自然死亡率.

以上两个引例中都得到了含有未知函数导数的等式，这就是微分方程.

一般地，含有未知函数的导数或微分的方程称为微分方程.

未知函数是一元函数的微分方程称为常微分方程，未知函数是多元函数的微分方程称为偏微分方程.

在微分方程中所含未知函数导数的最高阶数称为微分方程的阶.

例如，方程$\frac{ds}{dt}=gt$和$\frac{dN}{dt}=kN$都是一阶常微分方程，方程$\frac{d^2s}{dt^2}=g$是二阶常微分方程，方程$x\frac{\partial z}{\partial y}+y\frac{\partial z}{\partial x}=1$是一阶偏微分方程.

由于本章只讨论常微分方程的基本知识，因此后面提到的微分方程均指常微分方程.

n阶微分方程的一般形式为

$$F(x, y, y', \cdots, y^{(n)})=0$$

其中x是自变量，y是未知函数，$y', \cdots, y^{(n)}$是未知函数的导数 . n阶微分方程中一定含有$y^{(n)}$，而$x, y, y', y'', \cdots, y^{(n-1)}$等可以不出现.

如果n阶微分方程可以表示为

$$y^{(n)}+a_1(x)y^{(n-1)}+\cdots+a_{n-1}(x)y'+a_n(x)y=f(x)$$

则称方程为n阶线性微分方程，其中系数$a_1(x), a_2(x), \cdots, a_n(x)$都是自变量

x的已知函数，如果系数为常数，则称方程为n阶常系数线性微分方程. 应该注意到n阶线性微分方程中的y，y'，…，$y^{(n)}$都是一次的，否则称为n阶非线性微分方程.

例如，$y'+xy=2$ 是一阶线性微分方程，$y''+5y'+6y=e^x$是二阶常系数线性微分方程，方程$\frac{d^2s}{dt^2}+2\left(\frac{ds}{dt}\right)^2+1=0$ 和$y''+2y'+y^3=3x$都是二阶非线性微分方程.

6.1.2 微分方程的解

如果函数$y=f(x)$及其导数代入微分方程后能使方程成为恒等式，则函数$y=f(x)$就称为微分方程的解. 如果微分方程的解中含有任意常数，且相互独立的任意常数的个数与方程的阶数相同，这样的解称为微分方程的通解；通解中任意常数取某一特定值时的解称为微分方程的特解. 确定微分方程通解中的任意常数的附加条件称为微分方程的初始条件. 求微分方程满足初始条件的解的问题称为初值问题.

例如，在引例 1 中求出的$s(t)=\frac{1}{2}gt^2+C_1t+C_2$ 就是微分方程$\frac{d^2s}{dt^2}=g$的通解，而$s(t)=\frac{1}{2}gt^2$就是微分方程$\frac{d^2s}{dt^2}=g$满足初始条件$s(0)=0$，$\left.\frac{ds}{dt}\right|_{t=0}=0$ 的特解. 因此，引例 1 是一个初值问题.

微分方程的解的图形称为微分方程的积分曲线. 通解的图形是一簇积分曲线，而特解的图形则是依据初始条件确定的积分曲线簇中的某一条曲线 .

解决问题

解 1. 设所求曲线方程为$y=y(x)$，则有如下关系：

$$\begin{cases}\frac{dy}{dx}=2x & (6-1)\\ y|_{x=1}=2 & (6-2)\end{cases}$$

由式（6–1）得

$$y=\int 2x dx=x^2+C\ (C\text{ 为任意常数})$$

将式（6–2）代入上式，得$C=1$，因此所求曲线方程为

$$y=x^2+1$$

2. 设列车在制动后 t 秒行驶了 s 米，即求$s=s(t)$. 已知

$$\begin{cases} \dfrac{d^2s}{dt^2} = -0.4 & (6-3) \\ s\big|_{t=0} = 0,\ \dfrac{ds}{dt}\Big|_{t=0} = 20 & (6-4) \end{cases}$$

对式（6-3）积分，可得

$$\frac{ds}{dt} = -0.4t + C_1 \tag{6-5}$$

将式（6-4）代入式（6-5），可得 $C_1 = 20$，即 $v = -0.4t + 20$，当 $v = 0$ 时，$t = 50$，对式（6-5）积分，可得

$$s = -0.2t^2 + 20t + C_2$$

将式（6-4）代入上式，可得 $C_2 = 0$．因此，所求运动规律为

$$s = -0.2t^2 + 20t$$

当 $t = 50$ 时，$s = 500$，所以列车制动后 50 秒行驶了 500 米才停下来.

习题 6.1

习题答案详解

1. 下列哪些是微分方程，并指出其阶数：

（1）$dy = (4x-1)dx$；（2）$y^2 - 3y + 5 = 0$；

（3）$\int \cos 2x dx = 0$；（4）$y' + 3y^3 - 6 = 0$；

（5）$\dfrac{d^2y}{dx^2} = 4x + \sin x^2$；（6）$\dfrac{\partial^3 u}{\partial x^3} + \dfrac{\partial^3 u}{\partial y^3} + x - y - 5z = 0$；

（7）$y'' + 3xy - 7\cos x = 0$.

2. 判断函数是否为所给微分方程的解或通解：

（1）$y'' = x^2 + y^2$，$y = \dfrac{1}{x}$；

（2）$y'' + 4y = 0$，$y = \sin x \cos x$；

（3）$y'' - (\lambda_1 + \lambda_2)y' + \lambda_1\lambda_2 y = 0$，$y = C_1 e^{\lambda_1 x} + C_2 e^{\lambda_2 x}$（$\lambda_1 \neq \lambda_2$）；

（4）$\dfrac{d^2y}{dx^2} = 4y$，$y = e^{2x}$.

3. 验证函数 $x = C_1 \cos kt + C_2 \sin kt$（$C_1$、$C_2$ 为常数）是微分方程 $\dfrac{d^2x}{dt^2} + k^2 x = 0$ 的解，并求满足初始条件 $x\big|_{t=0} = A$，$\dfrac{dx}{dt}\Big|_{t=0} = 0$ 的特解.

6.2 一阶微分方程

提出问题

1. 碳–14的半衰期约为5730年，动植物体内均含有少量固定比例的碳–14，其死亡时存在的碳–14量按与瞬时存量成比例的速率减少. 在1972年初，发掘长沙马王堆一号墓时，测得墓中木炭的碳–14含量为原量的77.2%，试断定马王堆一号墓主人的死亡时间.

2. 有一电路如图6–1所示，其中电源电动势为$E = E_m \sin \omega t$，电阻R和电感L都是常量，求电流$i(t)$.

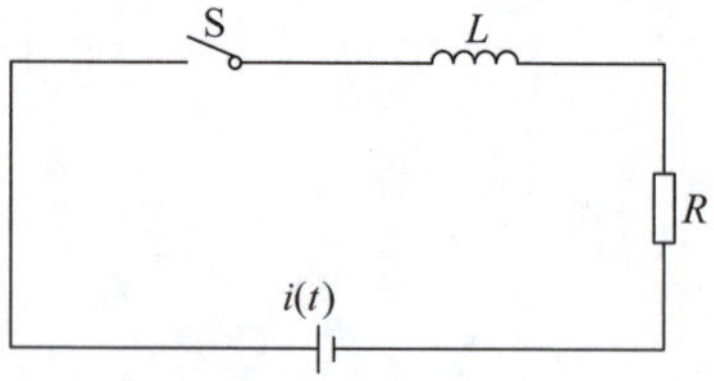

图 6–1

知识储备

本节我们讨论简单的一阶微分方程的解法，其形式为$\frac{dy}{dx} = f(x)$或$y' = f(x, y)$，下面主要讨论常用的两种一阶微分方程的解法.

6.2.1 可分离变量的微分方程

形如$\frac{dy}{dx} = f(x)g(y)$的微分方程称为可分离变量的微分方程，其中$f(x)$和$g(y)$分别是变量x、y的已知连续函数.

可分离变量的微分方程$\frac{dy}{dx} = f(x)g(y)$的求解方法一般有如下3步：

（1）分离变量$\frac{1}{g(y)}dy = f(x)dx$；

（2）两边积分$\int \frac{1}{g(y)}dy = \int f(x)dx$；

（3）计算上述不定积分，可得通解$G(y) = F(x) + C$.

例1　求$y'+xy=0$的通解.

解　方程变形为

$$\frac{dy}{dx}=-xy$$

分离变量得

$$\frac{dy}{y}=-xdx\ (y\neq 0)$$

两边积分得

$$\int\frac{dy}{y}=-\int xdx$$

求积分得

$$\ln|y|=-\frac{1}{2}x^2+C_1$$

所以

$$|y|=e^{-\frac{1}{2}x^2+C_1}=e^{C_1}e^{-\frac{1}{2}x^2}$$

即

$$y=\pm e^{C_1}e^{-\frac{1}{2}x^2}=Ce^{-\frac{1}{2}x^2}\ (C=\pm e^{C_1})$$

方程的通解为$y=Ce^{-\frac{1}{2}x^2}$（C为任意常数）

例2　求微分方程$\frac{dy}{dx}=x^2(y^2+1)$的通解.

解　分离变量得$\frac{dy}{y^2+1}=x^2dx$，两边积分得

$$\int\frac{dy}{y^2+1}=\int x^2dx$$

求积分得通解为

$$\arctan y=\frac{1}{3}x^3+C\ （C为任意常数）$$

例3　解初值问题：$\begin{cases}xydx+(x^2+1)dy=0\\ y(0)=1\end{cases}$.

解　分离变量得$\frac{dy}{y}=-\frac{x}{1+x^2}dx$，两边积分得

$$\ln|y|=\ln\frac{1}{\sqrt{x^2+1}}+\ln|C|$$

即

$$y\sqrt{x^2+1}=C\ （C为任意常数）$$

由初始条件得 $C=1$，故所求特解为

$$y\sqrt{x^2+1}=1$$

6.2.2 一阶线性微分方程

一阶线性微分方程标准形式：$\frac{\mathrm{d}y}{\mathrm{d}x}+P(x)y=Q(x)$，若 $Q(x)\equiv 0$，则称为一阶齐次线性微分方程；若 $Q(x)\neq 0$，则称为一阶非齐次线性微分方程.

一阶线性微分方程

一阶非齐次线性微分方程的解法一般如下：

（1）解一阶齐次线性微分方程 $\frac{\mathrm{d}y}{\mathrm{d}x}+P(x)y=0$，分离变量得

$$\frac{\mathrm{d}y}{y}=-P(x)\mathrm{d}x$$

两边积分得

$$\ln|y|=-\int P(x)\mathrm{d}x+\ln|C|$$

故通解为

$$y=C\mathrm{e}^{-\int P(x)\mathrm{d}x}$$

（2）解一阶非齐次线性微分方程 $\frac{\mathrm{d}y}{\mathrm{d}x}+P(x)y=Q(x)$，把一阶齐次线性微分方程通解中的任意常数 C 变易为待定函数 $u(x)$，使其满足一阶非齐次线性微分方程，从而求出 $u(x)$，这种求一阶非齐次线性微分方程通解的方法称为“常数变易法”. 该方法是求解非齐次线性微分方程的一种常用的重要方法.

设通解为 $y(x)=u(x)\mathrm{e}^{-\int P(x)\mathrm{d}x}$，以下简记 $u(x)=u$，作变换求出 $y'(x)$，将 $y'(x)$ 及 $y(x)$ 代入一阶非齐次线性微分方程 $\frac{\mathrm{d}y}{\mathrm{d}x}+P(x)y=Q(x)$，则得

$$u'\mathrm{e}^{-\int P(x)\mathrm{d}x}-P(x)u\mathrm{e}^{-\int P(x)\mathrm{d}x}+P(x)u\mathrm{e}^{-\int P(x)\mathrm{d}x}=Q(x)$$

即

$$\frac{\mathrm{d}u}{\mathrm{d}x}=Q(x)\mathrm{e}^{\int P(x)\mathrm{d}x}$$

两边积分得

$$u=\int Q(x)\mathrm{e}^{\int P(x)\mathrm{d}x}\mathrm{d}x+C$$

故原方程的通解为

$$y=\mathrm{e}^{-\int P(x)\mathrm{d}x}\left[\int Q(x)\mathrm{e}^{\int P(x)\mathrm{d}x}\mathrm{d}x+C\right]$$

或

$$y=C\mathrm{e}^{-\int P(x)\mathrm{d}x}+\mathrm{e}^{-\int P(x)\mathrm{d}x}\int Q(x)\mathrm{e}^{\int P(x)\mathrm{d}x}\mathrm{d}x$$

注意： 此公式是求一阶非齐次线性微分方程的通解公式. 它是由齐次线性微分方程的通解与非齐次线性微分方程的一个特解相加而成的. 这也是线性微

分方程解的一个性质.

例 4　解方程$\frac{\mathrm{d}y}{\mathrm{d}x}-\frac{2y}{x+1}=(x+1)^{\frac{5}{2}}$.

解　先解$\frac{\mathrm{d}y}{\mathrm{d}x}-\frac{2y}{x+1}=0$，这是一个可分离变量的微分方程，解可得

$$\ln|y|=2\ln|x+1|+\ln|C|$$

即
$$y=C(x+1)^2$$

用常数变易法求特解，令$y=u(x)\cdot(x+1)^2$，则

$$y'=u'(x)\cdot(x+1)^2+2u(x)\cdot(x+1)$$

代入一阶非齐次线性微分方程得　$u'(x)=(x+1)^{\frac{1}{2}}$

解得
$$u(x)=\frac{2}{3}(x+1)^{\frac{3}{2}}+C$$

故原方程通解为
$$y=(x+1)^2\left[\frac{2}{3}(x+1)^{\frac{3}{2}}+C\right]$$

例 5　求方程$y'=\frac{y+x\ln x}{x}$的通解.

解　原方程变形为

$$y'-\frac{1}{x}y=\ln x \tag{6-6}$$

此方程为一阶非齐次线性方程，首先对式（6–6）所对应的齐次方程求解，即求

$$y'-\frac{1}{x}y=0 \tag{6-7}$$

的解，对式（6–7）分离变量得　$\frac{\mathrm{d}y}{y}=\frac{\mathrm{d}x}{x}$

两边积分得$\ln y=\ln x+\ln C$，即$\ln y=\ln Cx$．所以，齐次方程（6–7）的通解为

$$y=Cx \tag{6-8}$$

将通解中的任意常数C换成待定函数$C(x)$，即令$y=C(x)x$为方程（6–6）

的通解，将其代入方程（6-6）得

$$xC'(x)=\ln x$$

于是
$$C'(x)=\frac{1}{x}\ln x$$

所以
$$C(x)=\int\frac{\ln x}{x}\mathrm{d}x=\int\ln x\mathrm{d}(\ln x)=\frac{1}{2}(\ln x)^2+C$$

将所求的 $C(x)$ 代入 $y=C(x)x$，得原方程的通解为

$$y=\frac{x}{2}(\ln x)^2+Cx$$

例 6 RC 充电电路如图 6-2 所示. 如果合闸前电容上的电压 $U_C=0$，电源电压为 E，求合闸后电压 U_C 的变化规律.

解 根据回路电压定律知 $U_R+U_C=E$，因为 $U_R=Ri$，按电容性质，Q 与 U_C 有关系式 $Q=CU_C$，于是

$$i(t)=\frac{\mathrm{d}Q}{\mathrm{d}t}=\frac{\mathrm{d}}{\mathrm{d}t}(CU_C)=C\frac{\mathrm{d}U_C}{\mathrm{d}t}$$

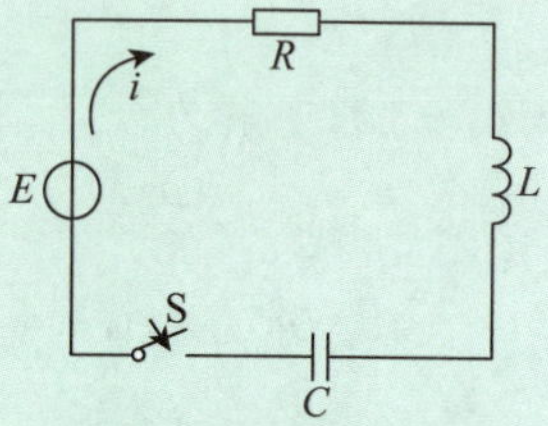

图 6-2

得微分方程 $RC\frac{\mathrm{d}U_C}{\mathrm{d}t}+U_C=E$，其初始条件为

$$U_C\big|_{t=0}=0$$

以上方程是一个一阶非齐次线性微分方程，可用分离变量法求解，分离变量得

$$\frac{\mathrm{d}U_C}{E-U_C}=\frac{\mathrm{d}t}{RC}$$

两边积分，可得

$$-\ln(E-U_C)=\frac{1}{RC}t-\ln\lambda\quad(\lambda\text{为任意常数})$$

化简后，得通解 $U_C=E-\lambda e^{-\frac{t}{RC}}$. 把初始条件 $U_C\big|_{t=0}=0$ 代入上式得 $0=E-\lambda e^0$，即 $\lambda=E$. 于是所求的充电电路的电压 U_C 的变化规律为

$$U_C=E\left(1-\mathrm{e}^{-\frac{t}{RC}}\right)$$

解决问题

解　1. 设墓中木炭的碳-14在 t 时刻含量为 $x(t)$，依题设有 $\frac{\mathrm{d}x}{\mathrm{d}t}=-kx\ (k>0)$，分离变量得 $\frac{\mathrm{d}x}{x}=-k\mathrm{d}t$，两边积分得

$$\ln x=\ln C-kt,\ 即\ x=C\mathrm{e}^{-kt}$$

记木炭的碳-14原含量为 x_0，代入方程解得 $C=x_0$，所以 $x=x_0\mathrm{e}^{-kt}$. 又由碳-14半衰期为 5730 年，得

$$\frac{1}{2}x_0=x_0\mathrm{e}^{-5730\,k}$$

解得 $k=\frac{\ln 2}{5730}$，于是 $x=x_0\mathrm{e}^{\frac{\ln 2}{5730}t}$，解出 t 为

$$t=\frac{5730}{\ln 2}\ln\frac{x}{x_0}$$

当 $\frac{x}{x_0}=0.772$ 时，$t=-\frac{5730}{\ln 2}\ln 0.772\approx 2139$.

这表明距 1972 年初马王堆一号墓发掘时，墓中人已死亡约 2139 年，由（1971-2139）=-168可知，一号墓主人的死亡时间约为公元前 168 年.

2. 由回路电压定律：在闭合回路中，所有支路上的电压降为 0. 已知经过电阻 R 的电压降为 Ri，经过 L 的电压降为 $L\frac{\mathrm{d}i}{\mathrm{d}t}$，因此有

$$E-L\frac{\mathrm{d}i}{\mathrm{d}t}-Ri=0$$

即

$$\frac{\mathrm{d}i}{\mathrm{d}t}+\frac{R}{L}i=\frac{E_{\mathrm{m}}\sin\omega t}{L}$$

利用一阶线性微分方程解的公式可得

$$i(t)=\mathrm{e}^{-\int\frac{R}{L}\mathrm{d}t}\left[\int\frac{E_{\mathrm{m}}}{L}\sin\omega t\mathrm{e}^{\int\frac{R}{L}\mathrm{d}t}\mathrm{d}t+C\right]$$

$$=\frac{E_{\mathrm{m}}}{R^2+\omega^2L^2}(R\sin\omega t-\omega L\cos\omega t)+C\mathrm{e}^{-\frac{R}{L}t}$$

由初始条件：$i|_{t=0}=0$，得 $C=\frac{\omega LE_{\mathrm{m}}}{R^2+\omega^2L^2}$. 因此，所求电流函数为

$$i(t)=\frac{\omega LE_{\mathrm{m}}}{R^2+\omega^2L^2}\mathrm{e}^{-\frac{R}{L}t}+\frac{E_{\mathrm{m}}}{R^2+\omega^2L^2}(R\sin\omega t-\omega L\cos\omega t)$$

习题 6.2

习题答案详解

1. 判断下列方程是否为可分离变量的微分方程：

（1）$(x^2+1)\mathrm{d}x+(y^2-2)\mathrm{d}y=0$；（2）$(x^2+y^2)y'=2xy$；

（3）$2x^2yy'+y^2=2$；（4）$x^3(y'-x)=y^3$；

（5）$\dfrac{\mathrm{d}p}{\mathrm{d}t}+3p^2=2$；（6）$y'+2xy=4x$.

2. 求下列微分方程的通解或特解：

（1）$\dfrac{\mathrm{d}y}{\mathrm{d}x}=y\left(1-\dfrac{y}{10}\right)$；（2）$\dfrac{\mathrm{d}y}{\mathrm{d}x}=\mathrm{e}^{x+y}$；

（3）$y'-xy^2=2xy$；（4）$\dfrac{\mathrm{d}y}{\mathrm{d}x}=y(y-1)$, $y(0)=1$.

3. 用微分方程$\dfrac{\mathrm{d}y}{\mathrm{d}t}=100-y$模拟一位学生的学习过程，其中$y$是一门专业知识（或一项专业技能）被掌握了的百分数，时间t的单位为周，求学习过程的规律.

4. 判断下列方程的类型（齐次或非齐次）：

（1）$x\dfrac{\mathrm{d}y}{\mathrm{d}x}+y=xy\dfrac{\mathrm{d}y}{\mathrm{d}x}$；（2）$x\dfrac{\mathrm{d}y}{\mathrm{d}x}=y(\ln y-\ln x)$；

（3）$(y-x^3)\mathrm{d}x-2x\mathrm{d}y=0$；（4）$2y\mathrm{d}x+(y^3-x)\mathrm{d}y=0$.

5. 解下列微分方程：

（1）$y'-2y=x^2$；（2）$y'-\dfrac{1}{x+1}y=(x+1)^3$；

（3）$(2x+1)y'=4x+2y$；（4）$y'-y=\sin x$；

6. 设降落伞从跳伞塔下落后所受空气阻力与速度成正比，并设降落伞离开跳伞塔时（$t=0$）速度为 0，求降落伞下落速度与时间的函数关系.

7. 求微分方程$x^2\dfrac{\mathrm{d}y}{\mathrm{d}x}=xy-y^2$的通解.

6.3 二阶常系数齐次线性微分方程

提出问题

1. 质量为m的物体自由悬挂在一端固定的弹簧上，在无外力作用下作自由运动. 取其平衡位置为原点建立坐标系，设$t=0$时物体的位置为$x=x_0$，初始速度为v_0，求物体的运动规律$x=x(t)$.

2. 设物体只受弹性恢复力f和铅直干扰力$F=H\sin pt$的作用，求物体的运动规律.

知识储备

6.3.1　二阶常系数齐次线性微分方程

定义　形如

$$y''+py'+gy=f(x)$$

的方程（其中p、q为常数）称为二阶常系数线性微分方程. 当$f(x)=0$时，即$y''+py'+gy=0$称为二阶常系数齐次线性微分方程；当$f(x)\neq 0$时，即$y''+py'+gy=f(x)$称为二阶常系数非齐次线性微分方程.

6.3.2　齐次线性微分方程解的结构

定理 1（叠加原理）　若函数$y_1(x)$和$y_2(x)$是二阶齐次线性微分方程$y''+P(x)y'+Q(x)y=0$的两个解，则$y=C_1y_1(x)+C_2y_2(x)$（C_1、C_2为任意常数）也是该方程的解.

说明：$y=C_1y_1(x)+C_2y_2(x)$不一定是所给二阶齐次方程的通解. 例如，$y_1(x)$是某二阶齐次方程的解，$y_2(x)=2y_1(x)$也是该二阶齐次方程的解，但是$C_1y_1(x)+C_2y_2(x)=(C_1+2C_2)y_1(x)$并不是该二阶齐次方程的通解.

为解决通解的判别问题，下面引入函数的线性相关与线性无关的概念.

两个函数在区间I上线性相关与线性无关的充要条件：

（1）若$y_1(x)$，$y_2(x)$线性相关，则存在不全为 0 的数k_1，k_2，使$k_1y_1(x)+k_2y_2(x)\equiv 0$，即

$$\frac{y_1(x)}{y_2(x)}\equiv -\frac{k_2}{k_1}\ (k_1\neq 0)$$

（2）若$y_1(x)$，$y_2(x)$线性无关，则$\dfrac{y_1(x)}{y_2(x)}\neq$常数.

思考：若$y_1(x)$，$y_2(x)$中有一个恒为 0，则$y_1(x)$，$y_2(x)$是否一定线性相关?

定理 2　若$y_1(x)$，$y_2(x)$是二阶齐次线性微分方程的两个线性无关特解，

则 $y=C_1y_1(x)+C_2y_2(x)$（C_1、C_2 为任意常数）是该方程的通解.

例如，方程 $y'+y=0$ 有特解 $y_1=\cos x$，$y_2=\sin x$，且 $\dfrac{y_2}{y_1}=\tan x\neq$ 常数，故方程的通解为 $y=C_1\cos x+C_2\sin x$.

定理 3（非齐次线性微分方程解的结构） 设 $y^*(x)$ 是二阶非齐次线性微分方程

$$y''+P(x)y'+Q(x)y=f(x) \tag{6-9}$$

的一个特解，$Y(x)$ 是相应齐次方程的通解，则

$$y=Y(x)+y^*(x) \tag{6-10}$$

是非齐次方程的通解.

证 将 $y=Y(x)+y^*(x)$ 代入方程（6-9）左端，得

$$\begin{aligned}&(Y''+y^{*''})+P(x)(Y'+y^{*'})+Q(x)(Y+y^*)\\&=(y^{*''}+P(x)y^{*'}+Q(x)y^*)+(Y''+P(x)Y'+Q(x)Y)\\&=f(x)+0=f(x)\end{aligned}$$

故 $y=Y(x)+y^*(x)$ 是非齐次方程的解，又 Y 中含有两个独立任意常数，因而其也是通解.

例如，方程 $y''+y=x$ 有特解 $y^*=x$，对应齐次方程 $y''+y=0$ 有通解 $y=C_1\cos x+C_2\sin x$，因此该方程的通解为 $y=C_1\cos x+C_2\sin x+x$.

6.3.3 二阶常系数齐次线性微分方程的解

二阶常系数齐次线性微分方程

分析微分方程 $y''+py'+qy=0$（p、q 为常数）的结构特征，它的各阶导数只相差常数因子，而 r 为常数时，函数 $y=e^{rx}$ 满足上述微分方程，所以我们不妨令微分方程的解为 $y=e^{rx}$（r 为待定常数），代入微分方程得

$$(r^2+pr+q)e^{rx}=0$$

式 $r^2+pr+q=0$ 称为上述微分方程的特征方程，其根称为特征根.

（1）若当 $\Delta=p^2-4q>0$ 时，特征方程有两个相异实根 r_1 和 r_2，则微分方程有两个线性无关的特解：$y_1=e^{r_1x}$，$y_2=e^{r_2x}$，因此方程的通解为 $y=C_1e^{r_1x}+C_2e^{r_2x}$.

（2）若当 $\Delta=p^2-4q=0$ 时，特征方程有两个相等实根 $r_1=r_2=\dfrac{-p}{2}$，则微分方

程有一个特解$y_1 = e^{r_1 x}$. 设另一特解$y_2 = y_1 u(x) = e^{r_1 x} u(x)$（简记$u(x) = u$），代入微分方程得

$$e^{r_1 x}[(u'' + 2r_1 u' + r_1^2 u) + p(u' + r_1 u) + qu] = 0$$
$$u'' + (2r_1 + p)u' + (r_1^2 + pr_1 + q)u = 0$$

注意： r_1是特征方程的重根，$u'' = 0$．取$u = x$，则得$y_2 = xe^{r_1 x}$，因此原方程的通解为

$$y = (C_1 + C_2 x)e^{r_1 x}$$

（3）若当$\Delta = p^2 - 4q < 0$时，特征方程有一对共轭复根$r_1 = \alpha + i\beta$，$r_2 = \alpha - i\beta$，这时原方程有两个复数解：

$$y_1 = e^{(\alpha + i\beta)x} = e^{\alpha x}(\cos\beta x + i\sin\beta x)$$
$$y_2 = e^{(\alpha - i\beta)x} = e^{\alpha x}(\cos\beta x - i\sin\beta x)$$

利用解的叠加原理，得原方程的线性无关特解：

$$\overline{y}_1 = \frac{1}{2}(y_1 + y_2) = e^{\alpha x}\cos\beta x$$
$$\overline{y}_2 = \frac{1}{2i}(y_1 - y_2) = e^{\alpha x}\sin\beta x$$

因此，原方程的通解为

$$y = e^{\alpha x}(C_1\cos\beta x + C_2\sin\beta x)$$

综上所述，二阶常系数齐次线性微分方程求解的基本思路可以概括为：将二阶常系数齐次线性微分方程$y'' + py' + qy = 0$（p、q为常数）转化为求特征方程（代数方程）的根，列表如下．

特征根（r_1，r_2）	通解
两个不等实根，$r_1 \neq r_2$	$y = C_1 e^{r_1 x} + C_2 e^{r_2 x}$
两个相等实根，$r_1 = r_2$	$y = (C_1 + C_2 x)e^{r_1 x}$
两个虚根，$r_{1,2} = \alpha \pm i\beta$	$y = e^{\alpha x}(C_1\cos\beta x + C_2\sin\beta x)$

例 1　求方程$y'' - 2y' - 3y = 0$的通解．

解　由特征方程$r^2 - 2r - 3 = 0$求得特征根为$r_1 = -1$，$r_2 = 3$，因此原方程的通解为

$$y = C_1 e^{-x} + C_2 e^{3x}$$

例 2　求解初值问题：$\begin{cases} \dfrac{d^2 s}{dt^2} + 2\dfrac{ds}{dt} + s = 0 \\ s\big|_{t=0} = 4,\ \dfrac{ds}{dt}\Big|_{t=0} = -2 \end{cases}$.

解　特征方程 $r^2 + 2r + 1 = 0$ 有重根 $r_1 = r_2 = -1$，因此原方程的通解为

$$s = (C_1 + C_2 t)e^{-t}$$

利用初始条件，得 $C_1 = 4$，$C_2 = 2$，于是所求初值问题的解为

$$s = (4 + 2t)e^{-t}$$

6.3.4　常见二阶常系数非齐次线性微分方程的解

根据微分方程解的结构定理，$y'' + py' + qy = f(x)$的通解为

$$y = Y + y^*$$

其中，Y表示齐次方程（$y'' + py' + qy = 0$）的通解，y^*表示非齐次方程（$y'' + py' + qy = f(x)$）的特解.

求特解的方法——待定系数法：根据$f(x)$的特殊形式给出特解y^*的待定形式，代入原方程比较两端表达式以确定待定系数.

1. $f(x) = W_m(x)$型的特解

$$y'' + py' + qy = W_m(x)$$

其中，$W_m(x)$是m次多项式. 由导数的性质知，y''、y'、y应与$W_m(x)$是同类型的多项式，容易猜测该方程的特解为

$$y^* = W(x)\ (W(x)\text{为多项式})$$

将上式代入方程得

$$W''(x) + pW'(x) + qW(x) = W_m(x)$$

（1）当$q = 0$，$p \neq 0$时，$W(x)$是比$W_m(x)$高一次的多项式. 不妨设$p_m(x)$为与$W_m(x)$同次的另一个多项式，则对应特解为$y^* = xp_m(x)$，是一个$m+1$次多项式.

（2）当$q = 0$，$p = 0$时，$W(x)$是比$W_m(x)$高两次的多项式，则对应特解为$y^* = x^2 p_m(x)$，是一个$m+2$次多项式.

(3) 当$q \neq 0$时，$W(x)$是与$W_m(x)$同次的多项式，则对应特解为$y^* = p_m(x)$，是一个 m 次多项式.

例 3 求微分方程$y'' - 2y' - 3y = 3x + 1$的一个特解.

解 $q = -3 \neq 0$，$f(x)$的次数为 1，故设所求特解为$y^* = b_0 x + b_1$，代入原方程得

$$-3b_0 x - 3b_1 - 2b_0 = 3x + 1$$

比较系数，得

$$\begin{cases} -3b_0 = 3 \\ -2b_0 - 3b_1 = 1 \end{cases}$$

解之得$b_0 = -1$，$b_1 = \frac{1}{3}$，于是所求特解为

$$y^* = -x + \frac{1}{3}$$

2. $f(x) = a\mathrm{e}^{\lambda x}$型的特解（$\lambda \neq 0$，且$\lambda$是常数）

观察方程$y'' + py' + qy = a\mathrm{e}^{\lambda x}$，求$\mathrm{e}^{\lambda x}$的一阶、二阶导数. 不难猜测该方程有形如$y^* = A\mathrm{e}^{\lambda x}$的特解.

可以证明以下结论：

(1) 若λ不是方程的特征根，则特解设为$y^* = A\mathrm{e}^{\lambda x}$；

(2) 若λ是方程的特征单根，则特解设为$y^* = Ax\mathrm{e}^{\lambda x}$；

(3) 若λ是方程的二重特征根，则特解设为$y^* = Ax^2\mathrm{e}^{\lambda x}$.

不难发现，要确定特解中的 A，必须用待定系数法.

例 4 求解初值问题：$\begin{cases} y'' + y' + y = \mathrm{e}^x \\ y(0) = 1, y'(0) = 0 \end{cases}$.

解 其特征方程$r^2 + r + 1 = 0$，特征根$r_{1,2} = -\frac{1}{2} \pm \frac{\sqrt{3}}{2}\mathrm{i}$，对应齐次方程的通解为

$$Y = \mathrm{e}^{-\frac{1}{2}x}\left(C_1 \cos\frac{\sqrt{3}}{2}x + C_2 \sin\frac{\sqrt{3}}{2}x\right)$$

设非齐次方程的特解为 $y^*=Ae^x$，代入原方程得 $A=\frac{1}{3}$，故非齐次方程的通解为

$$y=e^{-\frac{1}{2}x}\left(C_1\cos\frac{\sqrt{3}}{2}x+C_2\sin\frac{\sqrt{3}}{2}x\right)+\frac{1}{3}e^x$$

代入初始条件可得 $C_1=\frac{2}{3}$，$C_2=0$，因此满足初始条件的特解为

$$y=\frac{2}{3}e^{-\frac{1}{2}x}\cos\frac{\sqrt{3}}{2}x+\frac{1}{3}e^x$$

例 5 求方程 $y''-6y'+9y=e^{3x}$ 的通解.

解 非齐次方程

$$y''-6y'+9y=e^{3x}$$

所对应的齐次方程为

$$y''-6y'+9y=0$$

特征方程为 $r^2-6r+9=0$，特征根为 $r=r_1=r_2=3$，故齐次方程的通解为

$$Y=(C_1+C_2x)e^{3x}$$

又因为非齐次方程的自由项 $f(x)=e^{3x}$ 中的 $\lambda=3$ 恰是二重特征根，故可令 $y^*=Ax^2e^{3x}$ 为非齐次方程的一个特解，将其代入原方程得 $A=\frac{1}{2}$，于是 $y^*=\frac{1}{2}x^2e^{3x}$ 为原方程的一个特解. 因此，所给方程的通解为

$$y=Y+y^*=(C_1+C_2x)e^{3x}+\frac{1}{2}x^2e^{3x}$$

3. $f(x)=a\sin\omega x$ 或 $f(x)=b\cos\omega x$ 型的特解

这时，二阶常系数非齐次线性微分方程为

$$y''+py'+qy=a\sin\omega x$$

或

$$y''+py'+qy=b\cos\omega x$$

上述方程的特解可按以下方法确定：

（1）当$\omega\mathrm{i}$不是特征根时，设$y^*=a\sin\omega x+b\cos\omega x$；

（2）当$\omega\mathrm{i}$是特征根时，设$y^*=x(a\sin\omega x+b\cos\omega x)$.

例 6　求方程$y''-y'-2y=-7\cos 2x$的一个通解.

解　（1）求齐次方程$y''-y'-2y=0$的通解. 由特征方程$r^2-r-2=0$得特征根为$r_1=-1$，$r_2=2$，故齐次方程的通解为

$$Y=C_1\mathrm{e}^{-x}+C_2\mathrm{e}^{2x}$$

（2）求非齐次方程$y''-y'-2y=-7\cos 2x$的一个特解y^*. 令$y^*=a\cos 2x+b\sin 2x$，则

$$y^{*\prime}=-2a\sin 2x+2b\cos 2x，\quad y^{*\prime\prime}=-4a\cos 2x-4b\sin 2x$$

代入原方程得

$$(-6a-2b)\cos 2x+(2a-6b)\sin 2x=-7\cos 2x$$

由对应项系数相等得$\begin{cases}-6a-2b=-7\\2a-6b=0\end{cases}$，解得$a=\dfrac{21}{20}$，$b=\dfrac{7}{20}$，故

$$y^*=\frac{21}{20}\cos 2x+\frac{7}{20}\sin 2x$$

所以原方程的通解为

$$y=C_1\mathrm{e}^{-x}+C_2\mathrm{e}^{2x}+\frac{21}{20}\cos 2x+\frac{7}{20}\sin 2x$$

解决问题

解　1. 位移满足自由振动方程，因此可列微分方程：

$$\begin{cases}\dfrac{\mathrm{d}^2x}{\mathrm{d}t^2}+2n\dfrac{\mathrm{d}x}{\mathrm{d}t}+k^2x=0\\ x\big|_{t=0}=x_0，\ \dfrac{\mathrm{d}x}{\mathrm{d}t}\Big|_{t=0}=v_0\end{cases}$$

（1）无阻尼自由振动情况（$n=0$）.

方程：
$$\frac{\mathrm{d}^2x}{\mathrm{d}t^2}+k^2x=0$$

特征方程：$r^2+k^2=0$，特征根：$r_{1,2}=\pm\mathrm{i}k$.

方程的通解为 $$x = C_1 \cos kt + C_2 \sin kt$$

利用初始条件得 $$C_1 = x_0,\ C_2 = \frac{v_0}{k}$$

故所求特解为

$$x = x_0 \cos kt + \frac{v_0}{k} \sin kt = A \sin(kt + \varphi),\ \left(A = \sqrt{x_0^2 + \frac{v_0^2}{k^2}},\ \tan\varphi = \frac{kx_0}{v_0} \right)$$

解的特征：$x = A\sin(kt+\varphi)$为简谐振动，其中 A 为振幅，φ为初相，周期$T = \frac{2\pi}{k}$.

（2）有阻尼自由振动情况.

方程： $$\frac{\mathrm{d}^2 x}{\mathrm{d}t^2} + 2n\frac{\mathrm{d}x}{\mathrm{d}t} + k^2 x = 0$$

特征方程：$r^2 + 2nr + k^2 = 0$，特征根：$r_{1,2} = -n \pm \sqrt{n^2 - k^2}$.

这时需要分以下 3 种情况进行解特征的讨论

1）小阻尼：$n<k$，$x = \mathrm{e}^{-nt}(C_1 \cos\omega t + C_2 \sin\omega t)$，$\omega = \sqrt{k^2 - n^2}$；

2）大阻尼：$n>k$，$x = C_1\mathrm{e}^{r_1 t} + C_2\mathrm{e}^{r_2 t}$，其中$r_{1,2} = -n \pm \sqrt{n^2 - k^2} = -(n \mp \sqrt{n^2 - k^2})$
<0；

3）临界阻尼：$n=k$，$x = (C_1 + C_2 t)\mathrm{e}^t$.

2. 问题归结为求解无阻尼强迫振动方程：

$$\frac{\mathrm{d}^2 x}{\mathrm{d}t^2} + k^2 x = h\sin pt$$

（1）当$p \neq k$时，对应齐次方程的通解为

$$x = C_1 \sin kt + C_2 \cos kt = A\sin(kt + \varphi)$$

非齐次方程的特解形式为$x^* = a\sin pt + b\cos pt$，代入原方程可得

$$a = \frac{h}{k^2 - p^2},\ b = 0$$

则原方程的解为

$$x = A\sin(kt+\varphi) + \frac{h}{k^2 - p^2}\sin pt$$

当干扰力的角频率$p \approx$固有频率 k 时，振幅$\left|\frac{h}{k^2 - p^2}\right|$将很大.

（2）当$p = k$时，非齐次方程的特解形式为$x^* = t(a\sin kt + b\cos kt)$，代入原方程可得

$$a = 0,\ b = -\frac{h}{2k}$$

则原方程的解为

$$x = A\sin(kt+\varphi) - \frac{h}{2k}t\cos kt$$

随着 t 的增大，强迫振动的振幅 $\frac{h}{2k}t$ 可无限增大，这时产生共振现象. 若要避免共振，应使 p 远离固有频率 k；若要利用共振现象，应使 p 与 k 尽量靠近或使 $p=k$. 对机械来说，共振可能引起破坏作用，如桥梁被破坏、电动机机座被破坏等，但对电磁振荡来说，共振可能起有利作用，如收音机的调频放大即是利用共振原理.

习题 6.3

习题答案详解

1. 下列哪些函数线性无关？哪些函数线性相关？

（1）$y=\cos x^2$，$y_2=\sin x^2$；

（2）$y_1=\mathrm{e}^{-2x}$，$y_2=\mathrm{e}^{3x}$；

（3）$y_1=3x^2-2x$，$y_2=-6x^2+4x$.

2. 求下列方程的通解或特解：

（1）$y''+ay=0$；　　（2）$y''+5y'+6y=0$；

（3）$y''+2y'+y=0$；　　（4）$y''+2y'+3y=0$，$y(0)=1$，$y'(0)=1$；

（5）$4y''=0$；　　（6）$y''+25y=0$；$y|_{x=0}=2$，$y'|_{x=0}=5$.

3. 求下列微分方程的特解或通解：

（1）$y''+y'=x$ 的一个特解；

（2）$y''+y=2\sin x$，$y|_{x=0}=1$，$y'|_{x=\frac{\pi}{2}}=1$；

（3）$y''+y'=-2\mathrm{e}^x$，$y|_{x=0}=4$，$y'|_{x=0}=-3$；

（4）$y''-4y'+4y=2\mathrm{e}^{2x}$.

4. 我国海军从船上向海中沉放某种探测仪器，按探测要求需确定仪器的下沉深度 y 与下沉速度 v 之间的函数关系. 设仪器在重力作用下从海平面由静止开始下沉，在下沉过程中还受到阻力和浮力作用，设仪器质量为 m，体积为 B，海水密度为 ρ，仪器所受阻力与下沉速度成正比，比例系数为 $k\,(k>0)$，试建立 y 与 v 所满足的微分方程，并求函数关系式 $y=y(v)$.

第 7 章　向量与复数

向量与复数是由生产生活实践需要而产生并逐渐发展成熟的两个重要的数学工具．本章先引出向量和复数的概念，再介绍向量和复数的性质、计算方法及与它们相关的应用，为学习其他专业基础课和专业课打下坚实基础．

7.1　向量

提出问题

1. 已知某电路中的电流可以表示为以$M_1(0,-1)$为起点，以$M_2(1,0)$为终点的向量，求向量$\overrightarrow{M_1M_2}$的坐标表达式、$\overrightarrow{M_1M_2}$的模和与$\overrightarrow{M_1M_2}$方向相同的单位向量.

2. 已知某运动中电子$M(x,y,z)$到原子中心$O(0,0,0)$的距离为定值 1，求电子$M(x,y,z)$的轨迹方程.

知识储备

向量的概念

7.1.1　向量的概念

只有大小没有方向的量称为数量，如长度、质量、面积、体积等，而向量是不仅有大小而且有方向的量，如位移、速度、加速度、力等.

数量可进行代数运算，向量不能比较大小.

大小是向量的代数特征，方向是向量的几何特征，即向量具有代数与几何的双重特征.

注意：

（1）向量的模：向量 $\overrightarrow{AB}$ 的大小也就是向量 $\overrightarrow{AB}$ 的长度，记作 $|\overrightarrow{AB}|$.

（2）零向量：长度为 0 的向量，记作 $\mathbf{0}$. $\mathbf{0}$ 的方向是任意的.

（3）单位向量：长度等于 1 个单位的向量.

7.1.2 向量的表示法

向量的表示法有以下两种：

（1）几何表示：用有向线段来表示，有向线段的长度表示向量的大小，箭头所指的方向表示向量的方向.

（2）字母表示：用加粗的单个小写字母表示. 要注意手写体 $\vec{a}$ 与印刷体 $\boldsymbol{a}$ 的不同.

相等向量：长度相等且方向相同的向量叫作相等向量. 若向量 $\boldsymbol{a}$、$\boldsymbol{b}$ 相等，则记作 $\boldsymbol{a}=\boldsymbol{b}$.

共线向量：方向相同或相反的非零向量叫作共线向量，也叫平行向量. 若向量 $\boldsymbol{a}$、$\boldsymbol{b}$ 平行，则记作 $\boldsymbol{a}/\!/\boldsymbol{b}$. 规定：零向量与任一向量平行，即对任一向量 $\boldsymbol{a}$，都有 $\mathbf{0}/\!/\boldsymbol{a}$.

例 1 如图 7–1 所示的图形，其中正方形 $ABCD$ 边长为 1.

（1）写出向量 $\overrightarrow{AB}$、$\overrightarrow{AC}$、$\overrightarrow{AD}$ 的模长和与 x 轴的夹角；

（2）判断向量 $\overrightarrow{AD}$ 和 $\overrightarrow{BC}$ 是否相同；

（3）向量 $\overrightarrow{AB}$ 和 $\overrightarrow{BA}$ 是否共线.

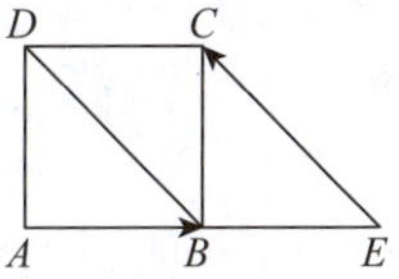

图 7–1

解 （1）向量 $\overrightarrow{AB}$ 的模长为 1，与 x 轴的夹角为 0. 向量 $\overrightarrow{AC}$ 的模长为 $\sqrt{2}$，与 x 轴的夹角为 $\frac{\pi}{4}$. 向量 $\overrightarrow{AD}$ 的模长为 1，与 x 轴的夹角为 $\frac{\pi}{2}$.

（2）向量 $\overrightarrow{AD}$ 和 $\overrightarrow{BC}$ 相同，因为它们的模长相等且方向相同.

（3）向量 $\overrightarrow{AB}$ 和 $\overrightarrow{BA}$ 共线，且方向相反.

7.1.3 空间向量的坐标表示法

1. 空间直角坐标系

空间直角坐标系：过空间一个定点，作三条相互垂直的数轴，它们都以 O 为原点且一般具有相同的单位长度，这三条数轴分别叫作 x 轴（横轴）、y 轴（纵轴）

和 z 轴（竖轴）. 一般是将 x 轴和 y 轴放置在水平面上，那么 z 轴就垂直于水平面；它们的方向通常符合右手螺旋法则，即伸出右手，让四指与大拇指垂直，并使四指先指向 x 轴，然后让四指沿握拳方向旋转指向 y 轴，此时大拇指的方向即为 z 轴方向. 这样就构成了空间直角坐标系，O 称为坐标原点.

坐标面：在空间直角坐标系中，每两轴所确定的平面称为坐标平面，简称坐标面，即 xOy 坐标面、yOz 坐标面和 zOx 坐标面，如图 7–2 所示.

点的坐标：设 P 为空间的任意一点，过点 P 作垂直于坐标面 xOy 的直线得垂足 P'，过 P' 分别作与 x 轴、y 轴垂直且相交的直线，过 P 作与 z 轴垂直且相交的直线，依次得 x、y、z 轴上的三个垂足 M、N、R. 设 x、y、z 分别是 M、N、R 点在数轴上的坐标. 这样空间内任一点 P 就确定了唯一的一组有序的数组 x, y, z，用 (x, y, z) 表示，如图 7–3 所示.

反之，任给出一组有序数组 x, y, z，也能确定空间内唯一的一个点 P，而 x, y, z 恰恰是点 P 的坐标.

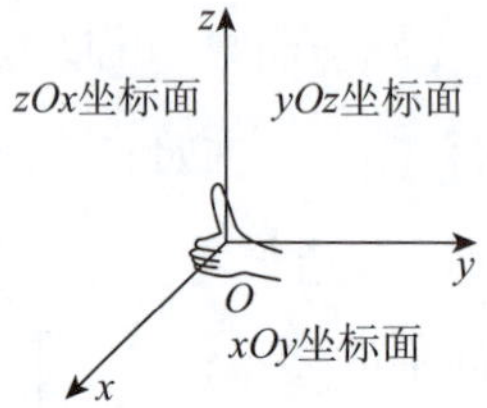

图 7–2

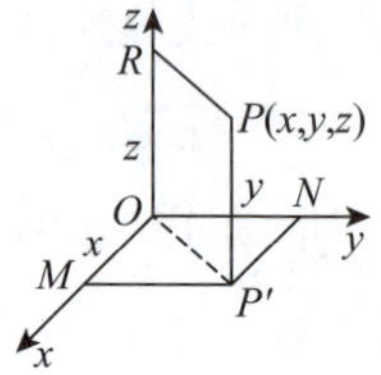

图 7–3

2. 空间向量的坐标表示

（1）向径.

向径：起点在坐标原点 O，终点为 M 的向量 $\overrightarrow{OM}$ 称为点 M 的向径，记为 $\boldsymbol{r}(M)$ 或 $\overrightarrow{OM}$.

（2）基本单位向量.

在坐标轴上分别取与 x 轴、y 轴、z 轴方向相同的单位向量，称为基本单位向量，分别用 $\boldsymbol{i}$、$\boldsymbol{j}$、$\boldsymbol{k}$ 表示.

向径的坐标表示：若点 M 的坐标为 (x, y, z)，如图 7–4 所示，则由向量 $\overrightarrow{OA}=x\boldsymbol{i}$，$\overrightarrow{OB}=y\boldsymbol{j}$，$\overrightarrow{OC}=z\boldsymbol{k}$ 得 $\overrightarrow{OM}=x\boldsymbol{i}+y\boldsymbol{j}+z\boldsymbol{k}$，称其为点 $M(x, y, z)$ 的向径 $\overrightarrow{OM}$ 的坐标表达式，简记为 $\overrightarrow{OM}=(x, y, z)$.

（3）向量 $\overrightarrow{M_1M_2}$ 的坐标表示.

设 $M_1(x_1, y_1, z_1)$ 和 $M_2(x_2, y_2, z_2)$ 为坐标系中的两点，如图 7–5 所示，向

径$\overrightarrow{OM_1}$，$\overrightarrow{OM_2}$的坐标表达式为$\overrightarrow{OM_1}=x_1\boldsymbol{i}+y_1\boldsymbol{j}+z_1\boldsymbol{k}$，$\overrightarrow{OM_2}=x_2\boldsymbol{i}+y_2\boldsymbol{j}+z_2\boldsymbol{k}$，则以$M_1$为起点，以$M_2$为终点的向量为

$$\overrightarrow{M_1M_2}=\overrightarrow{OM_2}-\overrightarrow{OM_1}=(x_2\boldsymbol{i}+y_2\boldsymbol{j}+z_2\boldsymbol{k})-(x_1\boldsymbol{i}+y_1\boldsymbol{j}+z_1\boldsymbol{k})$$
$$=(x_2-x_1)\boldsymbol{i}+(y_2-y_1)\boldsymbol{j}+(z_2-z_1)\boldsymbol{k}$$

即以$M_1(x_1, y_1, z_1)$为起点，以$M_2(x_2, y_2, z_2)$为终点的向量$\overrightarrow{M_1M_2}$的坐标表达式为$\overrightarrow{M_1M_2}=(x_2-x_1)\boldsymbol{i}+(y_2-y_1)\boldsymbol{j}+(z_2-z_1)\boldsymbol{k}$.

3. 向量$\boldsymbol{a}=a_1\boldsymbol{i}+a_2\boldsymbol{j}+a_3\boldsymbol{k}$的模

任给一向量$\boldsymbol{a}=a_1\boldsymbol{i}+a_2\boldsymbol{j}+a_3\boldsymbol{k}$，都可将其视为以点$M(a_1, a_2, a_3)$为终点的向径$\overrightarrow{OM}$，$|\overrightarrow{OM}|^2=|\overrightarrow{OA}|^2+|\overrightarrow{OB}|^2+|\overrightarrow{OC}|^2$，即$|\boldsymbol{a}|^2=a_1^2+a_2^2+a_3^2$，所以向量$\boldsymbol{a}=a_1\boldsymbol{i}+a_2\boldsymbol{j}+a_3\boldsymbol{k}$的模为$|\boldsymbol{a}|=\sqrt{a_1^2+a_2^2+a_3^2}$.

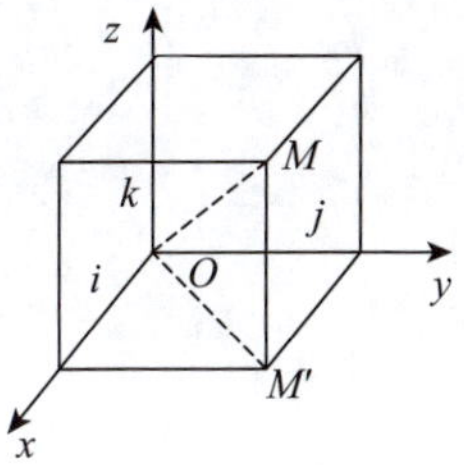

图 7–4

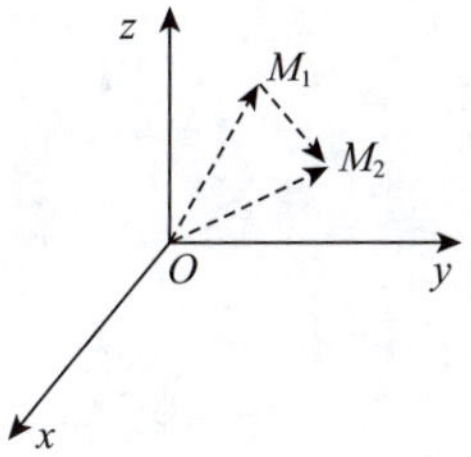

图 7–5

4. 空间两点间的距离公式

设有点$M_1(x_1, y_1, z_1)$和点$M_2(x_2, y_2, z_2)$，两点间的距离记作$d(M_1M_2)$，则$d(M_1M_2)=|\overrightarrow{M_1M_2}|=\sqrt{(x_2-x_1)^2+(y_2-y_1)^2+(z_2-z_1)^2}$.

例 2　(1) 写出点$A(1, 2, 1)$的向径；

(2) 写出起点为$A(1, 2, 1)$，终点为$B(3, 3, 0)$的向量的坐标表达式；

(3) 计算A、B两点间的距离.

解　(1) $\overrightarrow{OA}=\boldsymbol{i}+2\boldsymbol{j}+\boldsymbol{k}$；

(2) $\overrightarrow{AB}=(3-1)\boldsymbol{i}+(3-2)\boldsymbol{j}+(0-1)\boldsymbol{k}=2\boldsymbol{i}+\boldsymbol{j}-\boldsymbol{k}$；

(3) $d(AB)=|\overrightarrow{AB}|=\sqrt{2^2+1^2+(-1)^2}=\sqrt{6}$.

例 3　已知$\boldsymbol{a}=2\boldsymbol{i}-\boldsymbol{j}+m\boldsymbol{k}$，且$|\boldsymbol{a}|=3$，求$\boldsymbol{a}$.

解　由$|\boldsymbol{a}|=3$，得$\sqrt{2^2+(-1)^2+m^2}=3$，所以$m=\pm 2$.

故所求的向量为$\boldsymbol{a}=2\boldsymbol{i}-\boldsymbol{j}+2\boldsymbol{k}$或$\boldsymbol{a}=2\boldsymbol{i}-\boldsymbol{j}-2\boldsymbol{k}$.

解决问题

解 1. 向量$\overrightarrow{M_1M_2}$的坐标表示为：$\overrightarrow{M_1M_2}=(1-0)\boldsymbol{i}+[0-(-1)]\boldsymbol{j}=\boldsymbol{i}+\boldsymbol{j}$，即$\overrightarrow{M_1M_2}=(1,1)$.

$\overrightarrow{M_1M_2}$的模：$|M_1M_2|=\sqrt{x^2+y^2}=\sqrt{1+1}=\sqrt{2}$.

方向相同的单位向量：$\frac{1}{\sqrt{2}}(1,1)=\left(\frac{1}{\sqrt{2}},\frac{1}{\sqrt{2}}\right)$.

2. 因为向径$|\overrightarrow{OM}|=1$，所以根据向径的模长公式得

$$|\overrightarrow{OM}|=\sqrt{a_1^2+a_2^2+a_3^2}=\sqrt{x^2+y^2+z^2}=1$$

化简得轨迹方程：$x^2+y^2+z^2=1$.

习题 7.1

习题答案详解

1. 选择题.

（1）下列说法正确的是（　　）.

A. 向量$\overrightarrow{AB}$与向量$\overrightarrow{BA}$的长度相等

B. 两个有共同起点且长度相等的向量，它们的终点相同

C. 零向量没有方向

D. 向量的模是向量

（2）下列说法错误的是（　　）.

A. 向量$\overrightarrow{CD}$与向量$\overrightarrow{DC}$长度相等

B. 单位向量都相等

C. 向量的模可以比较大小

D. 长度相等且方向相同的向量叫作相等向量

2. 已知空间向量$A(2,-1,1)$，则点A的x坐标是______，y坐标是______，z坐标是______.

3. 如图 7-6 所示的图形，其中正方形$ABCD$和其他直角边边长均为 1.

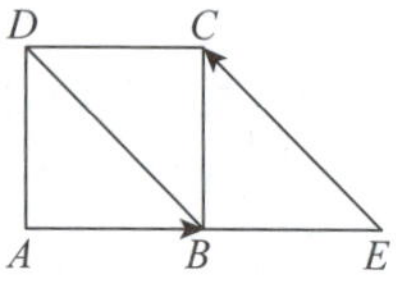

图 7-6

（1）写出向量$\overrightarrow{AE}$、$\overrightarrow{BD}$的模长和与x轴的夹角；

（2）判断向量$\overrightarrow{BD}$和$\overrightarrow{EC}$是否相同.

4. 已知向径$\overrightarrow{OM_1}(1,2,3)$与$\overrightarrow{OM_2}(2,3,4)$.

（1）求向径$\overrightarrow{OM_1}$（1，2，3）与$\overrightarrow{OM_2}$（2，3，4）的坐标表达式；

（2）求向量$\overrightarrow{M_1M_2}$的坐标表达式和模长.

5. 设 A、B 两点为 $A(4, -7, 1)$，$B(6, 2, z)$，它们之间的距离为$|AB| = 11$，用向量的模长公式求 z.

6. 已知某电路中的电流是以 $M_1(1, 2)$为起点，以 $M_2(-19, -18)$为终点的向量，求向量$\overrightarrow{M_1M_2}$的坐标表达式、$\overrightarrow{M_1M_2}$的模和与$\overrightarrow{M_1M_2}$方向相同的单位向量.

7.2　向量的运算

提出问题

1. 设力 $F = 2\boldsymbol{i} - 3\boldsymbol{j} + \boldsymbol{k}$ 使一质点沿直线从点 $M_1 = (0, 1, -1)$移动到点 $M_2 = (2, 1, -1)$，求力做的功.

2. 已知力$F = 2\boldsymbol{i} - \boldsymbol{j} + 3\boldsymbol{k}$作用于点$A(3, 1, -1)$处，求此力关于杠杆上另一点 $B(1, -2, 3)$的力矩.

知识储备

7.2.1　向量的线性运算

向量的加法

1. 向量的加法

（1）向量的加法：求两个向量和的运算叫作向量的加法.

（2）向量加法的平行四边形法则 .

如图 7-7 所示，已知两个不共线的向量 $\boldsymbol{a}$ 和 $\boldsymbol{b}$，作 $\overrightarrow{OA} = \boldsymbol{a}$，$\overrightarrow{OB} = \boldsymbol{b}$，$O$、$A$、$B$ 三点不共线，以 $\overrightarrow{OA}$、$\overrightarrow{OB}$ 为邻边作平行四边形 $OACB$，则对角线上的向量 $\overrightarrow{OC} = \overrightarrow{OA} + \overrightarrow{OB}$，此种作法称为向量加法的平行四边形法则.

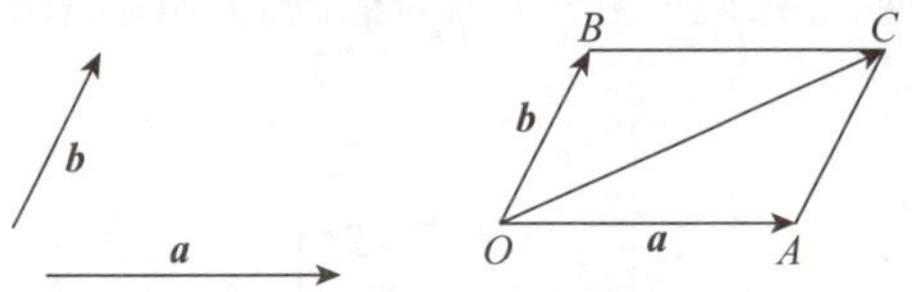

图 7-7

（3）向量加法的三角形法则 .

如图 7-8 所示，已知向量 $\boldsymbol{a}$、$\boldsymbol{b}$，在平面上任取一点 A，作 $\overrightarrow{AB} = \boldsymbol{a}$，$\overrightarrow{BC} = \boldsymbol{b}$，则

向量$\overrightarrow{AC}$叫作$\boldsymbol{a}$与$\boldsymbol{b}$的和，记作$\boldsymbol{a}+\boldsymbol{b}$，即$\boldsymbol{a}+\boldsymbol{b}=\overrightarrow{AB}+\overrightarrow{BC}=\overrightarrow{AC}$，这种求两个向量和的作图法则叫作向量加法的三角形法则.

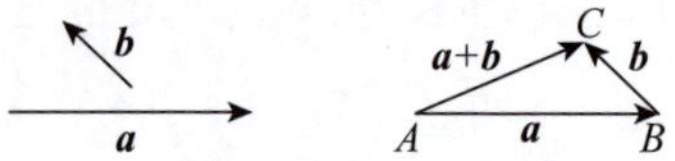

图 7–8

若n个向量顺次首尾相接，则由起始向量的起点指向末尾向量的终点的向量就是它们的和，即$\overrightarrow{A_1A_{n+1}}=\overrightarrow{A_1A_2}+\overrightarrow{A_2A_3}+\overrightarrow{A_3A_4}+\cdots+\overrightarrow{A_{n-1}A_n}+\overrightarrow{A_nA_{n+1}}$，多边形法则如图 7–9 所示.

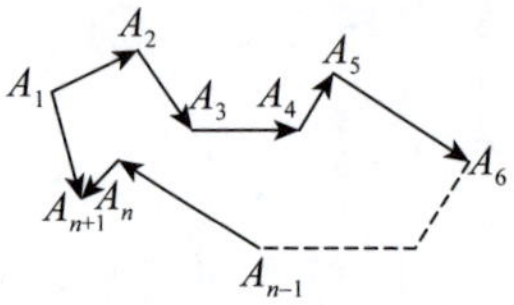

图 7–9

（4）向量加法的运算律.

交换律：$\boldsymbol{a}+\boldsymbol{b}=\boldsymbol{b}+\boldsymbol{a}$；

结合律：$(\boldsymbol{a}+\boldsymbol{b})+\boldsymbol{c}=\boldsymbol{a}+(\boldsymbol{b}+\boldsymbol{c})$.

注意： 当$\boldsymbol{a}$、$\boldsymbol{b}$至少有一个为零向量时，交换律和结合律仍成立；当$\boldsymbol{a}$、$\boldsymbol{b}$共线时，交换律和结合律也成立.

2. 向量的减法

（1）相反向量.

我们把与向量$\boldsymbol{a}$长度相等、方向相反的向量叫作$\boldsymbol{a}$的相反向量，记作$-\boldsymbol{a}$.

（2）向量减法的定义.

向量$\boldsymbol{a}$加上向量$\boldsymbol{b}$的相反向量叫作$\boldsymbol{a}$与$\boldsymbol{b}$的差，即$\boldsymbol{a}-\boldsymbol{b}=\boldsymbol{a}+(-\boldsymbol{b})$，求两个向量差的运算叫作向量的减法，向量的减法实质上也是向量的加法.

例 1 如图 7–10 所示，在矩形 $ABCD$ 中，求：（1）$\overrightarrow{AO}+\overrightarrow{OB}+\overrightarrow{AD}$；（2）$\overrightarrow{AB}-\overrightarrow{DB}$.

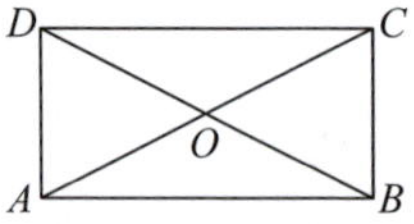

图 7–10

解 （1）在矩形 $ABCD$ 中，$\overrightarrow{AD}=\overrightarrow{BC}$，则$\overrightarrow{AO}+\overrightarrow{OB}+\overrightarrow{AD}=\overrightarrow{AB}+\overrightarrow{BC}=\overrightarrow{AC}$.

（2）在矩形 $ABCD$ 中，$\overrightarrow{AB}-\overrightarrow{DB}=\overrightarrow{AB}+\overrightarrow{BD}=\overrightarrow{AD}$.

3. 向量的数乘运算

一般地，我们规定实数λ与向量$\boldsymbol{a}$的积是一个向量，这种运算叫作向量的数乘，记作$\lambda\boldsymbol{a}$. 它的长度和方向规定如下：

（1）$|\lambda\boldsymbol{a}|=|\lambda||\boldsymbol{a}|$;

（2）当$\lambda>0$时，$\lambda\boldsymbol{a}$与$\boldsymbol{a}$的方向相同；当$\lambda<0$时，$\lambda\boldsymbol{a}$与$\boldsymbol{a}$的方向相反；当$\lambda=0$时，$\lambda\boldsymbol{a}=\boldsymbol{0}$.

例2　化简$\frac{1}{12}[2(2\boldsymbol{a}+8\boldsymbol{b})-4(4\boldsymbol{a}-2\boldsymbol{b})]$.

解

$$\frac{1}{12}[2(2\boldsymbol{a}+8\boldsymbol{b})-4(4\boldsymbol{a}-2\boldsymbol{b})]=\frac{1}{12}(4\boldsymbol{a}+16\boldsymbol{b}-16\boldsymbol{a}+8\boldsymbol{b})=\frac{1}{12}(24\boldsymbol{b}-12\boldsymbol{a})=2\boldsymbol{b}-\boldsymbol{a}.$$

4. 坐标表达式下的向量运算

（1）平面向量：设$\boldsymbol{a}=a_1\boldsymbol{i}+a_2\boldsymbol{j}$，$\boldsymbol{b}=b_1\boldsymbol{i}+b_2\boldsymbol{j}$，如图 7–11 所示，则有

$$\boldsymbol{a}\pm\boldsymbol{b}=(a_1\pm b_1)\boldsymbol{i}+(a_2\pm b_2)\boldsymbol{j}$$

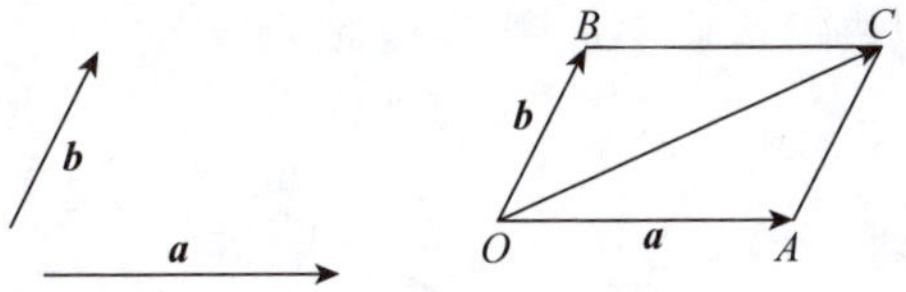

图 7–11

（2）空间向量：设$\boldsymbol{a}=a_1\boldsymbol{i}+a_2\boldsymbol{j}+a_3\boldsymbol{k}$，$\boldsymbol{b}=b_1\boldsymbol{i}+b_2\boldsymbol{j}+b_3\boldsymbol{k}$，则类似有：

$\boldsymbol{a}+\boldsymbol{b}=(a_1+b_1)\boldsymbol{i}+(a_2+b_2)\boldsymbol{j}+(a_3+b_3)\boldsymbol{k}$;

$\lambda\boldsymbol{a}=\lambda a_1\boldsymbol{i}+\lambda a_2\boldsymbol{j}+\lambda a_3\boldsymbol{k}$;

$\boldsymbol{a}-\boldsymbol{b}=(a_1-b_1)\boldsymbol{i}+(a_2-b_2)\boldsymbol{j}+(a_3-b_3)\boldsymbol{k}$;

$\boldsymbol{a}=\boldsymbol{b}\Leftrightarrow a_1=b_1,\ a_2=b_2,\ a_3=b_3$;

$\boldsymbol{a}//\boldsymbol{b}\Leftrightarrow\frac{a_1}{b_1}=\frac{a_2}{b_2}=\frac{a_3}{b_3}$.

例3　已知向量$\boldsymbol{a}=(1,-1,0)$，$\boldsymbol{b}=(1,2,-1)$，$\boldsymbol{c}=(1,1,1)$，求：

（1）$\boldsymbol{a}+\boldsymbol{b}-\boldsymbol{c}$；（2）$3\boldsymbol{a}-2\boldsymbol{b}$；（3）与$3\boldsymbol{a}-2\boldsymbol{b}$平行的单位向量.

解　（1）$\boldsymbol{a}+\boldsymbol{b}-\boldsymbol{c}=(1,-1,0)+(1,2,-1)-(1,1,1)=(1,0,-2)$;

（2）$3\boldsymbol{a}-2\boldsymbol{b}=3(1,-1,0)-2(1,2,-1)=(1,-7,2)$；

（3）$3\boldsymbol{a}-2\boldsymbol{b}$ 的模为 $|3\boldsymbol{a}-2\boldsymbol{b}|=\sqrt{x^2+y^2+z^2}=\sqrt{1^2+(-7)^2+2^2}=3\sqrt{6}$，

方向相同的单位向量：$=\dfrac{1}{3\sqrt{6}}(1,-7,2)=\left(\dfrac{1}{3\sqrt{6}},\dfrac{-7}{3\sqrt{6}},\dfrac{2}{3\sqrt{6}}\right)$.

例 4　设向量 $\boldsymbol{a}=m\boldsymbol{i}+4\boldsymbol{j}-3\boldsymbol{k}$，$\boldsymbol{b}=-2\boldsymbol{j}+n\boldsymbol{k}$，问 m、n 为何值时向量 $\boldsymbol{a}=m\boldsymbol{i}+4\boldsymbol{j}-3\boldsymbol{k}$ 和 $\boldsymbol{b}=-2\boldsymbol{j}+n\boldsymbol{k}$ 平行.

解　由向量 $\boldsymbol{a}//\boldsymbol{b}$ 的充要条件得 $\dfrac{-2}{4}=\dfrac{n}{-3}$，所以 $m=0$，$n=\dfrac{3}{2}$.

7.2.2　向量的数量积运算

1. 向量数量积的物理背景

物理中的功是一个与力及这个力作用下的物体产生的位移有关的量，并且这个量是一个标量，即如果一个物体在力 $\boldsymbol{F}$ 的作用下产生位移 $\boldsymbol{s}$，那么力 $\boldsymbol{F}$ 所做的功 $W=\boldsymbol{F}\cdot\boldsymbol{s}=|\boldsymbol{F}|\cdot|\boldsymbol{s}|\cdot\cos\theta$，其中 θ 为力 $\boldsymbol{F}$ 与位移 $\boldsymbol{s}$ 之间的夹角. 而力与位移都是向量，这说明两个向量也可以进行运算（如图 7–12 所示）.

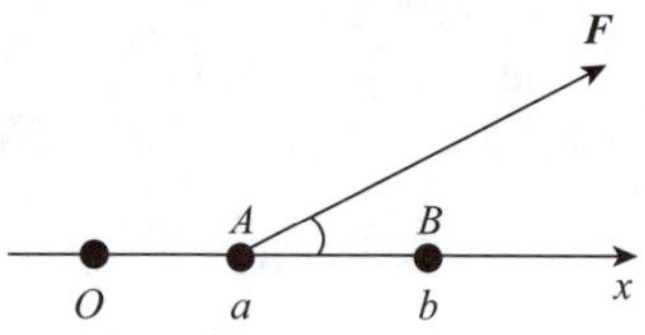

图 7–12

2. 向量数量积的概念

（1）数量积的概念 .

已知两个非零向量 $\boldsymbol{a}$、$\boldsymbol{b}$，我们把 $|\boldsymbol{a}||\boldsymbol{b}|\cos\theta$ 叫作向量 $\boldsymbol{a}$ 与 $\boldsymbol{b}$ 的数量积（或内积），记作 $\boldsymbol{a}\cdot\boldsymbol{b}$，即 $\boldsymbol{a}\cdot\boldsymbol{b}=|\boldsymbol{a}||\boldsymbol{b}|\cos\theta$，其中 θ 是 $\boldsymbol{a}$ 与 $\boldsymbol{b}$ 的夹角. 我们规定，零向量与任一向量的数量积为 0.

（2）投影的概念 .

设非零向量 $\boldsymbol{a}$ 与 $\boldsymbol{b}$ 的夹角是 θ，则 $|\boldsymbol{a}|\cos\theta$（$|\boldsymbol{b}|\cos\theta$）叫作向量 $\boldsymbol{a}$ 在 $\boldsymbol{b}$ 方向上（$\boldsymbol{b}$ 在 $\boldsymbol{a}$ 方向上）的投影.

如图 7–13 所示，分别是非零向量 $\boldsymbol{a}$ 与 $\boldsymbol{b}$ 的夹角为锐角、钝角、直角时向量 $\boldsymbol{a}$

在$\boldsymbol{b}$方向上的投影的情形，其中$OB_1=|\boldsymbol{a}|\cos\theta$，它的意义是向量$\boldsymbol{a}$在向量$\boldsymbol{b}$方向上的投影长是向量$\overrightarrow{OB_1}$的长度.

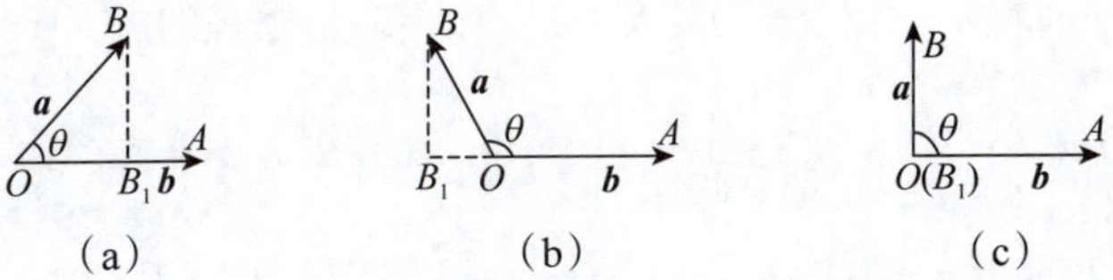

图 7–13

3. 向量数量积的运算律

由于数量积是完全不同于数与向量乘法的一种运算，并且这种运算涉及长度、角度等的运算，因此有如下 3 条运算律（已知向量$\boldsymbol{a}$、$\boldsymbol{b}$、$\boldsymbol{c}$和实数λ）：

（1）交换律：$\boldsymbol{a}\cdot\boldsymbol{b}=\boldsymbol{b}\cdot\boldsymbol{a}$；

（2）数乘结合律：$(\lambda\boldsymbol{a})\cdot\boldsymbol{b}=\lambda(\boldsymbol{a}\cdot\boldsymbol{b})=\boldsymbol{a}\cdot(\lambda\boldsymbol{b})$；

（3）分配律：$(\boldsymbol{a}+\boldsymbol{b})\cdot\boldsymbol{c}=\boldsymbol{a}\cdot\boldsymbol{c}+\boldsymbol{b}\cdot\boldsymbol{c}$.

> 注意：（1）两向量的夹角要共起点且夹角的范围为$[0,\pi]$；
>
> （2）当两非零向量垂直时，向量的投影是点.

例 5　已知基本单位向量$\boldsymbol{i}$、$\boldsymbol{j}$、$\boldsymbol{k}$是3个相互垂直的位向量，求证：$\boldsymbol{i}\cdot\boldsymbol{i}=\boldsymbol{j}\cdot\boldsymbol{j}=\boldsymbol{k}\cdot\boldsymbol{k}=1$；$\boldsymbol{i}\cdot\boldsymbol{j}=\boldsymbol{j}\cdot\boldsymbol{k}=\boldsymbol{k}\cdot\boldsymbol{i}=0$.

> 证　因为$|\boldsymbol{i}|=|\boldsymbol{j}|=|\boldsymbol{k}|=1$，所以$\boldsymbol{i}\cdot\boldsymbol{i}=|\boldsymbol{i}||\boldsymbol{i}|\cos\theta=1(\theta=0)$，同理可知：$\boldsymbol{j}\cdot\boldsymbol{j}=\boldsymbol{k}\cdot\boldsymbol{k}=1$；
>
> 又因为$\boldsymbol{i}$、$\boldsymbol{j}$、$\boldsymbol{k}$之间的夹角皆为$\dfrac{\pi}{2}$，故有$\boldsymbol{i}\cdot\boldsymbol{j}=|\boldsymbol{i}||\boldsymbol{j}|\cos\dfrac{\pi}{2}=1\cdot1\cdot0=0$，同理可知$\boldsymbol{j}\cdot\boldsymbol{k}=\boldsymbol{k}\cdot\boldsymbol{i}=0$.

4. 向量数量积的坐标表示

设$\boldsymbol{a}=a_1\boldsymbol{i}+a_2\boldsymbol{j}+a_3\boldsymbol{k}$，$\boldsymbol{b}=b_1\boldsymbol{i}+b_2\boldsymbol{j}+b_3\boldsymbol{k}$，则

$$\boldsymbol{a}\cdot\boldsymbol{b}=(a_1\boldsymbol{i}+a_2\boldsymbol{j}+a_3\boldsymbol{k})\cdot(b_1\boldsymbol{i}+b_2\boldsymbol{j}+b_3\boldsymbol{k})=a_1b_1+a_2b_2+a_3b_3$$

故向量$\boldsymbol{a}=(a_1,a_2,a_3)$与$\boldsymbol{b}=(b_1,b_2,b_3)$的数量积等于其相应坐标积的和.

由向量数量积知向量夹角余弦公式为

$$\cos\theta=\frac{\boldsymbol{a}\cdot\boldsymbol{b}}{|\boldsymbol{a}||\boldsymbol{b}|}=\frac{a_1b_1+a_2b_2+a_3b_3}{\sqrt{a_1^{\ 2}+a_2^{\ 2}+a_3^{\ 3}}\sqrt{b_1^{\ 2}+b_2^{\ 2}+b_3^{\ 2}}}，a\leqslant\theta\leqslant\pi$$

向量垂直的条件：向量$\boldsymbol{a}$与$\boldsymbol{b}$垂直的充分必要条件是$\boldsymbol{a}\cdot\boldsymbol{b}=0$或$a_1b_1+a_2b_2+a_3b_3=0$.

例 6　试证向量$\boldsymbol{a}=(1, 2, 3)$与$\boldsymbol{b}=(3, 3, -3)$是垂直的.

证　因为$\boldsymbol{a}\cdot\boldsymbol{b}=1\cdot3+2\cdot3+3\cdot(-3)=0$，所以$\boldsymbol{a}$与$\boldsymbol{b}$垂直.

例 7　已知向量$\boldsymbol{a}=(1, 0, -2)$，$\boldsymbol{b}=(-3, \sqrt{10}, 1)$，求：(1) $\boldsymbol{a}\cdot\boldsymbol{b}$；(2) $\boldsymbol{a}$与$\boldsymbol{b}$的夹角θ.

解　(1) $\boldsymbol{a}\cdot\boldsymbol{b}=1\times(-3)+0\times\sqrt{10}-2\times1=-5$；

(2) $|\boldsymbol{a}|=\sqrt{1^2+0^2+(-2)^2}=\sqrt{5}$，$|\boldsymbol{b}|=\sqrt{(-3)^2+\sqrt{10}^2+1^2}=2\sqrt{5}$，则

$$\cos\theta=\frac{\boldsymbol{a}\cdot\boldsymbol{b}}{|\boldsymbol{a}||\boldsymbol{b}|}=\frac{-5}{\sqrt{5}\times2\sqrt{5}}=-\frac{1}{2}$$

所以$\theta=\dfrac{2\pi}{3}$.

7.2.3　向量的向量积运算

例 8　设点O为一杠杆的支点，力$\boldsymbol{F}$作用于杠杆上的点P处，求力$\boldsymbol{F}$对支点O的力矩（如图 7-14 所示）.

解　根据物理学知识，力$\boldsymbol{F}$对点O的力矩是向量$\boldsymbol{M}$，其大小为

$$|\boldsymbol{M}|=|\boldsymbol{F}|d=|\boldsymbol{F}||\overrightarrow{OP}|\sin\theta$$

其中d为支点O到力$\boldsymbol{F}$的作用线的垂直距离，θ为$\boldsymbol{F}$与$\overrightarrow{OP}$的夹角. 力矩$\boldsymbol{M}$的方向规定为：$\overrightarrow{OP}$、$\boldsymbol{F}$、$\boldsymbol{M}$依次符合右手螺旋法则（如图 7-15 所示）.

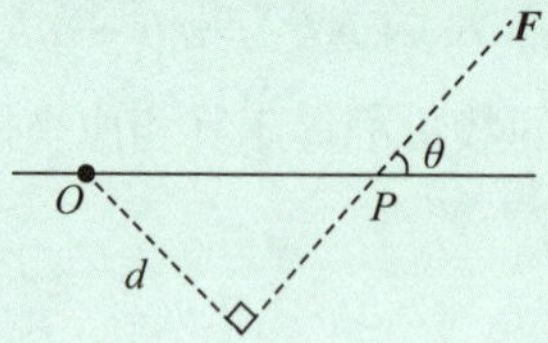

图 7-14

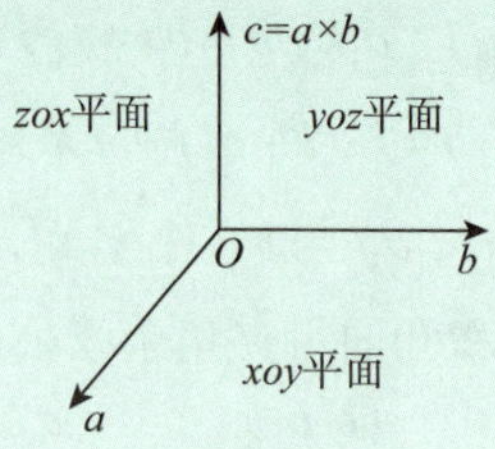

图 7-15

1. 向量的向量积的定义

两个向量 $\boldsymbol{a}$ 和 $\boldsymbol{b}$ 的向量积（也称叉积）是一个向量，记作 $\boldsymbol{a}\times\boldsymbol{b}$，并由以下规则确定：

（1）$|\boldsymbol{a}\times\boldsymbol{b}|=|\boldsymbol{a}||\boldsymbol{b}|\sin(\widehat{\boldsymbol{a},\boldsymbol{b}})$.

（2）$\boldsymbol{a}\times\boldsymbol{b}$ 的方向规定为：$\boldsymbol{a}\times\boldsymbol{b}$ 既垂直于 $\boldsymbol{a}$ 又垂直于 $\boldsymbol{b}$，并且按顺序 $\boldsymbol{a}$、$\boldsymbol{b}$、$\boldsymbol{a}\times\boldsymbol{b}$ 符合右手螺旋法则.

若把 $\boldsymbol{a}$、$\boldsymbol{b}$ 的起点放在一起，并以 $\boldsymbol{a}$、$\boldsymbol{b}$ 为邻边作平行四边形，则向量 $\boldsymbol{a}$ 与 $\boldsymbol{b}$ 向量积的模 $|\boldsymbol{a}\times\boldsymbol{b}|=|\boldsymbol{a}||\boldsymbol{b}|\sin\theta$，即为该平行四边形的面积（如图 7-16 所示）.

向量积的运算律如下：

（1）$\boldsymbol{a}\times\boldsymbol{b}=-\boldsymbol{b}\times\boldsymbol{a}$（反交换律）；

（2）$\boldsymbol{a}\times(\boldsymbol{b}+\boldsymbol{c})=\boldsymbol{b}\times\boldsymbol{a}+\boldsymbol{c}\times\boldsymbol{a}$（左分配律）；

（3）$(\boldsymbol{b}+\boldsymbol{c})\times\boldsymbol{a}=\boldsymbol{b}\times\boldsymbol{a}+\boldsymbol{c}\times\boldsymbol{a}$（右分配律）；

（4）$(\lambda\boldsymbol{a})\times\boldsymbol{b}=\lambda(\boldsymbol{a}\times\boldsymbol{b})=\boldsymbol{a}\times\lambda\boldsymbol{b}$.

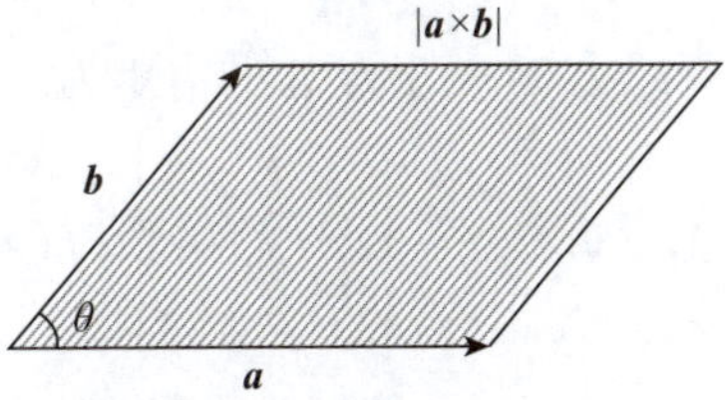

图 7-16

试证：$\boldsymbol{i}\times\boldsymbol{i}=\boldsymbol{j}\times\boldsymbol{j}=\boldsymbol{k}\times\boldsymbol{k}=\boldsymbol{a}\times\lambda\boldsymbol{a}=\boldsymbol{0}$.

证　只证 $\boldsymbol{a}\times\lambda\boldsymbol{a}=\boldsymbol{0}$，因为 $\boldsymbol{a}$ 与 $\lambda\boldsymbol{a}$ 平行（即共线），所以其夹角 $\theta=0$ 或 π，从而 $\sin\theta=0$，因此

$$|\boldsymbol{a}\times\lambda\boldsymbol{a}|=|\boldsymbol{a}||\lambda\boldsymbol{a}|\sin\theta=0$$

而模为 0 的向量为零向量，所以 $\boldsymbol{a}\times\lambda\boldsymbol{a}=\boldsymbol{0}$.

2. 向量的向量积的坐标表示

设 $\boldsymbol{a}=a_1\boldsymbol{i}+a_2\boldsymbol{j}+a_3\boldsymbol{k}$，$\boldsymbol{b}=b_1\boldsymbol{i}+b_2\boldsymbol{j}+b_3\boldsymbol{k}$，注意到 $\boldsymbol{i}\times\boldsymbol{i}=\boldsymbol{j}\times\boldsymbol{j}=\boldsymbol{k}\times\boldsymbol{k}=\boldsymbol{a}\times\lambda\boldsymbol{a}=\boldsymbol{0}$，$\boldsymbol{i}\times\boldsymbol{j}=\boldsymbol{k}$，$\boldsymbol{j}\times\boldsymbol{k}=\boldsymbol{i}$，$\boldsymbol{k}\times\boldsymbol{i}=\boldsymbol{j}$，应用向量积的运算律可得

$$\boldsymbol{a}\times\boldsymbol{b}=(a_2b_3-a_3b_2)\boldsymbol{i}+(a_3b_1-a_1b_3)\boldsymbol{j}+(a_1b_2-a_2b_1)\boldsymbol{k}$$

为了便于记忆，可将 $\boldsymbol{a}\times\boldsymbol{b}$ 表示成一个三阶行列式，计算时只需将其按第一行展开即可，即 $\boldsymbol{a}\times\boldsymbol{b}=\begin{vmatrix}\boldsymbol{i} & \boldsymbol{j} & \boldsymbol{k}\\ a_1 & a_2 & a_3\\ b_1 & b_2 & b_3\end{vmatrix}$.

例 9　设 $\boldsymbol{a}=\boldsymbol{i}+2\boldsymbol{j}-\boldsymbol{k}$，$\boldsymbol{b}=2\boldsymbol{j}+3\boldsymbol{k}$，求 $\boldsymbol{a}\times\boldsymbol{b}$ 和 $|\boldsymbol{a}\times\boldsymbol{b}|$.

解　$\boldsymbol{a}\times\boldsymbol{b}=\begin{vmatrix}\boldsymbol{i} & \boldsymbol{j} & \boldsymbol{k}\\ 1 & 2 & -1\\ 0 & 2 & 3\end{vmatrix}=\boldsymbol{i}(-1)^{1+1}\begin{vmatrix}2 & -1\\ 2 & 3\end{vmatrix}+\boldsymbol{j}(-1)^{1+2}\begin{vmatrix}1 & -1\\ 0 & 3\end{vmatrix}+\boldsymbol{k}(-1)^{1+3}\begin{vmatrix}1 & 2\\ 0 & 2\end{vmatrix}$

$$=8\boldsymbol{i}-3\boldsymbol{j}+2\boldsymbol{k}.$$

$$|\boldsymbol{a}\times\boldsymbol{b}|=\sqrt{8^2+3^2+2^2}=\sqrt{77}.$$

解决问题

解 1. 位移向量 $\overrightarrow{M_1M_2}=(2,1,-1)-(0,1,-1)=(2,0,0)$，则力 $\boldsymbol{F}=2\boldsymbol{i}-3\boldsymbol{j}+\boldsymbol{k}$做的功：$W=\boldsymbol{F}\cdot\overrightarrow{M_1M_2}=2\times2-3\times0+1\times0=4$（J）.

2. 因为$\boldsymbol{F}=2\boldsymbol{i}-\boldsymbol{j}+3\boldsymbol{k}$从支点 B 到作用点 A 的向量为

$$\overrightarrow{BA}=(3-1)\boldsymbol{i}+(1-(-2))\boldsymbol{j}+(-1-3)\boldsymbol{k}=2\boldsymbol{i}+3\boldsymbol{j}-4\boldsymbol{k}$$

所以力 $\boldsymbol{F}$ 关于点 B 的力矩为

$$\boldsymbol{M}=\overrightarrow{BA}\times\boldsymbol{F}=\begin{vmatrix}\boldsymbol{i}&\boldsymbol{j}&\boldsymbol{k}\\2&3&-4\\2&-1&3\end{vmatrix}=i(-1)^{1+1}\begin{vmatrix}3&-4\\-1&3\end{vmatrix}+j(-1)^{1+2}\begin{vmatrix}2&-4\\2&3\end{vmatrix}+k(-1)^{1+3}\begin{vmatrix}2&3\\2&-1\end{vmatrix}$$

$$=(9-4)\boldsymbol{i}-(6+8)\boldsymbol{j}+(-2-6)\boldsymbol{k}=5\boldsymbol{i}-14\boldsymbol{j}-8\boldsymbol{k}$$

习题 7.2

习题答案详解

1. 如图 7–17 所示，在矩形 $ABCD$ 中，求：

（1）$\overrightarrow{AB}+\overrightarrow{BO}+\overrightarrow{OC}$；（2）$\overrightarrow{AB}-\overrightarrow{OB}$.

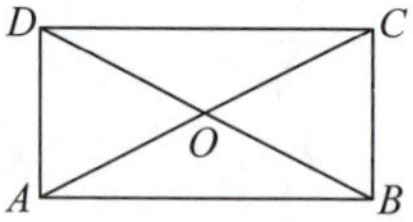

图 7–17

2. 求$\frac{1}{5}[4(2\boldsymbol{a}+4\boldsymbol{b})-3(\boldsymbol{a}+2\boldsymbol{b})]$所代表的向量.

3. 试确定数 m、n 使向量$\boldsymbol{a}=-2\boldsymbol{i}+3\boldsymbol{j}+n\boldsymbol{k}$，$\boldsymbol{b}=m\boldsymbol{i}-6\boldsymbol{j}+2\boldsymbol{k}$平行.

4. 已知向量$\boldsymbol{a}=(3,-1,-2)$，$\boldsymbol{b}=(1,2,-1)$，求：

（1）$\boldsymbol{a}\cdot\boldsymbol{b}$；（2）$\cos(\widehat{\boldsymbol{a},\boldsymbol{b}})$；（3）$(2\boldsymbol{a}-\boldsymbol{b})\cdot(\boldsymbol{a}+2\boldsymbol{b})$.

5. 已知向量$\boldsymbol{a}=(1,0,2)$，$\boldsymbol{b}=(-1,1,2)$，求：

（1）$\boldsymbol{a}\times\boldsymbol{b}$；（2）$\boldsymbol{b}\times\boldsymbol{a}$；（3）$|\boldsymbol{a}\times\boldsymbol{b}|$.

6. 设力 $\boldsymbol{F}=2\boldsymbol{i}+\boldsymbol{j}+3\boldsymbol{k}$，使一质点沿直线从点 $M_1=(0,1,-1)$移动到点 $M_2=(3,1,-1)$，求力做的功.

7. 已知力$\boldsymbol{F}=\boldsymbol{i}+2\boldsymbol{j}+3\boldsymbol{k}$作用于点$A=(2,1,-1)$处，求此力关于杠杆上另一点$B=(1,2,3)$的力矩.

7.3　复数

提出问题

在图 7–18 所示的电路中，电流$i_1=\sqrt{2}8\sin(\omega t+60°)$(A)，$i_2=\sqrt{2}6\sin(\omega t-30°)$(A)，如图 7–19 所示，试求电流$i_1$、$i_2$的有效值，各自的极坐标，以及三角、指数、代数表达式.

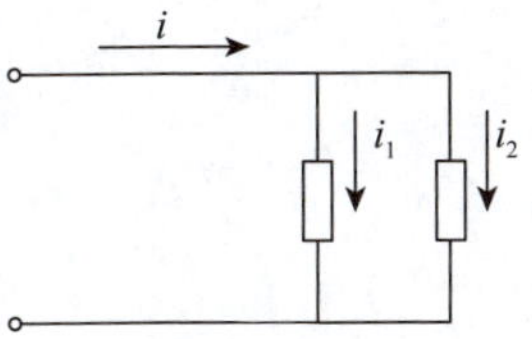

图 7–18

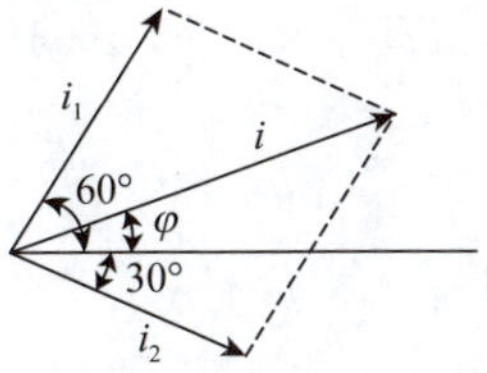

图 7–19

知识储备

对于实系数一元二次方程$ax^2+bx+c=0$，当$b^2-4ac<0$时，没有实数根. 现在我们就引入这样一个数 i，把 i 叫作虚数单位，并且规定：①$\mathrm{i}^2=-1$；②实数可以与 i 进行四则运算，在进行四则运算时原有的加法与乘法的运算律（包括交换律、结合律和分配律）仍然成立. 这样就解决了前面所提出的问题，即−1 可以开平方，且−1 的平方根为 ±i.

7.3.1　复数的概念

复数的概念

1. 复数的定义

把集合$\mathbf{C}=\{a+b\mathrm{i}\mid a,b\in\mathbf{R}\}$中的数，即形如$a+b\mathrm{i}(a,b\in\mathbf{R})$的数叫作复数，其中 i 叫作虚数单位，满足$\mathrm{i}^2=-1$；$a$叫作复数的实部，$b$叫作复数的虚部. 全体复数所组成的集合叫作复数集，通常用大写字母$\mathbf{C}$表示.

复数通常用字母z表示，即$z=a+b\mathrm{i}(a,b\in\mathbf{R})$，叫作复数的代数形式.

2. 两个复数相等的充要条件

在复数集$\mathbf{C}$中任取两个数$a+b\mathrm{i}$，$c+d\mathrm{i}(a,b,c,d\in\mathbf{R})$，我们规定：$a+b\mathrm{i}$与

$c+d\mathrm{i}$相等的充要条件是$a=c$且$b=d$.

在两个复数相等的条件中，注意前提条件是$a,b,c,d\in\mathbf{R}$，即当$a,b,c,d\in\mathbf{R}$时，$a+b\mathrm{i}=c+d\mathrm{i}\Leftrightarrow a=c$且$b=d$. 若忽略前提条件，则结论不能成立.

3. 复数的分类

对于复数$a+b\mathrm{i}$（$a,b\in\mathbf{R}$），当且仅当$b=0$时它是实数；当且仅当$a=b=0$时它是实数0；当$b\neq 0$时它叫作虚数；当$a=0$且$b\neq 0$时它叫作纯虚数.

$$\text{复数}(a+b\mathrm{i},a,b\in\mathbf{R})\begin{cases}\text{实数}(b=0)\\ \text{虚数}(b\neq 0)\begin{cases}\text{纯虚数}(a=0)\\ \text{非纯虚数}(a\neq 0)\end{cases}\end{cases}$$

例1 分别指出下列复数的实部和虚部：

（1）$z=2+3\mathrm{i}$；（2）$z=1-2\mathrm{i}$；（3）$z=5\mathrm{i}$；（4）$z=1$.

解 （1）$a=2$，$b=3$；

（2）$a=1$，$b=-2$；

（3）$a=0$，$b=5$；（纯虚数）

（4）$a=1$，$b=0$.（实数）

例2 求方程$x^2-2x+2=0$的根.

解 这个方程中$a=1$，$b=-2$，$c=2$，$\sqrt{b^2-4ac}=\sqrt{-4}=\pm 2\mathrm{i}$，故

$$x=\frac{-b\pm\sqrt{b^2-4ac}}{2a}=1\pm\mathrm{i}$$

例3 已知复数$z_1=1-2\mathrm{i}$和$z_2=1+m\mathrm{i}$相等，求m的值.

解 两个复数相等就是实部和虚部分别相等，所以$m=-2$.

4. 复数的几何意义

建立了直角坐标系来表示复数的平面叫作复平面，x轴叫作实轴，y轴叫作虚轴. 实轴上的点都表示实数；除了原点外，虚轴上的点都表示纯虚数.

（1）复数的几何意义——与点对应.

复数$z=a+b\mathrm{i}(a,b\in\mathbf{R})\xleftrightarrow{\text{一一对应}}$复平面内的点$Z(a,b)$.

（2）复数的几何意义——与向量对应.

复数$z=a+b\mathrm{i}\,(a,b\in\mathbf{R})\xleftrightarrow{\text{一一对应}}$平面向量$\overrightarrow{OZ}=(a,b)$.

5. 复数的模

复数$z=a+b\mathrm{i}\,(a,b\in\mathbf{R})$对应的向量为$\overrightarrow{OZ}$，则向量$\overrightarrow{OZ}$的模$r$叫作复数$z=a+b\mathrm{i}$的模，记作$|z|$或$|a+b\mathrm{i}|$. 由模的定义可知：$|z|=|a+b\mathrm{i}|=r=\sqrt{a^2+b^2}$（$r\geqslant 0$，$r\in\mathbf{R}$）.

几何角度理解：复数的模表示复数$z=a+b\mathrm{i}$在复平面上对应的点$Z(a,b)$到原点的距离；特别地，$b=0$时，复数$z=a+b\mathrm{i}$是一个实数，它的模就等于$|a|$（a的绝对值）.

类比向量的模可进一步引申：$|z_1-z_2|$表示复数z_1、z_2对应的点之间的距离.

7.3.2　复数的 4 种表达方式

1. 复数的代数表达式

复数通常用字母z表示，即$z=a+b\mathrm{i}\,(a,b\in\mathbf{R})$，叫作复数的代数表达式.

①$(1+\mathrm{i})^2=2\mathrm{i}$，$(1-\mathrm{i})^2=-2\mathrm{i}$；②$\dfrac{1-\mathrm{i}}{1+\mathrm{i}}=-\mathrm{i}$，$\dfrac{1+\mathrm{i}}{1-\mathrm{i}}=\mathrm{i}$；③$\dfrac{1}{\mathrm{i}}=-\mathrm{i}$.

2. 复数的三角表达式

（1）$r(\cos\theta+\mathrm{i}\sin\theta)$叫作复数$z=a+b\mathrm{i}$的三角表达式，简称三角形式. 其中，$r$是复数$z$的模，$\theta$是以$x$轴的非负半轴为始边，向量$\overrightarrow{OZ}$所在射线（射线$OZ$）为终边的角，叫作复数$z=a+b\mathrm{i}$的辐角，如图 7–20 所示.

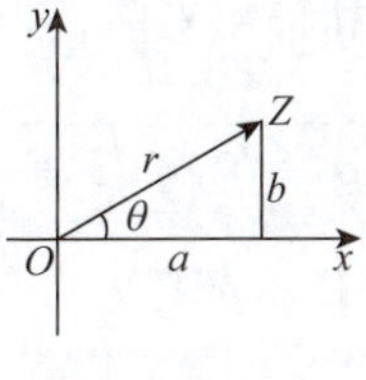

图 7–20

（2）非零复数z辐角θ的多值性. 以x轴非负半轴为始边，向量$\overrightarrow{OZ}$所在的射线为终边的角θ叫作复数$z=a+b\mathrm{i}$的辐角，因此复数z的辐角是$\theta+2k\pi\,(k\in\mathbf{Z})$.

（3）辐角主值：用$\arg z$表示复数z的辐角主值. 第一象限$\arg z\,(+)$，第二象限$\pi-\arg z\,(+)$，第四象限$-\arg z\,(-)$，第三象限$-\pi+\arg z\,(-)$.

复数的代数形式化三角形式的步骤如下：

1）求复数的模；决定辐角所在的象限；根据象限求出辐角（常取它的主值）；

2）写出复数的三角形式.

3. 复数的指数表达式

复数的指数表达式如下：

$$e^{i\theta}=\cos\theta+i\sin\theta$$

4. 复数的极坐标表达式

（1）极坐标是指在平面内取一个定点O，叫作极点，引一条射线Ox，叫作极轴. 再选定一个长度单位和角度的正方向（通常取逆时针方向）.

对于平面内任何一点B，用r表示线段OB的长度，θ表示从Ox到OB的角度，r叫作点B（向量$\overrightarrow{OB}$）的极径，θ叫作点B的极角，有序数对（r，θ）就叫作点B的极坐标，这样建立的坐标系叫作极坐标系. 通常情况下，点B的极径坐标单位为1（长度单位），极角坐标单位为rad（或°）.

（2）平面向量的极坐标表达式 .

极坐标系中的两个坐标r和θ可以由以下公式转换为直角坐标系下的坐标值：

$$x=r\cos\theta,\ y=r\sin\theta$$

向量的三角表达式：

$$OB=r(\cos\theta+i\sin\theta)$$

同时由上述两个公式可以从直角坐标系中x和y两坐标计算出极坐标系下的坐标：$\theta=\arctan\dfrac{y}{x}$. 在$x$=0的情况下，若$y$为正数，则$\theta=90°$；若$y$为负数，则$\theta=270°$.

所以向量的极表达式为：$OB=r\angle\theta$.

例4　计算复数$z=3+4i$的模和辐角主值，并画出极坐标图.

解　复数$z=3+4i$的模$r=\sqrt{a^2+b^2}=\sqrt{3^2+4^2}=5$，实部和虚部为正数，即复向量在复平面第一象限，则

$$\theta=\arctan\left|\frac{4}{3}\right|=53.1°$$

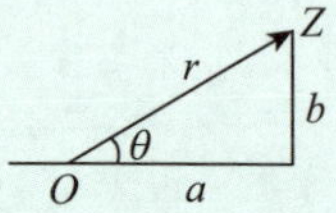

图 7-21

极坐标图如图7-21所示.

例5　将下列复数转化为三角、指数、极坐标表达式.

（1）$z=\sqrt{3}+i$；（2）$z=-2-2i$；（3）$z=-3$.

解　（1）$a=\sqrt{3}$，$b=1$，$r=\sqrt{a^2+b^2}=\sqrt{4}=2$，复向量在第一象限，故辐

角主值为 $\theta=\arctan\dfrac{b}{a}=\dfrac{\sqrt{3}}{3}=30°$． $r=2$，$\theta=30°$．

所以三角表达式和指数表达式为：$z=2\left(\cos\dfrac{\pi}{6}+\mathrm{i}\sin\dfrac{\pi}{6}\right)=2\mathrm{e}^{\mathrm{i}\frac{\pi}{6}}$．

极坐标表达式为：$z=2\angle 30^{\circ}$.

（2）$a=2$，$b=-2$，$r=\sqrt{a^2+b^2}=2\sqrt{2}$，复向量在第四象限，故辐角主值为 $\theta=\arctan\dfrac{b}{a}=\dfrac{-\sqrt{2}}{2}=-45°$． $r=2\sqrt{2}$，$\theta=-45°$．

所以三角表达式和指数表达式为：$z=2\sqrt{2}\left(\cos\left(-\dfrac{\pi}{4}\right)+\mathrm{i}\sin\left(-\dfrac{\pi}{4}\right)\right)=2\sqrt{2}\mathrm{e}^{\mathrm{i}\left(-\frac{\pi}{4}\right)}$．

极坐标表达式为：$z=2\sqrt{2}\angle-45°$.

（3）$a=-3$，$b=0$，$r=\sqrt{a^2+b^2}=\sqrt{9}=3$，复向量在负实数轴，故辐角主值为 $\theta=-\pi$． $r=3$，$\theta=\pi$．

所以三角表达式和指数表达式为：$z=3(\cos\pi+\mathrm{i}\sin\pi)$，极坐标表达式为：$z=3\angle\pi$.

7.3.3　正弦量的相量表示

正弦交流电瞬时表达式 $i=I_{\mathrm{m}}\sin(\omega t+\varphi)$ 可以用复平面上的旋转向量图（如图 7-22 所示）表示，正弦量的相量与复平面内的旋转向量相对应，从正弦量的三要素出发：最大值 I_{m}、角频率 ω、初相 φ.

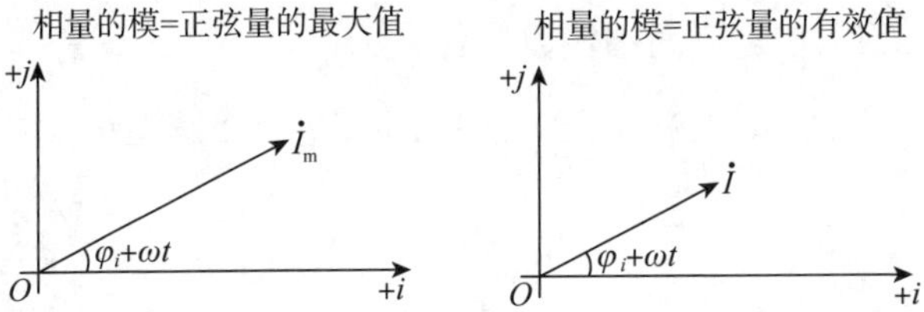

（a）　　（b）

图 7-22

一般用正弦量有效值 $I_{\mathrm{m}}/\sqrt{2}$ 表示复数的模，用初相 φ 表示复数的辐角主值，且此复向量以角频率ω为角速度逆时针旋转，则此旋转的复向量叫作该正弦量的有效值相量：$I_m/\sqrt{2}\angle\varphi$.

通常情况下，电工学上相量是指有效值相量，叫作该正弦量的相量图．这种用复数进行正弦交流电路分析的方法称为相量法.

例 6 画出正弦电流的瞬时表达式$i=10\sin(314t+45°)$(A)的相量图并求出相应的相量形式.

解 正弦量$i=10\sin(314t+45°)$的最大值为$I_m=10$，有效值为$I=10/\sqrt{2}$，角频率为$\omega=314$（rad/s），初相位为$\varphi=45°$.

相量的模=正弦量的有效值

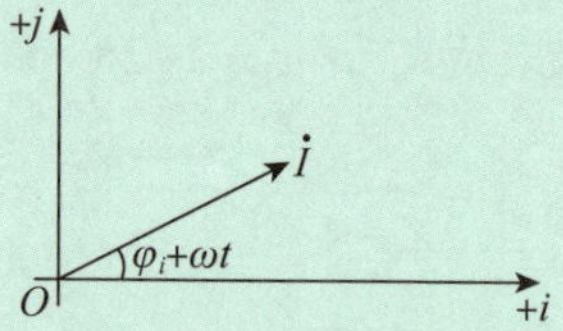

图 7–23

该正弦量的相量图如图 7-23 所示，其有效值相量为 $\dot{I}=10/\sqrt{2}\angle 45°$.

解决问题

解 （1）正弦电流i_1和i_2的有效值分别为 8 和 6.

（2）将正弦电流i_1和i_2在复平面用极坐标形式表示：

$$\dot{I}_1=8\angle 60°;\dot{I}_2=6\angle -30°$$

将正弦电流i_1和i_2在复平面用三角函数和指数形式表示：

$$\dot{I}_1=8\angle 60°=8(\cos 60°+\mathrm{j}\sin 60°)=8\mathrm{e}^{\mathrm{j}\frac{\pi}{3}}$$

$$\dot{I}_2=6\angle -30°=6(\cos(-30°)+\mathrm{j}\sin(-30°))=6\mathrm{e}^{\mathrm{j}\left(-\frac{\pi}{6}\right)}$$

将正弦电流i_1和i_2在复平面用代数形式表示：

$$\dot{I}_1=8\angle 60°=4+\mathrm{j}6.9,\quad \dot{I}_2=6\angle -30°=5.2-\mathrm{j}3$$

习题 7.3

习题答案详解

1. 指出下列各数中哪些是实数，哪些是虚数，哪些是纯虚数：

（1）$-3\mathrm{i}$；　　（2）$4+\sqrt{2}\mathrm{i}$；

（3）$1+\mathrm{i}$；　　　　　　　（4）$3+\sqrt{2}$.

2. 指出下列复数的实部、虚部：

（1）$4+\sqrt{5}\mathrm{i}$；　　　（2）$\sqrt{2}\mathrm{i}$；　　　（3）6.

3. 求方程$3x^2+2x+1=0$的根.

4. 已知复数$z_1=1-2\mathrm{i}$和$z_2=m-2\mathrm{i}$相等，求 m 的值.

5. 求复数$z=4+3\mathrm{i}$的模和辐角主值，并转化为三角表达式、指数表达式、极坐标表达式.

6. 如图 7–24 所示，在RL串联电路中，电阻$R=40\ \Omega$，电感$L=95.5\ \mathrm{mH}$，外加电压的频率$f=50\ \mathrm{Hz}$，计算电路的复阻抗.

（注意：电工中虚数单位为j，习惯写在虚部前头；复阻抗$z=R+\mathrm{j}\,X_L=R+\mathrm{j}\,2\pi fL$）.

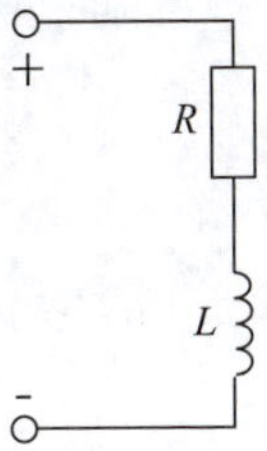

图 7–24

7.4　复数的运算

提出问题

1. 已知图 7–25 所示的电路中，$u_1=141\sin(\omega t+45°)$(V)，$u_2=84.6\sin(\omega t-30°)$(V)，试求总电压 u 的有效值及瞬时值表达式.

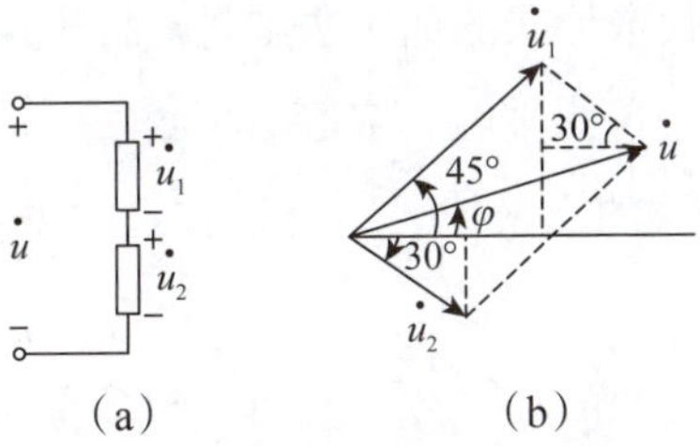

图 7–25

2. 如图 7–26 所示，在 RLC 串联电路中，已知电阻 $R=100\,\Omega$，电感 $L=0.5\,\mathrm{H}$，外加电压的频率 $f=50\,\mathrm{Hz}$，电容 $C=30\,\mu\mathrm{F}$；电压 $u=220\sqrt{2}\sin\left(314t+\frac{\pi}{3}\right)(\mathrm{V})$，计算：

（1）电路的复阻抗（$Z=R+\mathrm{j}\left(\omega L-\frac{1}{\omega C}\right)$）；

（2）电路的瞬时电流表达式 .

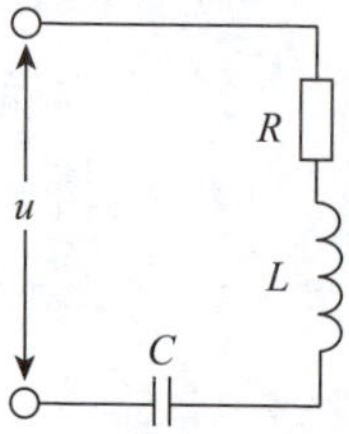

图 7–26

知识储备

复数的线性运算

7.4.1 复数的加减运算

复数的加减运算采用代数形式较为简便，或在复平面中使用平行四边形法则.

1. 运算法则

设 $z_1=a+b\mathrm{i}$，$z_2=c+b\mathrm{i}$ 是任意两个复数，那么 $(a+b\mathrm{i})+(c+d\mathrm{i})=(a+c)+(b+d)\mathrm{i}$，$(a+b\mathrm{i})-(c+d\mathrm{i})=(a-c)+(b-d)\mathrm{i}$. 两个复数相加减等于实部与实部相加减，虚部与虚部相加减.

2. 复数加减法的几何意义

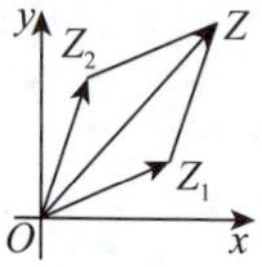

图 7–27

（1）复数加法的几何意义：复数 z_1+z_2 是以 $\overrightarrow{OZ_1}$ 和 $\overrightarrow{OZ_2}$ 为邻边的平行四边形的对角线 $\overrightarrow{OZ}$ 所对应的复数，如图 7–27 所示 .

（2）复数减法的几何意义：复数 z_1-z_2 是从向量 $\overrightarrow{OZ_2}$ 的终点指向向量 $\overrightarrow{OZ_1}$ 的终点的向量 $\overrightarrow{Z_2Z_1}$ 所对应的复数，如图 7–28 所示 .

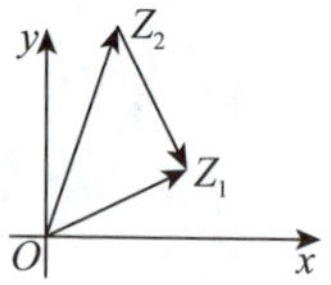

图 7–28

3. 加法运算律

对任意 z_1，z_2，$z_3\in\mathbf{C}$，有 $z_1+z_2=z_2+z_1$，$(z_1+z_2)+z_3=z_1+(z_2+z_3)$.

（1）一种规定：复数代数形式的加法法则是一种规定，减法是加法的逆运算 . 特殊情形：当复数的虚部为 0 时，与实数的加法、减法法则一致.

（2）运算律：实数加法的交换律、结合律在复数中仍然成立，实数的移项法则在复数中仍然成立.

（3）运算结果：两个复数的和（差）是唯一确定的复数.

例 1　已知 $z_1=2+1\mathrm{i}$，$z_2=1+3\mathrm{i}$，求：

（1）z_1-z_2；（2）z_1+z_2，并化为极坐标形式.

解 （1）$z_1 - z_2 = (2-1) + (1-3)\mathrm{i} = 1 - 2\mathrm{i}$；

（2）$z_1 + z_2 = (2+1) + (1+3)\mathrm{i} = 3 + 4\mathrm{i}$，$|z_1 + z_2| = \sqrt{3^2 + 4^2} = 5$，

$\arctan\dfrac{4}{3} = 53.1°$，故 $z_1 + z_2 = 5\angle 53.1°$.

例 2 在图 7–29 所示的电路中，$i_1 = 8\sin(\omega t + 60°)(\mathrm{A})$，$i_2 = 6\sin(\omega t - 30°)(\mathrm{A})$，试求总电流 i 的有效值及瞬时值表达式.

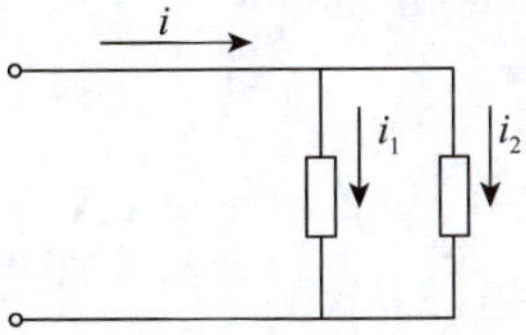

图 7–29

解 （1）将正弦电流 i_1 和 i_2 用相量来表示：

$$\dot{I}_1 = 8\angle 60°(\mathrm{A}),\ \dot{I}_2 = 6\angle -30°(\mathrm{A})$$

（2）用复数运算求解：

$$\begin{aligned}\dot{I} &= \dot{I}_1 + \dot{I}_2 \\ &= 8\angle 60° + 6\angle -30° = 4 + \mathrm{j}\,6.9 + 5.2 - \mathrm{j}\,3 \\ &= 9.2 + \mathrm{j}\,3.9 = 10\angle 23.1°(\mathrm{A})\end{aligned}$$

（3）电流的有效值为 10 A，初相为 23.1°，瞬时值表达式为

$$i = 10\sin(\omega t + 23.1°)(\mathrm{A})$$

计算表明，$i \neq i_1 + i_2$．这是因为同频率正弦量相加时，除了要考虑它们的数值外，还要考虑相位问题，这是与直流的不同之处.

7.4.2 复数的乘除运算

1. 复数的乘法

（1）复数的乘法法则 .

设 $z_1 = a + b\mathrm{i}$，$z_2 = c + d\mathrm{i}$ 是任意两个复数，那么它们的积为

$$(a + b\mathrm{i})(c + d\mathrm{i}) = (ac - bd) + (ad + bc)\mathrm{i}$$

（2）复数乘法的运算律．

对于任意$z_1, z_2, z_3 \in \mathbf{C}$，有

1）交换律：$z_1z_2 = z_2z_1$；

2）结合律：$(z_1z_2)z_3 = z_1(z_2z_3)$；

3）乘法对加法的分配律：$z_1(z_2+z_3) = z_1z_2 + z_1z_3$．

常用结论：

1）$(a \pm b\mathrm{i})^2 = a^2 \pm 2ab\mathrm{i} - b^2 \ (a, b \in \mathbf{R})$；

2）$(a+b\mathrm{i})(a-b\mathrm{i}) = a^2 + b^2 \ (a, b \in \mathbf{R})$；

3）$(1 \pm \mathrm{i})^2 = \pm 2\mathrm{i}$；

4）$\mathrm{i}^{4n} = 1, \mathrm{i}^{4n+1} = \mathrm{i}, \mathrm{i}^{4n+2} = -1, \mathrm{i}^{4n+3} = -\mathrm{i} \ (n \in \mathbf{N})$；

5）$\mathrm{i}^{4n} + \mathrm{i}^{4n+1} + \mathrm{i}^{4n+2} + \mathrm{i}^{4n+3} = 0 \ (n \in \mathbf{N})$．

2. 复数的除法

（1）共轭复数．

当两个复数的实部相等，虚部互为相反数时，这两个复数叫作互为共轭复数．虚部不等于 0 的两个共轭复数也叫作共轭虚数．

z 的共轭复数用$\bar{z}$表示，即若$z = a + b\mathrm{i} \ (a, b \in \mathbf{R})$，则$\bar{z} = a - b\mathrm{i}$．

共轭与模是复数的重要性质，运算性质有：

1）$\overline{z_1 \pm z_2} = \bar{z}_1 \pm \bar{z}_2$；　　2）$\overline{z_1 \times z_2} = \bar{z}_1 \times \bar{z}_2$；

3）$z \cdot \bar{z} = |z|^2 = |\bar{z}|^2$；　　4）$||z_1| - |z_2|| \leqslant |z_1 \pm z_2| \leqslant |z_1| + |z_2|$；

5）$|z_1z_2| = |z_1| \times |z_2|$；　　6）$\left|\dfrac{z_1}{z_2}\right| = \dfrac{|z_1|}{|z_2|}$；

7）$|z^n| = |z|^n$．

（2）复数的除法法则．

设$z_1 = a + b\mathrm{i}, z_2 = c + d\mathrm{i} \ (c + d\mathrm{i} \neq 0)$，则$\dfrac{z_1}{z_2} = \dfrac{a+b\mathrm{i}}{c+d\mathrm{i}} = \dfrac{ac+bd}{c^2+d^2} + \dfrac{bc-ad}{c^2+d^2}\mathrm{i}$．

对复数除法的两点说明如下：

1）实数化：分子、分母同乘以分母的共轭复数$c - d\mathrm{i}$，化简后即得结果，这个过程实际上就是把分母实数化，这与根式除法的分母“有理化”很类似．

2）代数式：注意最后结果要将实部、虚部分开．

特别提醒：复数的除法类似于根式的分母有理化．

记住以下结果，可提高运算速度：

①$(1+\mathrm{i})^2=2\mathrm{i}$，$(1-\mathrm{i})^2=-2\mathrm{i}$；②$\dfrac{1-\mathrm{i}}{1+\mathrm{i}}=-\mathrm{i}$，$\dfrac{1+\mathrm{i}}{1-\mathrm{i}}=\mathrm{i}$；③$\dfrac{1}{\mathrm{i}}=-\mathrm{i}$.

7.4.3 复数的乘除运算一般使用三角函数形式或极坐标形式

1. 复数三角形式的乘法及其几何意义

设z_1、z_2的三角形式分别是：$z_1=r_1(\cos\theta_1+\mathrm{i}\sin\theta_1)$，$z_2=r_2(\cos\theta_2+\mathrm{i}\sin\theta_2)$，则

$$z_1\cdot z_2=r_1\mathrm{e}^{\mathrm{i}\theta_1}r_2\mathrm{e}^{\mathrm{i}\theta_2}=r_1r_2\mathrm{e}^{\mathrm{i}(\theta_1+\theta_2)}=r_1r_2[\cos(\theta_1+\theta_2)+\mathrm{i}\sin(\theta_1+\theta_2)]$$

推论：$z^n=r^n[\cos(n\theta)+\mathrm{i}\sin(n\theta)]=r^n\mathrm{e}^{\mathrm{i}n\theta}$.

简记为：模数相乘，幅角相加.

几何意义：把复数z_1对应的向量$\overrightarrow{OZ_1}$绕原点逆时针旋转z_2的一个辐角，长度乘以z_2的模，所得向量对应的复数就是$z_1\cdot z_2$.

2. 复数三角形式的除法及其几何意义

设z_1、z_2的三角形式分别是：$z_1=r_1(\cos\theta_1+\mathrm{i}\sin\theta_1)$，$z_2=r_2(\cos\theta_2+\mathrm{i}\sin\theta_2)$，则

$$z_1\div z_2=\frac{r_1\mathrm{e}^{\mathrm{i}\theta_1}}{r_2\mathrm{e}^{\mathrm{i}\theta_2}}=\frac{r_1}{r_2}\mathrm{e}^{\mathrm{i}(\theta_1-\theta_2)}=\frac{r_1}{r_2}[\cos(\theta_1-\theta_2)+\mathrm{i}\sin(\theta_1-\theta_2)]$$

简记为：模数相除，幅角相减.

几何意义：把复数z_1对应的向量$\overrightarrow{OZ_1}$绕原点顺时针旋转z_2的一个辐角，长度除以z_2的模，所得向量对应的复数就是$\dfrac{z_1}{z_2}$.

3. 复数极坐标形式的乘除法及其几何意义（为区别电工中的i，应用题中就用j表示虚数单位）

设z_1、z_2的极坐标形式分别是：$z_1=|z_1|\angle\theta_1$，$z_2=|z_2|\angle\theta_2$，则

$$z_1\cdot z_2=|z_1|\angle\theta_1\cdot|z_2|\angle\theta_2=|z_1||z_2|\angle(\theta_1+\theta_2)$$

$$\frac{z_1}{z_2}=\frac{|z_1|\angle\theta_1}{|z_2|\angle\theta_2}=\frac{|z_1|}{|z_2|}\angle(\theta_1-\theta_2)$$

几何意义（旋转因子）：复数$\mathrm{e}^{\mathrm{j}\theta}=\cos\theta+\mathrm{j}\sin\theta=1\angle\theta$，$+\mathrm{j}$、$-\mathrm{j}$、$-1$都可以看成旋转因子. 若一个复数乘以j，等于在复平面上把该复数逆时针旋转$\pi/2$. 若一个复数除以j，等于把该复数乘以$-\mathrm{j}$，则等于在复平面上把该复数顺时针旋转$\pi/2$.

例3 已知$z_1=(1+\mathrm{i})^2$，$z_2=\dfrac{1+\mathrm{i}}{1-\mathrm{i}}$，求$z_1\cdot z_2$.

解 $z_1\cdot z_2=(1+\mathrm{i})^2\dfrac{1+\mathrm{i}}{1-\mathrm{i}}=2\mathrm{i}^2=-2$

例 4　已知$z_1 = 50\angle 30°$，$z_2 = 10\angle 53°$，求：（1）$z_1 \cdot z_2$；（2）$\frac{z_1}{z_2}$.

解　（1）$z_1 \cdot z_2 = (50\times 10)\angle(30°+53°) = 500\angle 83°$；

（2）$\frac{z_1}{z_2} = \frac{50}{10}\angle(30°-53°) = 5\angle -23°$.

例 5　已知$z_1 = 1+\sqrt{3}\mathrm{i}$，$z_2 = 4\left(\cos\frac{\pi}{3}+\mathrm{i}\sin\frac{\pi}{3}\right)$，求：（1）$z_1 \cdot z_2$；（2）$\frac{z_1}{z_2}$；（3）$z_1^8$.

解　（1）$|z_1| = \sqrt{1^2+3} = 2$，$\arctan\theta = \sqrt{3}$，$\theta = 60°$，则

$$z_1 = 2\angle 60°，\quad z_2 = 4\left(\cos\frac{\pi}{3}+\mathrm{i}\sin\frac{\pi}{3}\right) = 4\angle 60°$$

$$z_1 \cdot z_2 = (2\times 4)\angle(60°+60°) = 8\angle 120°$$

（2）$\frac{z_1}{z_2} = \frac{2}{4}\angle(60°-60°) = \frac{1}{2}$.

（3）$z_1^8 = 2^8\angle(60°\times 8) = 2^8\angle 480° = 256\angle 120°$.

例 6　已知电压$u = 60\sin(2t-45°)$(V)，电流$i = 10\sin(2t+30°)$(A)，计算这个电路的复阻抗Z. 注意复阻抗$Z = \frac{\dot{U}}{\dot{I}}$.

解　电压的有效值为$60/\sqrt{2}$，辐角$\theta = -45°$，故相量$\dot{U} = 60/\sqrt{2}\angle -45°$；电流的有效值$10/\sqrt{2}$，辐角$\theta = 30°$，故相量$\dot{I} = 10/\sqrt{2}\angle 30°$，

故复阻抗$Z = \frac{\dot{U}}{\dot{I}} = \frac{60/\sqrt{2}\angle -45°}{10/\sqrt{2}\angle 30°} = 6\angle -75°\ (\Omega)$.

解决问题

解　1. 用复数运算求解，总电压的相量为

$$\begin{aligned}\dot{U} &= \dot{U}_1+\dot{U}_2\\ &= 100\angle 45° + 60\angle -30° = 70.7+\mathrm{j}\,70.7+51.9-\mathrm{j}\,30\\ &= 122.6+\mathrm{j}\,40.7 = 129\angle 18.4°\ (\mathrm{V})\end{aligned}$$

故总电压的有效值为 129 V，初相为 18.4° ，瞬时值表达式为

$$u = 129\sin(\omega t + 18.4°)(\mathrm{V})$$

2. 已知电压 $U = 220\sqrt{2}\sin\left(314t + \frac{\pi}{3}\right)(\mathrm{V})$，则其相应的相量形式为 $\dot{U} = 220\angle 60°(\mathrm{V})$.

已知复阻抗 $Z = R + \mathrm{j}\left(\omega L - \frac{1}{\omega C}\right) = 100 + \mathrm{j}\,46.84$，则

$$|Z| = \sqrt{100^2 + 46.84^2} \approx 110,\ \arctan\theta = \frac{46.84}{110},\ \theta = 27°,\ Z = 110\angle 27°(\Omega)$$

故电路总电流 $\dot{I} = \frac{\dot{U}}{Z} = \frac{220\angle 60°}{110\angle 27°} = 2\angle 33°(\mathrm{A})$，总电流的瞬时表达式为 $i = 2\sqrt{2}\sin(314t + 33°)(\mathrm{A})$.

习题答案详解

习题 7.4

1. 已知 $z_1 = 2 + 3\sqrt{3}\mathrm{i}$，$z_2 = 1 + \sqrt{3}\mathrm{i}$，求：（1）$z_1 - z_2$；（2）$z_1 + z_2$.

2. 已知 $z_1 = 2 + 3\mathrm{i}$，$z_2 = 2(\cos 0° + \mathrm{i}\sin 0°)$，求 $z_1 + z_2$，并化为极坐标形式.

3. 已知 $z_1 = 10\angle 60°$，$z_2 = 5\angle 36.9°$，求：（1）$z_1 \cdot z_2$；（2）$\frac{z_1}{z_2}$；（3）$z_1^{\ 8}$.

4. 已知 $z_1 = 12(\cos 33° + \sin 33°)$，$z_2 = 2(\cos 45° + \sin 45°)$，求：（1）$z_1 \cdot z_2$；（2）$\frac{z_1}{z_2}$.

5. 已知电压 $u = 80\sqrt{2}\sin(2t + 60°)(\mathrm{V})$，电流 $i = 10\sqrt{2}\sin(2t + 30°)(\mathrm{A})$，求电路的复阻抗（复阻抗 $Z = \frac{\dot{U}}{\dot{I}}$）.

第 8 章　无穷级数

级数是高等数学的重要组成部分，是表示函数、研究函数的性质以及进行数值计算的重要工具. 级数不仅在数学领域有重要应用，在医学、经济、物理、电子、航空航天等领域也有重要的实际应用价值.

8.1　常数项级数

8.1.1　常数项级数的概念

常数项级数：给定一个数列$\{u_n\}$，把它的各项依次用"+"号连接起来的表达式

$$u_1+u_2+u_3+\cdots+u_n+\cdots$$

称为常数项级数或数项级数（也常简称级数），记为$\sum\limits_{n=1}^{\infty}u_n$，即

$$\sum_{n=1}^{\infty}u_n=u_1+u_2+u_3+\cdots+u_n+\cdots \tag{8-1}$$

其中第 n 项u_n叫作级数（8-1）的通项或一般项.

定义　对于数项级数（8-1），前 n 项的和为

$$S_n=\sum_{i=1}^{n}u_i=u_1+u_2+u_3+\cdots+u_n\ (n=1,2,3,\cdots)$$

称之为级数$\sum\limits_{n=1}^{\infty}u_n$的部分和，则

（1）如果$\lim\limits_{n\to\infty}S_n=S$（有限值），我们称级数$\sum\limits_{n=1}^{\infty}u_n$收敛，且其和为 S，记作$\sum\limits_{n=1}^{\infty}u_n=S$；

（2）如果$\lim\limits_{n\to\infty} S_n$不存在，我们称级数$\sum\limits_{n=1}^{\infty}u_n$发散.

例1　讨论等比级数$\sum\limits_{n=0}^{\infty}aq^n$（$a\neq 0$）的敛散性.

解　（1）如果 $q\neq 1$，则部分和为

$$S_n=a+aq+aq^2+\cdots+aq^{n-1}=\frac{a(1-q^n)}{1-q}$$

1）当$|q|<1$时，$\lim\limits_{n\to\infty}S_n=\lim\limits_{n\to\infty}\frac{a(1-q^n)}{1-q}=\frac{a}{1-q}$，所以级数$\sum\limits_{n=0}^{\infty}aq^n$收敛，其和为$\frac{a}{1-q}$.

2）当$|q|>1$时，因为$\lim\limits_{n\to\infty}S_n=\lim\limits_{n\to\infty}\frac{a(1-q^n)}{1-q}=\infty$，所以级数$\sum\limits_{n=0}^{\infty}aq^n$发散.

（2）当$q=1$时，$\lim\limits_{n\to\infty}S_n=\lim\limits_{n\to\infty}na=\infty$，因此级数$\sum\limits_{n=0}^{\infty}aq^n$发散.

（3）当$q=-1$时，显然有

$$S_n=\begin{cases}a\text{，当}n\text{为奇数时}\\0\text{，当}n\text{为偶数时}\end{cases}$$

因此$\lim\limits_{n\to\infty}S_n$不存在.

这样一来，当$|q|\geq 1$时，级数$\sum\limits_{n=0}^{\infty}aq^n$也发散.

例2　判别级数$\frac{1}{1\times 2}+\frac{1}{2\times 3}+\frac{1}{3\times 4}+\cdots+\frac{1}{n(n+1)}+\cdots$的敛散性.

解　因为$u_n=\frac{1}{n(n+1)}=\frac{1}{n}-\frac{1}{n+1}$，所以

$$\begin{aligned}S_n&=\frac{1}{1\times 2}+\frac{1}{2\times 3}+\frac{1}{3\times 4}+\cdots+\frac{1}{n(n+1)}\\&=\left(1-\frac{1}{2}\right)+\left(\frac{1}{2}-\frac{1}{3}\right)+\cdots+\left(\frac{1}{n}-\frac{1}{n+1}\right)=1-\frac{1}{n+1}\end{aligned}$$

从而 $\lim\limits_{n\to\infty} S_n = \lim\limits_{n\to\infty}\left(1-\dfrac{1}{n+1}\right)=1$，所以该级数收敛，其和为 1.

8.1.2　收敛级数的基本性质

收敛级数的基本性质

性质 1　若 $\sum\limits_{n=1}^{\infty} u_n = S$，则它的各项同乘以常数 k 后所得的级数 $\sum\limits_{n=1}^{\infty} ku_n$ 也收敛，且 $\sum\limits_{n=1}^{\infty} ku_n = k\sum\limits_{n=1}^{\infty} u_n = kS$.

性质 2　若级数 $\sum\limits_{n=1}^{\infty} u_n = S$，$\sum\limits_{n=1}^{\infty} v_n = \sigma$，则级数 $\sum\limits_{n=1}^{\infty}(u_n \pm v_n)$ 也收敛，且 $\sum\limits_{n=1}^{\infty}(u_n \pm v_n) = \sum\limits_{n=1}^{\infty} u_n \pm \sum\limits_{n=1}^{\infty} v_n = S \pm \sigma$.

性质 3　在级数中去掉、加上或修改有限项，不会改变级数的敛散性.

比如，级数 $\dfrac{1}{1\times 2}+\dfrac{1}{2\times 3}+\dfrac{1}{3\times 4}+\cdots+\dfrac{1}{n(n+1)}+\cdots$ 是收敛的，级数 $10000+\dfrac{1}{1\times 2}+\dfrac{1}{2\times 3}+\dfrac{1}{3\times 4}+\cdots+\dfrac{1}{n(n+1)}+\cdots$ 和级数 $\dfrac{1}{3\times 4}+\dfrac{1}{4\times 5}+\cdots+\dfrac{1}{n(n+1)}+\cdots$ 也都是收敛的.

性质 4　如果级数 $\sum\limits_{n=1}^{\infty} u_n$ 收敛，则对这个级数的项任意加括号后所成的级数仍收敛，且其和不变.

应该注意的问题：如果加括号后所成的级数收敛，则不能断定原来的级数也收敛. 例如，级数 $(1-1)+(1-1)+\cdots\cdots$ 收敛于 0，但级数 $1-1+1-1+\cdots\cdots$ 却是发散的.

推论　如果加括号后所成的级数发散，则原来的级数也发散.

性质 5　（级数收敛的必要条件）如果 $\sum\limits_{n=1}^{\infty} u_n$ 收敛，则它的一般项 u_n 趋于 0，即 $\lim\limits_{n\to\infty} u_n = 0$.

证　设 $\sum\limits_{n=1}^{\infty} u_n$ 的部分和为 S_n，且 $\lim\limits_{n\to\infty} S_n = S$，则

$$\lim_{n\to\infty} u_n = \lim_{n\to\infty}(S_n - S_{n-1}) = \lim_{n\to\infty} S_n - \lim_{n\to\infty} S_{n-1} = S - S = 0$$

应该注意的问题：级数的一般项趋于 0 并不是级数收敛的充分条件.

例 3 证明调和级数$\sum\limits_{n=1}^{\infty}\frac{1}{n}$是发散的.

证 假若$\sum\limits_{n=1}^{\infty}\frac{1}{n}$收敛，且其和为$S$，$S_n$是它的部分和. 显然$\lim\limits_{n\to\infty}S_n=S$及$\lim\limits_{n\to\infty}S_{2n}=S$. 所以$\lim\limits_{n\to\infty}(S_{2n}-S_n)=0$. 但$S_{2n}-S_n=\frac{1}{n+1}+\frac{1}{n+2}+\cdots+\frac{1}{2n}>\frac{1}{2n}+\frac{1}{2n}+\cdots+\frac{1}{2n}=\frac{1}{2}$，故$\lim\limits_{n\to\infty}(S_{2n}-S_n)\neq 0$，矛盾. 这说明级数$\sum\limits_{n=1}^{\infty}\frac{1}{n}$必定发散.

习题 8.1

习题答案详解

1. 写出下列级数的一般项，并用一般项表示所给的级数：

(1) $\frac{1}{2\ln 2}+\frac{1}{3\ln 3}+\frac{1}{4\ln 4}+\cdots$；　(2) $2-\frac{3}{2}+\frac{4}{3}-\frac{5}{4}+\frac{6}{5}-\cdots$；

(3) $-\frac{1}{2}+0+\frac{1}{4}+\frac{2}{5}+\frac{3}{6}+\cdots$；　(4) $\frac{1}{2}-\frac{2}{9}+\frac{3}{28}-\frac{4}{65}\cdots$.

2. 求下列级数的前n项和的极限，以确定级数的和：

(1) $1-\frac{2}{3}+\frac{4}{9}-\frac{8}{27}+\cdots$；　(2) $\ln\frac{2}{1}+\ln\frac{3}{2}+\ln\frac{4}{3}+\ln\frac{5}{4}+\cdots$；

(3) $1+\frac{1}{1+2}+\frac{1}{1+2+3}+\frac{1}{1+2+3+4}+\cdots$.

3. 判别下列级数的敛散性：

(1) $\sum\limits_{n=1}^{\infty}\left[\frac{2}{3^n}-\frac{(-1)^n}{2^n}\right]$；　(2) $\left(\frac{1}{2}\right)^2+\left(\frac{2}{3}\right)^3+\left(\frac{3}{4}\right)^4+\left(\frac{4}{5}\right)^5+\cdots$；

(3) $\sum\limits_{n=1}^{\infty}\frac{1}{n(n+1)}$；　(4) $\sum\limits_{n=1}^{\infty}\cos\frac{\pi}{3^n}$.

8.2 常数项级数的审敛法

8.2.1 正项级数及其审敛法

正项级数审敛法

正项级数：各项都是正数或零的级数称为正项级数.

定理 1 正项级数$\sum\limits_{n=1}^{\infty}u_n$收敛的充分必要条件是它的部分和数列$\{S_n\}$有界.

定理 2 （比较审敛法）设$\sum_{n=1}^{\infty}u_n$和$\sum_{n=1}^{\infty}v_n$均为正项级数，且$u_n \leqslant v_n$（$n=1$，2，…）.

（1）若级数$\sum_{n=1}^{\infty}v_n$收敛，则级数$\sum_{n=1}^{\infty}u_n$收敛；

（2）若级数$\sum_{n=1}^{\infty}u_n$发散，则级数$\sum_{n=1}^{\infty}v_n$发散.

证 （1）设级数$\sum_{n=1}^{\infty}v_n$收敛于和σ，则级数$\sum_{n=1}^{\infty}u_n$的部分和

$S_n = u_1 + u_2 + \cdots + u_n \leqslant v_1 + v_2 + \cdots + v_n \leqslant \sigma\,(n=1,2,\cdots)$，即$\{S_n\}$有界，由定理 1 知，级数$\sum_{n=1}^{\infty}u_n$收敛.

（2）反证法. 若级数$\sum_{n=1}^{\infty}v_n$收敛，由（1）已证明的结论有级数$\sum_{n=1}^{\infty}u_n$也收敛，与题设矛盾.

推论 设$\sum_{n=1}^{\infty}u_n$和$\sum_{n=1}^{\infty}v_n$均为正项级数.

（1）如果级数$\sum_{n=1}^{\infty}v_n$收敛，且存在自然数N，使当$n \geqslant N$时有$u_n \leqslant kv_n\ (k>0)$成立，则级数$\sum_{n=1}^{\infty}u_n$收敛；

（2）如果级数$\sum_{n=1}^{\infty}v_n$发散，且存在自然数N，当$n \geqslant N$时$u_n \geqslant kv_n\ (k>0)$成立，则级数$\sum_{n=1}^{\infty}u_n$发散.

例 1 讨论p级数$\sum_{n=1}^{\infty}\frac{1}{n^p}\ (p>0)$的敛散性.

解 （1）当$p \leqslant 1$时. $\frac{1}{n^p} \geqslant \frac{1}{n}$，而调和级数$\sum_{n=1}^{\infty}\frac{1}{n}$发散，由比较审敛法知，当$p \leqslant 1$时级数$\sum_{n=1}^{\infty}\frac{1}{n^p}$发散.

（2）当$p>1$时. 有

$$\frac{1}{n^p}=\int_{n-1}^{n}\frac{1}{n^p}\mathrm{d}x\leqslant\int_{n-1}^{n}\frac{1}{x^p}\mathrm{d}x=\frac{1}{p-1}\left[\frac{1}{(n-1)^{p-1}}-\frac{1}{n^{p-1}}\right](n=2,3,\cdots).$$

对于级数$\sum\limits_{n=2}^{\infty}\left[\frac{1}{(n-1)^{p-1}}-\frac{1}{n^{p-1}}\right]$，其部分和为

$$S_n=\left[1-\frac{1}{2^{p-1}}\right]+\left[\frac{1}{2^{p-1}}-\frac{1}{3^{p-1}}\right]+\cdots+\left[\frac{1}{n^{p-1}}-\frac{1}{(n+1)^{p-1}}\right]=1-\frac{1}{(n+1)^{p-1}}$$

因为$\lim\limits_{n\to\infty}S_n=\lim\limits_{n\to\infty}\left[1-\frac{1}{(n+1)^{p-1}}\right]=1$，所以级数$\sum\limits_{n=2}^{\infty}\left[\frac{1}{(n-1)^{p-1}}-\frac{1}{n^{p-1}}\right]$收敛.

从而根据比较审敛法的推论可知，级数$\sum\limits_{n=1}^{\infty}\frac{1}{n^p}$当$p>1$时收敛.

综上所述，p级数$\sum\limits_{n=1}^{\infty}\frac{1}{n^p}$当$p>1$时收敛，当$p\leqslant1$时发散.

例2 证明级数$\sum\limits_{n=1}^{\infty}\frac{1}{\sqrt{n(n+1)}}$是发散的.

证 因为$\frac{1}{\sqrt{n(n+1)}}>\frac{1}{n+1}$，而级数$\sum\limits_{n=1}^{\infty}\frac{1}{n+1}$发散. 由比较审敛法得，级数$\sum\limits_{n=1}^{\infty}\frac{1}{\sqrt{n(n+1)}}$是发散的.

定理3 （比较审敛法的极限形式）设有两个正项级数$\sum\limits_{n=1}u_n$与$\sum\limits_{n=1}v_n$，如果$\lim\limits_{n\to\infty}\frac{u_n}{v_n}=\lambda\neq0$，那么这两个级数或者同时收敛，或者同时发散.

例3 判别级数$\sum\limits_{n=1}^{\infty}\ln\left(1+\frac{1}{n^2}\right)$的敛散性.

解 因为$\lim\limits_{n\to\infty}\frac{\ln\left(1+\frac{1}{n^2}\right)}{\frac{1}{n^2}}=1$，而级数$\sum\limits_{n=1}^{\infty}\frac{1}{n^2}$收敛，所以级数$\sum\limits_{n=1}^{\infty}\ln\left(1+\frac{1}{n^2}\right)$收敛.

定理4 （比值审敛法，达朗贝尔判别法）

若正项级数$\sum\limits_{n=1}^{\infty}u_n$的后项与前项的比值的极限等于$\rho$，即$\lim\limits_{n\to\infty}\frac{u_{n+1}}{u_n}=\rho$，则

（1）当$\rho<1$时，级数收敛；

（2）当$\rho>1$（或$\lim\limits_{n\to\infty}\dfrac{u_{n+1}}{u_n}=\infty$）时，级数发散；

（3）当$\rho=1$时，级数可能收敛，也可能发散.

例 4　证明级数$1+\dfrac{1}{1}+\dfrac{1}{1\times2}+\dfrac{1}{1\times2\times3}+\cdots+\dfrac{1}{1\times2\times3\times\cdots\times(n-1)}+\cdots$是收敛的.

证　因为$\lim\limits_{n\to\infty}\dfrac{u_{n+1}}{u_n}=\lim\limits_{n\to\infty}\dfrac{1\times2\times3\times\cdots\times(n-1)}{1\times2\times3\times\cdots\times n}=\lim\limits_{n\to\infty}\dfrac{1}{n}=0<1$，根据比值审敛法可知所给级数收敛.

例 5　判别级数$\dfrac{1}{10}+\dfrac{1\times2}{10^2}+\dfrac{1\times2\times3}{10^3}+\cdots+\dfrac{n!}{10^n}+\cdots$的敛散性.

解　因为$\lim\limits_{n\to\infty}\dfrac{u_{n+1}}{u_n}=\lim\limits_{n\to\infty}\dfrac{(n+1)!}{10^{n+1}}\cdot\dfrac{10^n}{n!}=\lim\limits_{n\to\infty}\dfrac{n+1}{10}=\infty$，根据比值审敛法可知所给级数发散.

定理 5　（根值审敛法，柯西判别法）

设$\sum\limits_{n=1}^{\infty}u_n$是正项级数，如果它的一般项$u_n$的$n$次根的极限等于$\rho$，即$\lim\limits_{n\to\infty}\sqrt[n]{u_n}=\rho$，则

（1）当$\rho<1$时，级数收敛；

（2）当$\rho>1$（或$\lim\limits_{n\to\infty}\sqrt[n]{u_n}=+\infty$）时，级数发散；

（3）当$\rho=1$时，级数可能收敛，也可能发散.

例 6　证明级数$1+\dfrac{1}{2^2}+\dfrac{1}{3^3}+\cdots+\dfrac{1}{n^n}+\cdots$是收敛的，并估计以级数的部分和$S_n$近似代替和$S$所产生的误差.

证　因为$\lim\limits_{n\to\infty}\sqrt[n]{u_n}=\lim\limits_{n\to\infty}\sqrt[n]{\dfrac{1}{n^n}}=\lim\limits_{n\to\infty}\dfrac{1}{n}=0$，所以根据根值审敛法可知所给级数收敛.

以此级数的部分和S_n近似代替和S所产生的误差为

$$|r_n|=\frac{1}{(n+1)^{n+1}}+\frac{1}{(n+2)^{n+2}}+\frac{1}{(n+3)^{n+3}}+\cdots$$

$$<\frac{1}{(n+1)^{n+1}}+\frac{1}{(n+1)^{n+2}}+\frac{1}{(n+1)^{n+3}}+\cdots=\frac{1}{n(n+1)^{n}}$$

例 7　判别级数 $\sum_{n=1}^{\infty}\frac{2+(-1)^{n}}{2^{n}}$ 的敛散性 .

解　因为 $\lim_{n\to\infty}\sqrt[n]{u_n}=\lim_{n\to\infty}\frac{1}{2}\sqrt[n]{2+(-1)^{n}}=\frac{1}{2}$，所以根据根值审敛法知所给级数收敛 .

定理 6　（极限审敛法）设 $\sum_{n=1}^{\infty}u_n$ 为正项级数 .

（1）如果 $\lim_{n\to\infty}nu_n=l>0$（或 $\lim_{n\to\infty}nu_n=+\infty$），则级数 $\sum_{n=1}^{\infty}u_n$ 发散；

（2）如果 $p>1$ 而 $\lim_{n\to\infty}n^{p}u_n=l\ (0\leqslant l<+\infty)$，则级数 $\sum_{n=1}^{\infty}u_n$ 收敛.

例 8　判别级数 $\sum_{n=1}^{\infty}\ln\left(1+\frac{1}{n^{2}}\right)$ 的敛散性.

解　因为 $\ln\left(1+\frac{1}{n^{2}}\right)\sim\frac{1}{n^{2}}(n\to\infty)$，故

$$\lim_{n\to\infty}n^{2}u_n=\lim_{n\to\infty}n^{2}\ln\left(1+\frac{1}{n^{2}}\right)=\lim_{n\to\infty}n^{2}\cdot\frac{1}{n^{2}}=1$$

根据极限审敛法知所给级数收敛.

例 9　判别级数 $\sum_{n=1}^{\infty}\sqrt{n+1}\left(1-\cos\frac{\pi}{n}\right)$ 的敛散性.

解　因为 $\lim_{n\to\infty}n^{\frac{3}{2}}u_n=\lim_{n\to\infty}n^{\frac{3}{2}}\sqrt{n+1}\left(1-\cos\frac{\pi}{n}\right)$

$$=\lim_{n\to\infty}n^{2}\sqrt{\frac{n+1}{n}}\cdot 2\sin^{2}\frac{\pi}{2n}=\lim_{n\to\infty}n^{2}\sqrt{\frac{n+1}{n}}\cdot 2\left(\frac{\pi}{2n}\right)^{2}=\frac{1}{2}\pi^{2}$$

根据极限审敛法知所给级数收敛.

8.2.2　交错级数及其审敛法

交错级数：它的相邻两项是正负相间的级数.

交错级数的一般形式为$\sum\limits_{n=1}^{\infty}(-1)^{n-1}u_n$，其中$u_n>0$.

例如，$\sum\limits_{n=1}^{\infty}(-1)^{n-1}\frac{1}{n}$ 是交错级数，但$\sum\limits_{n=1}^{\infty}(-1)^{n-1}\frac{1-\cos n\pi}{n}$ 不是交错级数.

定理 7（莱布尼茨判别法） 如果交错级数$\sum\limits_{n=1}^{\infty}(-1)^{n-1}u_n$满足条件：

（1）$u_n \geqslant u_{n+1}\ (n=1,2,3,\cdots)$；

（2）$\lim\limits_{n\to\infty}u_n=0$，

那么级数收敛，且其和$S\leqslant u_1$，对于余项$r_n=\sum\limits_{k=n+1}^{\infty}(-1)^{k-1}u_k$有估计式

$$|r_n|=\left|\sum_{k=n+1}^{\infty}(-1)^{k-1}u_k\right|\leqslant u_{n+1}$$

证 设前 $2n$ 项部分和为 S_{2n}.

由 $S_{2n}=u_1-u_2+u_3-u_4+\cdots+u_{2n-1}-u_{2n}=(u_1-u_2)+(u_3-u_4)+\cdots+(u_{2n-1}-u_{2n})$，又 $S_{2n}=u_1-(u_2-u_3)-(u_4-u_5)\cdots-(u_{2n-2}-u_{2n-1})-u_{2n}<u_1$；看出数列$\{S_{2n}\}$单调增加且有界，所以收敛.

设$S_{2n}\to S\ (n\to\infty)$，则也有$S_{2n+1}=S_{2n}+u_{2n+1}\to S\ (n\to\infty)$，所以$S_n\to S\ (n\to\infty)$. 从而级数是收敛的，且$S\leqslant u_1$.

因为余项$r_n=\sum\limits_{k=n+1}^{\infty}(-1)^{k-1}u_k$也是收敛的交错级数，所以$|r_n|\leqslant u_{n+1}$.

例 10 证明级数$\sum\limits_{n=1}^{\infty}(-1)^{n-1}\frac{1}{n}$ 收敛，并估计和及余项.

证 级数 $\sum\limits_{n=1}^{\infty}(-1)^{n-1}\frac{1}{n}$ 中 $u_n=\frac{1}{n}$ 单调减少趋于0，它是交错级数，应用莱布尼茨判别法，它收敛且 $0<\sum\limits_{n=1}^{\infty}(-1)^{n-1}\frac{1}{n}<1$，其余项$|r_n|=\left|\sum\limits_{k=n+1}^{\infty}(-1)^{k-1}\frac{1}{k}\right|\leqslant\frac{1}{n+1}$.

8.2.3 任意项级数 绝对收敛与条件收敛

所谓任意项级数是指级数的各项可以是正数、负数或 0.

若级数 $\sum_{n=1}^{\infty}|u_n|$ 收敛，则称级数 $\sum_{n=1}^{\infty}u_n$ 绝对收敛；若级数 $\sum_{n=1}^{\infty}u_n$ 收敛，但级数 $\sum_{n=1}^{\infty}|u_n|$ 发散，则称级数 $\sum_{n=1}^{\infty}u_n$ 条件收敛.

例如，级数 $\sum_{n=1}^{\infty}(-1)^{n-1}\frac{1}{n^2}$ 是绝对收敛的，而级数 $\sum_{n=1}^{\infty}(-1)^{n-1}\frac{1}{n}$ 是条件收敛的.

定理 8　如果级数 $\sum_{n=1}^{\infty}u_n$ 绝对收敛，则级数 $\sum_{n=1}^{\infty}u_n$ 必定收敛.

值得注意的问题：如果级数 $\sum_{n=1}^{\infty}|u_n|$ 发散，我们不能断定级数 $\sum_{n=1}^{\infty}u_n$ 也发散. 但是，如果我们用比值审敛法或根值审敛法判定级数 $\sum_{n=1}^{\infty}|u_n|$ 发散，则我们可以断定级数 $\sum_{n=1}^{\infty}u_n$ 必定发散. 这是因为，此时 $|u_n|$ 不趋于 0，从而 u_n 也不趋于 0，因此级数 $\sum_{n=1}^{\infty}u_n$ 也是发散的.

例 11　判别级数 $\sum_{n=1}^{\infty}\frac{\sin n\alpha}{n^2}$ 的敛散性.

解　因为 $\left|\frac{\sin n\alpha}{n^2}\right| \leqslant \frac{1}{n^2}$，而级数 $\sum_{n=1}^{\infty}\frac{1}{n^2}$ 是收敛的，所以级数 $\sum_{n=1}^{\infty}\frac{\sin n\alpha}{n^2}$ 也收敛，且是绝对收敛.

习题 8.2

习题答案详解

1. 判别下列正项级数的敛散性：

(1) $\sum_{n=1}^{\infty}\frac{2}{3n-1}$；　　(2) $\sum_{n=1}^{\infty}\sin\frac{\pi}{n}$；

(3) $\sum_{n=1}^{\infty}\frac{2}{3^n-n}$；　　(4) $\sum_{n=1}^{\infty}\frac{3^n n!}{n^n}$；

(5) $\sum_{n=1}^{\infty}\frac{2n+1}{n^2+3n-1}$；　　(6) $\sum_{n=1}^{\infty}\tan\frac{\pi}{4^n}$.

2. 判别下列级数的敛散性，如果收敛，指出是绝对收敛还是条件收敛：

(1) $\sum_{n=1}^{\infty}\frac{(-1)^n}{\sqrt{3n-1}}$；　　(2) $\sum_{n=1}^{\infty}\frac{\cos n\pi}{\sqrt{n}}$；　　(3) $\sum_{n=1}^{\infty}\frac{(-1)^{n+1}}{\ln(1+n)}$；

(4) $\sum_{n=1}^{\infty}\frac{(-1)^n(2^n+1)}{3^n-2}$；　　(5) $\sum_{n=1}^{\infty}\frac{\sin n\alpha}{n\sqrt{n}}$.

8.3 幂级数

在自然科学与工程技术中运用级数这一工具时，经常用到的不是常数项级数，而是函数项级数. 而常数项级数是研究函数项级数的基础.

8.3.1 函数项级数的概念

函数项级数的概念

函数项级数：给定一个定义在区间 I 上的函数列 $\{u_n(x)\}$，由这个函数列构成的表达式

$$u_1(x)+u_2(x)+u_3(x)+\cdots+u_n(x)+\cdots$$

称为定义在区间 I 上的函数项级数，记为 $\sum_{n=1}^{\infty}u_n(x)$.

当自变量 x 取某定值 $x_0\in I$ 时，级数 $\sum_{n=1}^{\infty}u_n(x)$ 变成一个常数项级数 $\sum_{n=1}^{\infty}u_n(x_0)$.

收敛点与发散点：对于区间 I 内的某定点 x_0，若常数项级数 $\sum_{n=1}^{\infty}u_n(x_0)$ 收敛，则称点 x_0 是函数项级数 $\sum_{n=1}^{\infty}u_n(x)$ 的收敛点；若常数项级数 $\sum_{n=1}^{\infty}u_n(x_0)$ 发散，则称点 x_0 是函数项级数 $\sum_{n=1}^{\infty}u_n(x)$ 的发散点.

收敛域与发散域：函数项级数 $\sum_{n=1}^{\infty}u_n(x)$ 的收敛点的全体称为它的收敛域，发散点的全体称为它的发散域.

和函数：对于函数项级数 $\sum_{n=1}^{\infty}u_n(x)$ 收敛域 D 内的每一点 x，都对应着一个收敛的常数项级数 $\sum_{n=1}^{\infty}u_n(x)$，于是存在一确定的和 $S(x)$，$S(x)$ 构成了一个定义在 D 上的函数，称之为函数项级数 $\sum_{n=1}^{\infty}u_n(x)$ 的和函数，记作 $S(x)$，即

$$S(x)=\sum_{n=1}^{\infty}u_n(x)\ ,\quad x\in D$$

部分和：函数项级数 $\sum_{n=1}^{\infty}u_n(x)$ 的前 n 项的和，记作 $S_n(x)$，即

$$S_n(x)=u_1(x)+u_2(x)+u_3(x)+\cdots+u_n(x)$$

在收敛域上，有 $\lim_{n\to\infty}S_n(x)=S(x)$ 或 $S_n(x)\to S(x)\ (n\to\infty)$.

余项：函数项级数 $\sum_{n=1}^{\infty} u_n(x)$ 的和函数 $S(x)$ 与部分和 $S_n(x)$ 的差 $r_n(x)=S(x)-S_n(x)$ 叫作函数项级数 $\sum_{n=1}^{\infty} u_n(x)$ 的余项.

在收敛域上，有 $\lim\limits_{n\to\infty} r_n(x)=0$.

8.3.2　幂级数及其收敛性

常见且应用广泛的函数项级数就是幂级数.

形如

$$\sum_{n=0}^{\infty} a_n(x-x_0)^n = a_0 + a_1(x-x_0) + a_2(x-x_0)^2 + \cdots + a_n(x-x_0)^n + \cdots \quad (8\text{-}2)$$

的函数项级数称为幂级数，其中 $a_0, a_1, a_2, \cdots, a_n, \cdots$ 均为常数，称为幂级数的系数.

作变换 $X=x-x_0$，则式（8-2）变成

$$\sum_{n=0}^{\infty} a_n X^n = a_0 + a_1 X + a_2 X^2 + \cdots + a_n X^n + \cdots \quad (8\text{-}3)$$

显然，只要我们将级数（8-3）的性质研究清楚后，也就搞清楚级数（8-2）的性质了.

例如

$$1+x+x^2+x^3+\cdots+x^n+\cdots,\ 1+x+\frac{1}{2!}x^2+\cdots+\frac{1}{n!}x^n+\cdots$$

都是幂级数. $1+x+x^2+x^3+\cdots+x^n+\cdots$ 可以看成是公比为 x 的几何级数. 当 $|x|<1$ 时，它是收敛的，和函数 $S(x)=\frac{1}{1-x}$；当 $|x|\geqslant 1$ 时，它是发散的. 因此，它的收敛域为 $(-1,1)$，事实上，一般的幂级数的收敛域是一个区间.

定理　设幂级数（8-3）的系数满足 $\lim\limits_{n\to\infty}\left|\frac{a_{n+1}}{a_n}\right|=\rho$，则

（1）当 $\rho=0$ 时，幂级数（8-3）在区间 $(-\infty,+\infty)$ 内收敛；

（2）当 $\rho=+\infty$ 时，幂级数（8-3）仅在 $x=0$ 处收敛；

（3）当 $0<\rho<+\infty$ 时，幂级数（8-3）在区间 $\left(-\frac{1}{\rho},\frac{1}{\rho}\right)$ 内收敛.

如果 $\lim\limits_{n\to\infty}\left|\frac{a_{n+1}}{a_n}\right|=\rho$，则幂级数 $\sum_{n=0}^{\infty} a_n x^n$ 的收敛半径 R 为

$$R=\begin{cases}+\infty, & \rho=0\\ \dfrac{1}{\rho}, & \rho\neq 0\\ 0, & \rho=+\infty\end{cases}$$

例 1　求幂级数$\sum\limits_{n=1}^{\infty}(-1)^{n-1}\dfrac{x^n}{n}$的收敛半径与收敛域.

解　因为$\rho=\lim\limits_{n\to\infty}\left|\dfrac{a_{n+1}}{a_n}\right|=\lim\limits_{n\to\infty}\dfrac{\frac{1}{n+1}}{\frac{1}{n}}=1$，所以收敛半径为$R=\dfrac{1}{\rho}=1$.

当$x=1$时，幂级数成为$\sum\limits_{n=1}^{\infty}(-1)^{n-1}\dfrac{1}{n}$，是收敛的；

当$x=-1$时，幂级数成为$\sum\limits_{n=1}^{\infty}\left(-\dfrac{1}{n}\right)$，是发散的. 因此，收敛域为$(-1,1]$.

例 2　求幂级数$\sum\limits_{n=0}^{\infty}\dfrac{1}{n!}x^n$的收敛域.

解　因为$\rho=\lim\limits_{n\to\infty}\left|\dfrac{a_{n+1}}{a_n}\right|=\lim\limits_{n\to\infty}\dfrac{\frac{1}{(n+1)!}}{\frac{1}{n!}}=\lim\limits_{n\to\infty}\dfrac{n!}{(n+1)!}=0$，所以收敛半径为$R=+\infty$，从而收敛域为$(-\infty,+\infty)$.

例 3　求幂级数$\sum\limits_{n=0}^{\infty}n!x^n$的收敛半径.

解　因为$\rho=\lim\limits_{n\to\infty}\left|\dfrac{a_{n+1}}{a_n}\right|=\lim\limits_{n\to\infty}\dfrac{(n+1)!}{n!}=+\infty$，所以收敛半径为$R=0$，即级数$\sum\limits_{n=0}^{\infty}n!x^n$仅在$x=0$处收敛.

例 4　求幂级数$\sum\limits_{n=0}^{\infty}\dfrac{(2n)!}{(n!)^2}x^{2n}$的收敛半径.

解　级数缺少奇次幂的项，不方便应用上述定理. 可根据比值审敛法来求收敛半径.

幂级数的一般项记为 $u_n(x)=\dfrac{(2n)!}{(n!)^2}x^{2n}$. 因为

$$\lim_{n\to\infty}\left|\frac{u_{n+1}(x)}{u_n(x)}\right|=\lim_{n\to\infty}\left|\frac{\dfrac{[2(n+1)]!}{[(n+1)!]^2}x^{2(n+1)}}{\dfrac{(2n)!}{(n!)^2}x^{2n}}\right|=\lim_{n\to\infty}\left|\frac{(2n+2)(2n+1)}{(n+1)^2}x^2\right|=4|x|^2$$

当 $4|x|^2<1$，即 $|x|<\dfrac{1}{2}$ 时，级数收敛；当 $4|x|^2>1$，即 $|x|>\dfrac{1}{2}$ 时，级数发散，所以收敛半径为 $R=\dfrac{1}{2}$.

例 5 求幂级数 $\sum\limits_{n=1}^{\infty}\dfrac{(x-1)^n}{n\cdot 2^n}$ 的收敛域.

解 令 $t=x-1$，则级数变为 $\sum\limits_{n=1}^{\infty}\dfrac{t^n}{n\cdot 2^n}$.

因为 $\rho=\lim\limits_{n\to\infty}\left|\dfrac{a_{n+1}}{a_n}\right|=\lim\limits_{n\to\infty}\dfrac{2^n\cdot n}{2^{n+1}\cdot(n+1)}=\dfrac{1}{2}$，所以收敛半径 $R=2$.

当 $t=2$ 时，级数成为 $\sum\limits_{n=1}^{\infty}\dfrac{1}{n}$，此级数发散；当 $t=-2$ 时，级数成为 $\sum\limits_{n=1}^{\infty}\dfrac{(-1)^n}{n}$，此级数收敛. 因此，级数 $\sum\limits_{n=1}^{\infty}\dfrac{t^n}{n\cdot 2^n}$ 的收敛域为 $-2\leqslant t<2$. 于是 $-2\leqslant x-1<2$，即 $-1\leqslant x<3$，所以原级数的收敛域为 $[-1,3)$.

8.3.3 幂级数的性质

性质 1 设有两个幂级数 $\sum\limits_{n=0}^{\infty}a_nx^n$ 与 $\sum\limits_{n=0}^{\infty}b_nx^n$，若

$$\sum_{n=0}^{\infty}a_nx^n=f_1(x),x\in(-R_1,R_1)$$

$$\sum_{n=0}^{\infty}b_nx^n=f_2(x),x\in(-R_2,R_2)$$

则 $\sum\limits_{n=0}^{\infty}(a_n\pm b_n)x^n=f_1(x)\pm f_1(x),x\in(-R,R)$，其中 $R=\min\{R_1,R_2\}$.

性质 2 幂级数$\sum\limits_{n=0}^{\infty}a_nx^n$的和函数$S(x)$在其收敛域$D$上连续.

性质 3 幂级数$\sum\limits_{n=0}^{\infty}a_nx^n$的和函数$S(x)$在其收敛域$D$上可积，并且有逐项积分公式

$$\int_0^x S(x)\,\mathrm{d}x=\int_0^x\left(\sum_{n=0}^{\infty}a_nx^n\right)\mathrm{d}x=\sum_{n=0}^{\infty}\int_0^x a_nx^n\,\mathrm{d}x=\sum_{n=0}^{\infty}\frac{a_n}{n+1}x^{n+1}\ ,x\in D$$

逐项积分后，所得到的幂级数与原级数有相同的收敛半径.

性质 4 幂级数$\sum\limits_{n=0}^{\infty}a_nx^n$的和函数$S(x)$在其收敛区间$(-R,R)$内可导，并且有逐项求导公式

$$S'(x)=\left(\sum_{n=0}^{\infty}a_nx^n\right)'=\sum_{n=0}^{\infty}(a_nx^n)'=\sum_{n=1}^{\infty}na_nx^{n-1}\ (|x|<R)$$

逐项求导后，所得到的幂级数与原级数有相同的收敛半径.

例 6 求幂级数$\sum\limits_{n=0}^{\infty}\frac{1}{n+1}x^n$的和函数.

解 容易求得幂级数$\sum\limits_{n=0}^{\infty}\frac{1}{n+1}x^n$的收敛域为$[-1,1)$.

设和函数为$S(x)$，即$S(x)=\sum\limits_{n=0}^{\infty}\frac{1}{n+1}x^n$，$x\in[-1,1)$. 显然$S(0)=1$.

对$xS(x)=\sum\limits_{n=0}^{\infty}\frac{1}{n+1}x^{n+1}$的两边求导，得

$$[xS(x)]'=\sum_{n=0}^{\infty}\left(\frac{1}{n+1}x^{n+1}\right)'=\sum_{n=0}^{\infty}x^n=\frac{1}{1-x}$$

对上式从 0 到x积分，得

$$xS(x)=\int_0^x\frac{1}{1-x}\,\mathrm{d}x=-\ln(1-x)$$

于是，当$x\neq0$时，有$S(x)=-\frac{1}{x}\ln(1-x)$. 从而

$$S(x)=\begin{cases}-\frac{1}{x}\ln(1-x)\ , & 0<|x|<1\\ 1\ , & x=0\end{cases}$$

当 $x=-1$ 时，幂级数 $\sum_{n=0}^{\infty}\frac{1}{n+1}x^n$ 收敛于 $\ln 2$（见下节），因此

$$S(x)=\begin{cases}-\frac{1}{x}\ln(1-x), -1\leqslant x<0, 0<x<1\\ 1, \quad x=0\end{cases}$$

习题答案详解

习题 8.3

1. 求下列幂级数的收敛半径和收敛域：

（1）$\sum_{n=1}^{\infty}\frac{x^n}{n\cdot 3^n}$；　（2）$\sum_{n=1}^{\infty}(n-1)!x^n$；

（3）$\sum_{n=1}^{\infty}\frac{n}{4^n}x^n$；　（4）$\sum_{n=1}^{\infty}\frac{(-1)^n}{n\cdot 5^n}(x-2)^n$.

2. 求下列幂级数的收敛域：

（1）$\sum_{n=1}^{\infty}\frac{(-1)^n}{\sqrt{n}}x^n$；　（2）$\sum_{n=1}^{\infty}\frac{2n+1}{2^n}x^{2n-2}$；

（3）$\sum_{n=1}^{\infty}\frac{(x-2)^n}{n\cdot 3^n}$；　（4）$\sum_{n=1}^{\infty}\frac{2^n}{\sqrt{n}}(x-3)^n$.

3. 利用幂级数的性质求下列幂级数在收敛区间上的和函数：

（1）$\sum_{n=0}^{\infty}\frac{1}{2n+1}x^{2n+1}$，$|x|<1$；

（2）$\sum_{n=1}^{\infty}nx^{n-1}$，$|x|<1$；

（3）$\sum_{n=0}^{\infty}(-1)^n(2n+1)x^{2n}$，$|x|<1$，并求级数 $\sum_{n=0}^{\infty}\frac{(-1)^n(2n+1)}{4^n}$ 的和.

8.4　函数展开成幂级数

通过前面的学习可以看到，幂级数不仅形式简单，而且有一些与多项式类似的性质. 同时还可以发现，有一些函数可以表示成幂级数. 为此我们提出下面两个问题：

问题 1　函数 $f(x)$ 在什么条件下可以表示成幂级数

$$f(x)=c_0+c_1(x-a)+c_2(x-a)^2+\cdots+c_n(x-a)^n+\cdots;$$

问题 2　如果 $f(x)$ 能表示成如上形式的幂级数，那么系数 c_n（$n=0,1,2,3,\cdots$）怎样确定？

8.4.1 泰勒级数

给定函数$f(x)$，考虑它是否能在某个区间内“展开成幂级数”，也就是说，是否能找到这样一个幂级数，它在某区间内收敛，且其和恰好就是给定的函数$f(x)$. 如果能找到这样的幂级数，我们就说，函数$f(x)$在该区间内能展开成幂级数，或简单地说函数$f(x)$能展开成幂级数，而该级数在收敛区间内就表达了函数$f(x)$.

定义 1 如果$f(x)$在点x_0的某个邻域内具有各阶导数，则在该邻域内有

$$f(x)=f(x_0)+f'(x_0)(x-x_0)+\frac{f''(x_0)}{2!}(x-x_0)^2+\cdots$$
$$+\frac{f^{(n)}(x_0)}{n!}(x-x_0)^n+R_n(x)$$

其中$R_n(x)=\dfrac{f^{(n+1)}(\xi)}{(n+1)!}(x-x_0)^{n+1}$（$\xi$介于$x$与$x_0$之间），称为拉格朗日余项. 这个公式称为泰勒公式.

定义 2 如果函数$f(x)$在点x_0的某邻域内具有任意阶导数，则称级数

$$f(x_0)+f'(x_0)(x-x_0)+\frac{f''(x_0)}{2!}(x-x_0)^2+\cdots+\frac{f^{(n)}(x_0)}{n!}(x-x_0)^n+\cdots$$

为$f(x)$的泰勒级数.

当$x_0=0$时，得

$$f(0)+f'(0)x+\frac{f''(0)}{2!}x^2+\frac{f'''(0)}{3!}x^3+\cdots+\frac{f^{(n)}(0)}{n!}x^n+\cdots$$

称该级数为$f(x)$的麦克劳林级数.

定理 设函数$f(x)$在点x_0的某一邻域$U(x_0)$内具有各阶导数，则$f(x)$在该邻域内能展开成泰勒级数的充分必要条件是：$f(x)$的泰勒公式中的余项$R_n(x)$当$n\to\infty$时的极限为0，即

$$\lim_{n\to\infty}R_n(x)=0\ (x\in U(x_0))$$

证 先证必要性. 设$f(x)$在$U(x_0)$内能展开成泰勒级数，即

$$f(x)=f(x_0)+f'(x_0)(x-x_0)+\frac{f''(x_0)}{2!}(x-x_0)^2+\cdots+$$
$$\frac{f^{(n)}(x_0)}{n!}(x-x_0)^n+\cdots$$

又设$S_{n+1}(x)$是$f(x)$的泰勒级数的前$n+1$项的和，则在$U(x_0)$内$S_{n+1}(x)\to f(x)\ (n\to\infty)$. 而$f(x)$的$n$阶泰勒公式可写成$f(x)=S_{n+1}(x)+R_n(x)$，于

是 $R_n(x)=f(x)-S_{n+1}(x)\to 0(n\to\infty)$.

再证充分性. 设 $R_n(x)\to 0(n\to\infty)$ 对一切 $x\in U(x_0)$ 成立.

因为 $f(x)$ 的 n 阶泰勒公式可写成 $f(x)=S_{n+1}(x)+R_n(x)$，于是

$$S_{n+1}(x)=f(x)-R_n(x)\to f(x)$$

即 $f(x)$ 的泰勒级数在 $U(x_0)$ 内收敛，并且收敛于 $f(x)$.

8.4.2　函数展开成幂级数

直接展开法

1. 直接展开法

要把给定函数 $f(x)$ 展开成 x 的幂级数，可按以下步骤进行（展开成 $x-x_0$ 的幂级数的步骤类似）：

（1）求出 $f(x)$ 的各阶导数：

$$f'(x),f''(x),\cdots,f^{(n)}(x),\cdots$$

（2）求函数及其各阶导数在 $x=0$ 处的值：

$$f(0),f'(0),f''(0),\cdots,f^{(n)}(0),\cdots$$

（3）写出幂级数 $f(0)+f'(0)x+\dfrac{f''(0)}{2!}x^2+\cdots+\dfrac{f^{(n)}(0)}{n!}x^n+\cdots$，并求出收敛半径 R.

（4）考察在区间 $(-R,R)$ 内余项 $R_n(x)$ 的极限

$$\lim_{n\to\infty}R_n(x)=\lim_{n\to\infty}\frac{f^{(n+1)}(\xi)}{(n+1)!}x^{n+1}\quad(\xi\text{在 0 和}x\text{之间})$$

是否为 0. 如果 $R_n(x)\to 0(n\to\infty)$，则 $f(x)$ 在 $(-R,R)$ 内有展开式

$$f(x)=f(0)+f'(0)x+\frac{f''(0)}{2!}x^2+\cdots+\frac{f^{(n)}(0)}{n!}x^n+\cdots(-R<x<R)$$

例 1　将函数 $f(x)=\mathrm{e}^x$ 展开成 x 的幂级数.

解　因为 $f^{(n)}(x)=\mathrm{e}^x\quad(n=1,2,3,\cdots)$，所以

$$f(0)=f^{(n)}(0)=1\quad(n=1,2,3,\cdots)$$

于是，得幂级数：

$$1+x+\frac{1}{2!}x^2+\cdots\frac{1}{n!}x^n+\cdots$$

它的收敛半径 $R=+\infty$.

再考察余项情况：

$$0\leqslant\left|R_n(x)\right|=\left|\frac{e^{\xi}}{(n+1)!}x^{n+1}\right|\leqslant e^{|x|}\frac{|x|^{n+1}}{(n+1)!}\ (\xi\text{在}0\text{和}x\text{之间})$$

由于对指定的 x 来说 $e^{|x|}$ 是一个常量，又对每一个 $x\in(-\infty,+\infty)$ 级数 $\sum_{n=1}^{\infty}\frac{|x|^{n+1}}{(n+1)!}$ 皆收敛，所以 $\lim_{n\to\infty}\frac{|x|^{n+1}}{(n+1)!}=0$，从而 $R_n(x)\to 0(n\to\infty)$，于是 $f(x)=e^x$ 可展开成如下幂级数：

$$e^x=1+x+\frac{1}{2!}x^2+\cdots\frac{1}{n!}x^n+\cdots(-\infty<x<+\infty)$$

例 2　将函数 $f(x)=\sin x$ 展开成 x 的幂级数.

解　因为 $f(x)=\sin x$, $f^{(n)}(x)=\sin\left(x+n\cdot\frac{\pi}{2}\right)$ $(n=1,2,3,\cdots)$，所以

$$f(0)=0,\ f'(0)=1,\ f''(0)=0,\ f'''(0)=-1,\ \cdots$$

即

$$f^{(2n)}(0)=0,\ f^{(2n+1)}(0)=(-1)^n\ (n=0,1,2,3,\cdots)$$

于是，得幂级数

$$x-\frac{x^3}{3!}+\frac{x^5}{5!}-\cdots+(-1)^{n-1}\frac{x^{2n-1}}{(2n-1)!}+\cdots$$

它的收敛半径 $R=+\infty$.

余项（$n=2m$）为

$$R_{2m}=\frac{\sin\left[\xi+(2m+1)\cdot\frac{\pi}{2}\right]}{(2m+1)!}x^{2m+1}\ (\xi\text{在}0\text{和}x\text{之间})$$

显然，$\left|R_{2m}\right|\leqslant\frac{|x|^{2m+1}}{(2m+1)!}$，当 $n\to\infty$ 时，$m\to\infty$，故对于任何实数 x 有 $\lim_{n\to\infty}\left|R_{2m}(x)\right|=0$，因此得展开式：

$$\sin x = x - \frac{x^3}{3!} + \frac{x^5}{5!} - \cdots + (-1)^{n-1}\frac{x^{2n-1}}{(2n-1)!} + \cdots (-\infty < x < +\infty)$$

常用的展开式有

$$\frac{1}{1-x} = 1 + x + x^2 + \cdots + x^n + \cdots (-1 < x < 1)$$

$$e^x = 1 + x + \frac{1}{2!}x^2 + \cdots \frac{1}{n!}x^n + \cdots (-\infty < x < +\infty)$$

$$\sin x = x - \frac{x^3}{3!} + \frac{x^5}{5!} - \cdots + (-1)^{n-1}\frac{x^{2n-1}}{(2n-1)!} + \cdots (-\infty < x < +\infty)$$

$$\cos x = 1 - \frac{x^2}{2!} + \frac{x^4}{4!} - \cdots + (-1)^n\frac{x^{2n}}{(2n)!} + \cdots (-\infty < x < +\infty)$$

$$\ln(1+x) = x - \frac{x^2}{2} + \frac{x^3}{3} - \frac{x^4}{4} + \cdots + (-1)^n\frac{x^{n+1}}{n+1} + \cdots (-1 < x \leqslant 1)$$

$$(1+x)^m = 1 + mx + \frac{m(m-1)}{2!}x^2 + \cdots + \frac{m(m-1)\cdots(m-n+1)}{n!}x^n + \cdots$$

$(-1 < x < 1)$

2. 间接展开法

间接展开法是指利用一些已知函数的幂级数展开式和幂级数的性质将所给函数展开成幂级数的方法.

例 3 将函数 $f(x) = \cos x$ 展开成 x 的幂级数.

解 因为有展开式:

$$\sin x = x - \frac{x^3}{3!} + \frac{x^5}{5!} - \cdots + (-1)^{n-1}\frac{x^{2n-1}}{(2n-1)!} + \cdots \quad (-\infty < x < +\infty)$$

两边求导，得

$$\cos x = 1 - \frac{x^2}{2!} + \frac{x^4}{4!} - \cdots + (-1)^n\frac{x^{2n}}{(2n)!} + \cdots (-\infty < x < +\infty)$$

例 4 将函数 $f(x) = \frac{1}{1+x^2}$ 和 $\arctan x$ 展开成 x 的幂级数.

解 因为有展开式:

$$\frac{1}{1-x}=1+x+x^2+\cdots+x^n+\cdots(-1<x<1)$$

所以

$$f(x)=\frac{1}{1+x^2}=\frac{1}{1-(-x^2)}=1+(-x^2)+(-x^2)^2+(-x^2)^3+\cdots+(-x^2)^n+\cdots(-1<x<1)$$

即

$$\frac{1}{1+x^2}=1-x^2+x^4-x^6+\cdots+(-1)^n x^{2n}+\cdots\quad(-1<x<1)$$

因此，$\arctan x=\int_0^x\frac{1}{1+x^2}\mathrm{d}x=\sum_{n=0}^{\infty}\int_0^x(-1)^n x^{2n}\mathrm{d}x$

$$=\sum_{n=0}^{\infty}\frac{(-1)^n}{2n+1}x^{2n+1}\quad(-1\leqslant x\leqslant 1)$$

注：在 $x=\pm1$ 处的收敛性可由交错级数的莱布尼茨判别法推出.

8.4.3 幂级数在近似计算中的应用

例 5 计算 $\sqrt[5]{240}$ 的近似值，要求误差不超过 0.0001.

解 因为 $\sqrt[5]{240}=\sqrt[5]{243-3}=3\left(1-\frac{1}{3^4}\right)^{\frac{1}{5}}$，利用公式

$$(1+x)^m=1+mx+\frac{m(m-1)}{2!}x^2+\cdots+\frac{m(m-1)\cdots(m-n+1)}{n!}x^n+\cdots\quad(-1<x<1)$$

取 $m=\frac{1}{5}$，$x=-\frac{1}{3^4}$，即得 $\sqrt[5]{240}=3\left(1-\frac{1}{5}\cdot\frac{1}{3^4}-\frac{1\cdot4}{5^2\cdot2!}\cdot\frac{1}{3^8}-\frac{1\cdot4\cdot9}{5^3\cdot3!}\cdot\frac{1}{3^{12}}-\cdots\right)$.

取前两项的和作为 $\sqrt[5]{240}$ 的近似值，得 $\sqrt[5]{240}\approx3\left(1-\frac{1}{5}\cdot\frac{1}{3^4}\right)\approx2.9926$，其误差（也叫作截断误差）为

$$|r_2|=3\left(\frac{1\cdot4}{5^2\cdot2!}\cdot\frac{1}{3^8}+\frac{1\cdot4\cdot9}{5^3\cdot3!}\cdot\frac{1}{3^{12}}+\frac{1\cdot4\cdot9\cdot14}{5^4\cdot4!}\cdot\frac{1}{3^{16}}+\cdots\right)$$

$$<3\cdot\frac{1\cdot 4}{5^2\cdot 2!}\cdot\frac{1}{3^8}\left[1+\frac{1}{81}+\left(\frac{1}{81}\right)^2+\cdots\right]=\frac{6}{25}\cdot\frac{1}{3^8}\cdot\frac{1}{1-\frac{1}{81}}=\frac{1}{25\cdot 27\cdot 40}<\frac{1}{20000}$$

例 6　自然对数表的制作：在中学时我们学过自然对数，要用自然对数时可以查自然对数表，例如 ln 2，查表可得其值为 0.6931，那么这个近似值是怎么得来的呢？

解　利用幂级数展开式

$$\ln(1+x)=x-\frac{x^2}{2}+\frac{x^3}{3}-\frac{x^4}{4}+\cdots+(-1)^n\frac{x^{n+1}}{n+1}+\cdots(-1<x\leqslant 1)$$，可得

$$\ln(1-x)=\ln[1+(-x)]=-x-\frac{(-x)^2}{2}+\frac{(-x)^3}{3}-\frac{(-x)^4}{4}+\cdots+(-1)^n\frac{(-x)^{n+1}}{n+1}$$

$+\cdots\ (-1\leqslant x<1)$，而 $\ln(1+x)-\ln(1-x)=\ln\dfrac{1+x}{1-x}$，于是有展开式

$$\ln\frac{1+x}{1-x}=2\left(x+\frac{1}{3}x^3+\frac{1}{5}x^5+\cdots+\frac{1}{2n+1}x^{2n+1}+\cdots\right)(-1<x<1)$$

令 $\dfrac{1+x}{1-x}=2$，解之得 $x=\dfrac{1}{3}$，所以

$$\ln 2=2\left(\frac{1}{3}+\frac{1}{3}\cdot\left(\frac{1}{3}\right)^3+\frac{1}{5}\cdot\left(\frac{1}{3}\right)^5+\cdots+\frac{1}{2n+1}\cdot\left(\frac{1}{3}\right)^{2n+1}+\cdots\right)(-1<x<1)$$

要想误差不超过 0.0001，只需取 $\dfrac{2}{2n+1}\left(\dfrac{1}{3}\right)^{2n+1}<\dfrac{1}{10000}$，即 $n\geqslant 4$ 即可，于是

$$\ln 2\approx 2\left[\frac{1}{3}+\frac{1}{3}\cdot\left(\frac{1}{3}\right)^3+\frac{1}{5}\cdot\left(\frac{1}{3}\right)^5+\frac{1}{7}\cdot\left(\frac{1}{3}\right)^7+\frac{1}{9}\cdot\left(\frac{1}{3}\right)^9\right]$$

$$=\frac{2}{3}\left[1+\frac{1}{27}+\frac{1}{405}+\frac{1}{5103}+\frac{1}{59049}\right]\approx 0.6931$$

用同样的方法和 ln 2 的值可以计算其他正数的自然对数值．例如 $\ln 5=\ln 4+\ln\dfrac{5}{4}$，令 $\dfrac{1+x}{1-x}=\dfrac{5}{4}$，解之得 $x=\dfrac{1}{9}$，所以

$$\ln 5=2\ln 2+2\left[\frac{1}{9}+\frac{1}{3}\cdot\left(\frac{1}{9}\right)^3+\frac{1}{5}\cdot\left(\frac{1}{9}\right)^5+\frac{1}{7}\cdot\left(\frac{1}{9}\right)^7\cdots+\frac{1}{2n+1}\cdot\left(\frac{1}{9}\right)^{2n+1}+\cdots\right]$$

$$\approx 2\times 0.6931+\frac{2}{9}\left[1+\frac{1}{3}\cdot\frac{1}{81}+\frac{1}{5}\cdot\frac{1}{81^2}\right]$$

这样就可以制作出自然对数表了.

例 7　π的计算.

解　因为

$$\arctan x=\sum_{n=0}^{\infty}\frac{(-1)^n}{2n+1}x^{2n+1}=x-\frac{x^3}{3}+\frac{x^5}{5}-\frac{x^7}{7}+\cdots\quad(-1\leqslant x\leqslant 1)$$

所以取$x=\frac{\sqrt{3}}{3}$，得$\frac{\pi}{6}=\frac{\sqrt{3}}{3}\left(1-\frac{1}{3}\cdot\frac{1}{3}+\frac{1}{5}\cdot\frac{1}{3^2}-\frac{1}{7}\cdot\frac{1}{3^3}+\cdots\right)$. 由此可以计算$\pi$.

为了取更少的项而达到较高的精度，我们令

$$\tan\alpha=\frac{1}{5},\quad \tan 2\alpha=\frac{2\times\frac{1}{5}}{1-\left(\frac{1}{5}\right)^2}=\frac{5}{12},\quad \tan 4\alpha=\frac{2\times\frac{5}{12}}{1-\left(\frac{5}{12}\right)^2}=\frac{120}{119}$$

由于$\tan 4\alpha$接近于1，显然4α接近于$\frac{\pi}{4}$，令$\beta=4\alpha-\frac{\pi}{4}$，则

$$\tan\beta=\frac{\frac{120}{119}-1}{1+\frac{120}{119}}=\frac{1}{239},\quad \beta=\arctan\frac{1}{239}$$

由此，可得

$$\pi=16\alpha-4\beta=16\arctan\frac{1}{5}-4\arctan\frac{1}{239}$$

$$=16\left(\frac{1}{5}-\frac{1}{3}\cdot\frac{1}{5^3}+\frac{1}{5}\cdot\frac{1}{5^5}-\frac{1}{7}\cdot\frac{1}{5^7}+\frac{1}{9}\cdot\frac{1}{5^9}-\frac{1}{11}\cdot\frac{1}{5^{11}}+\cdots\right)-4\left(\frac{1}{239}-\frac{1}{3}\cdot\frac{1}{239^3}+\cdots\right)$$

$$\approx\frac{16}{5}\left(1-\frac{1}{3}\cdot\frac{1}{5^2}+\frac{1}{5}\cdot\frac{1}{5^4}-\frac{1}{7}\cdot\frac{1}{5^6}+\frac{1}{9}\cdot\frac{1}{5^8}-\frac{1}{11}\cdot\frac{1}{5^{10}}\right)-\frac{4}{239}\left(1-\frac{1}{3}\cdot\frac{1}{239^2}\right)$$

$$\approx 3.1415926$$

可以证明这样得到的 π 的近似值可以精确到 10^{-7}.

例 8 验证欧拉公式：$e^{ix}=\cos x+i\sin x$.

解 由 $e^{x}=1+x+\dfrac{1}{2!}x^{2}+\cdots\dfrac{1}{n!}x^{n}+\cdots\ (-\infty<x<+\infty)$ 得

$$e^{ix}=1+ix+\frac{1}{2!}(ix)^{2}+\frac{1}{3!}(ix)^{3}+\frac{1}{4!}(ix)^{4}+\frac{1}{5!}(ix)^{5}+\cdots+\frac{1}{n!}(ix)^{n}+\cdots$$

$$=\left(1-\frac{1}{2!}x^{2}+\frac{1}{4!}x^{4}-\cdots\right)+i\left(x-\frac{1}{3!}x^{3}+\frac{1}{5!}x^{5}-\cdots\right)$$

$$=\cos x+i\sin x$$

习题 8.4

习题答案详解

1. 将多项式 x^3+3x^2-2x+4 展开成 $(x+1)$ 的幂级数.
2. 将函数 a^x 展开成 x 的幂级数.
3. 求 $\ln 3$ 的近似值（精确到 0.0001）.
4. 利用 $\sin x\approx x-\dfrac{1}{3!}x^3$ 求 $\sin 9°$ 的近似值，并估计误差.
5. 将函数 $f(x)=\sin x$ 展开成 $\left(x-\dfrac{\pi}{4}\right)$ 的幂级数.
6. 将函数 $f(x)=\dfrac{1}{x^2+4x+3}$ 展开成 $(x-1)$ 的幂级数.

8.5 傅里叶级数

傅里叶级数的系数

8.5.1 三角级数 三角函数系的正交性

所谓三角级数，就是形如

$$\frac{1}{2}a_0+\sum_{n=1}^{\infty}(a_n\cos nx+b_n\sin nx) \tag{8-4}$$

的级数，其中 $a_0, a_n, b_n\ (n=1,2,3,\cdots)$ 都是常数，称为此三角级数的系数．称函数系 $1, \cos x, \sin x, \cos 2x, \sin 2x, \cdots, \cos nx, \sin nx, \cdots$ 为三角函数系.

三角函数系的正交性：三角函数系中任意两个不同函数的乘积在区间 $[-\pi,\pi]$ 上的积分都为 0，即

$$\int_{-\pi}^{\pi}\cos nx\mathrm{d}x=0\ (n=1,2,\cdots)$$

$$\int_{-\pi}^{\pi}\sin nx\mathrm{d}x=0\ (n=1,2,\cdots)$$

$$\int_{-\pi}^{\pi}\sin kx\cos nx\mathrm{d}x=0\ (k,n=1,2,\cdots)$$

$$\int_{-\pi}^{\pi}\sin kx\sin nx\mathrm{d}x=0\ (k,n=1,2,\cdots,k\neq n)$$

$$\int_{-\pi}^{\pi}\cos kx\cos nx\mathrm{d}x=0\ (k,n=1,2,\cdots,k\neq n)$$

三角函数系中任何函数的自乘（平方）在区间 $[-\pi,\pi]$ 上的积分等于 π 或 2π，即

$$\int_{-\pi}^{\pi}1^2\mathrm{d}x=2\pi$$

$$\int_{-\pi}^{\pi}\cos^2 nx\mathrm{d}x=\pi\ (n=1,2,\cdots)$$

$$\int_{-\pi}^{\pi}\sin^2 nx\mathrm{d}x=\pi\ (n=1,2,\cdots)$$

8.5.2 以 2π 为周期的函数展开成傅里叶级数

问题 1 设 $f(x)$ 是周期为 2π 的周期函数，且能展开成三角级数：

$$f(x)=\frac{a_0}{2}+\sum_{n=1}^{\infty}(a_n\cos nx+b_n\sin nx) \tag{8-5}$$

那么系数 $a_0,a_1,b_1,a_2,b_2,\cdots$ 与函数 $f(x)$ 之间存在着怎样的关系？

假定三角级数可逐项积分，则

$$\int_{-\pi}^{\pi}f(x)\mathrm{d}x=\int_{-\pi}^{\pi}\frac{a_0}{2}\mathrm{d}x+\sum_{n=1}^{\infty}\left[a_n\int_{-\pi}^{\pi}\cos nx\mathrm{d}x+b_n\int_{-\pi}^{\pi}\sin nx\mathrm{d}x\right]$$

由三角函数系的正交性可得 $a_0=\dfrac{1}{\pi}\int_{-\pi}^{\pi}f(x)\mathrm{d}x$.

用 $\cos kx$ 乘式（8–5）的两端后再积分，可得

$$\int_{-\pi}^{\pi}f(x)\cos kx\mathrm{d}x=\int_{-\pi}^{\pi}\frac{a_0}{2}\cos kx\mathrm{d}x+\sum_{n=1}^{\infty}\left[a_n\int_{-\pi}^{\pi}\cos nx\cos kx\mathrm{d}x+b_n\int_{-\pi}^{\pi}\cos nx\sin kx\mathrm{d}x\right]$$

由三角函数系的正交性可得

$$a_n=\frac{1}{\pi}\int_{-\pi}^{\pi}f(x)\cos nx\mathrm{d}x\quad (n=1,2,\cdots)$$

类似地，用 $\sin kx$ 乘式（8–5）的两端后再积分，可得 $\int_{-\pi}^{\pi}f(x)\sin nx\mathrm{d}x=b_n\pi$.

由于 a_0 的表达式是 a_n 的表达式当 $n=0$ 时的情形，因此有

$$a_n=\frac{1}{\pi}\int_{-\pi}^{\pi}f(x)\cos nx\mathrm{d}x \quad (n=0,1,2,\cdots)$$

$$b_n=\frac{1}{\pi}\int_{-\pi}^{\pi}f(x)\sin nx\mathrm{d}x \quad (n=1,2,3,\cdots)$$

系数 $a_0,a_1,b_1,a_2,b_2,\cdots$ 叫作函数 $f(x)$ 的傅里叶系数.

三角级数 $\frac{a_0}{2}+\sum_{n=1}^{\infty}(a_n\cos nx+b_n\sin nx)$ 称为傅里叶级数，其中 $a_0,a_1,b_1,a_2,b_2,\cdots$ 是傅里叶系数.

问题2 一个定义在 $(-\infty,+\infty)$ 上周期为 2π 的函数 $f(x)$，如果它在一个周期上可积，则一定可以作出 $f(x)$ 的傅里叶级数. 但是，函数 $f(x)$ 的傅里叶级数是否一定收敛？如果它收敛，它是否一定收敛于函数 $f(x)$ 呢？一般来说，这两个问题的答案都不是肯定的.

定理1 （收敛定理，狄利克雷充分条件） 设以 2π 为周期的函数 $f(x)$ 在一个周期内满足：

（1）连续或只有有限个第一类间断点；

（2）至多只有有限个极值点.

那么函数 $f(x)$ 的傅里叶级数收敛，并且

（1）当 x 是 $f(x)$ 的连续点时，级数收敛于 $f(x)$；

（2）当 x 是 $f(x)$ 的间断点时，级数收敛于 $\frac{1}{2}\left[f(x^-)+f(x^+)\right]$.

例1 设 $f(x)$ 是周期为 2π 的周期函数，它在 $[-\pi,\pi)$ 上的表达式为

$$f(x)=\begin{cases}-1, & -\pi\leqslant x<0\\ 1, & 0\leqslant x<\pi\end{cases}$$

将 $f(x)$ 展开成傅里叶级数.

解 所给函数满足收敛定理的条件，它在 $x=k\pi(k=0,\pm1,\pm2,\cdots)$ 处不连续，在其他点处连续，从而由收敛定理知道 $f(x)$ 的傅里叶级数收敛，并且当 $x=k\pi$ 时收敛于

$$\frac{1}{2}[f(x^-)+f(x^+)]=\frac{1}{2}(-1+1)=0$$

当 $x\neq k\pi$ 时级数收敛于 $f(x)$. 和函数的图像如图8-1所示.

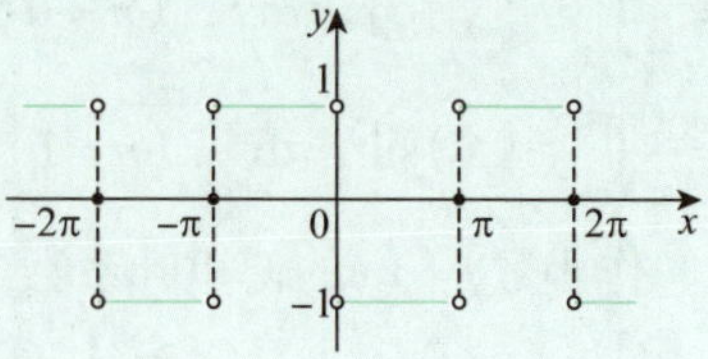

图 8-1

傅里叶系数计算如下：

$$a_n=\frac{1}{\pi}\int_{-\pi}^{\pi}f(x)\cos nx\mathrm{d}x=\frac{1}{\pi}\int_{-\pi}^{0}(-1)\cos nx\mathrm{d}x+\frac{1}{\pi}\int_{0}^{\pi}1\cdot\cos nx\mathrm{d}x=0$$
$$(n=0,1,2,\cdots)$$

$$\begin{aligned}b_n&=\frac{1}{\pi}\int_{-\pi}^{\pi}f(x)\sin nx\mathrm{d}x=\frac{1}{\pi}\int_{-\pi}^{0}(-1)\sin nx\mathrm{d}x+\frac{1}{\pi}\int_{0}^{\pi}1\cdot\sin nx\mathrm{d}x\\&=\frac{1}{\pi}\left[\frac{\cos nx}{n}\right]_{-\pi}^{0}+\frac{1}{\pi}\left[-\frac{\cos nx}{n}\right]_{0}^{\pi}=\frac{1}{n\pi}[1-\cos n\pi-\cos n\pi+1]\\&=\frac{2}{n\pi}[1-(-1)^n]=\begin{cases}\dfrac{4}{n\pi},&n=1,3,5,\cdots\\0,&n=2,4,6,\cdots\end{cases}\end{aligned}$$

于是$f(x)$的傅里叶级数展开式为

$$f(x)=\frac{4}{\pi}\left[\sin x+\frac{1}{3}\sin 3x+\cdots+\frac{1}{2k-1}\sin(2k-1)x+\cdots\right](-\infty<x<+\infty;$$
$$x\neq 0,\pm\pi,\pm 2\pi,\cdots)$$

例 2　设$f(x)$是周期为2π的周期函数，它在$(-\pi,\pi]$上的表达式为

$$f(x)=\begin{cases}x, & -\pi<x\leqslant 0\\0, & 0<x\leqslant\pi\end{cases}$$

将$f(x)$展开成傅里叶级数.

解　函数的图像如图 8-2 所示 .

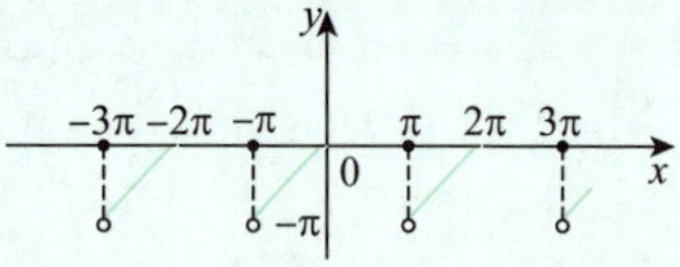

图 8-2

所给函数满足收敛定理的条件，它在$x=(2k+1)\pi\ (k=0,\pm 1,\pm 2,\cdots)$处

不连续，因此$f(x)$的傅里叶级数在 $x=(2k+1)\pi$ 处收敛于

$$\frac{1}{2}[f((2k+1)\pi^-)+f((2k+1)\pi^+)]=\frac{1}{2}(0-\pi)=-\frac{\pi}{2}$$

在连续点 $x(x\neq(2k+1)\pi)$ 处级数收敛于$f(x)$.

傅里叶系数计算如下：

$$a_0=\frac{1}{\pi}\int_{-\pi}^{\pi}f(x)\mathrm{d}x=\frac{1}{\pi}\int_{-\pi}^{0}x\mathrm{d}x+\frac{1}{\pi}\int_{0}^{\pi}0\mathrm{d}x=\frac{1}{\pi}\cdot\frac{x^2}{2}\bigg|_{-\pi}^{0}=-\frac{\pi}{2}$$

$$\begin{aligned}a_n&=\frac{1}{\pi}\int_{-\pi}^{\pi}f(x)\cos nx\mathrm{d}x=\frac{1}{\pi}\int_{-\pi}^{0}x\cos nx\mathrm{d}x+\frac{1}{\pi}\int_{0}^{\pi}0\cdot\cos nx\mathrm{d}x\\&=\frac{1}{\pi}\int_{-\pi}^{0}x\mathrm{d}\left(\frac{1}{n}\sin nx\right)=\frac{1}{\pi}\left(\frac{1}{n}\sin nx\bigg|_{-\pi}^{0}-\int_{-\pi}^{0}\frac{1}{n}\sin nx\mathrm{d}x\right)\\&=\frac{1}{\pi}\left(-\frac{\cos nx}{n^2}\bigg|_{-\pi}^{0}\right)=\begin{cases}-\dfrac{2}{\pi n^2}, & n=1,3,5,\cdots\\0, & n=2,4,6,\cdots\end{cases}\end{aligned}$$

$$\begin{aligned}b_n&=\frac{1}{\pi}\int_{-\pi}^{\pi}f(x)\sin nx\mathrm{d}x=\frac{1}{\pi}\int_{-\pi}^{0}x\sin nx\mathrm{d}x+\frac{1}{\pi}\int_{0}^{\pi}0\cdot\sin nx\mathrm{d}x\\&=\frac{1}{\pi}\int_{-\pi}^{0}x\mathrm{d}\left(-\frac{1}{n}\cos nx\right)=\frac{1}{\pi}\left(-\frac{x}{n}\cos nx\bigg|_{-\pi}^{0}+\int_{-\pi}^{0}\frac{1}{n}\cos nx\mathrm{d}x\right)\\&=-\frac{\cos n\pi}{n}=\frac{(-1)^{n+1}}{n}\end{aligned}$$

所以，$f(x)$的傅里叶级数展开式为

$$\begin{aligned}f(x)=&-\frac{\pi}{4}+\left(-\frac{2}{\pi}\cos x+\sin x\right)-\frac{\sin 2x}{2}+\left(-\frac{2\cos 3x}{3^2\pi}+\frac{\sin 3x}{3}\right)-\frac{\sin 4x}{4}\\&+\left(-\frac{2\cos 5x}{5^2\pi}+\frac{\sin 5x}{5}\right)-\frac{\sin 6x}{6}+\left(-\frac{2\cos 7x}{7^2\pi}+\frac{\sin 7x}{7}\right)-\frac{\sin 8x}{8}+\cdots\end{aligned}$$

和函数的图像如图 8-3 所示.

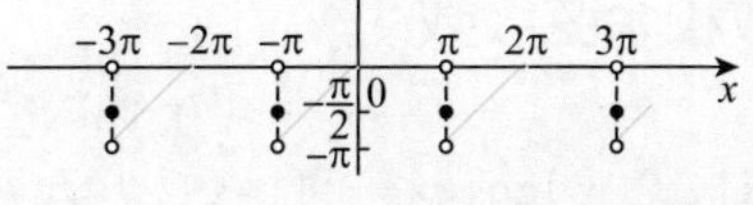

图 8-3

例 3 将函数 $f(x)=\begin{cases}-x, & -\pi\leqslant x<0\\ x, & 0\leqslant x\leqslant\pi\end{cases}$ 展开成傅里叶级数.

解 所给函数在区间 $[-\pi,\pi]$ 上满足收敛定理的条件，并且拓广为周期函数时它在每一点 x 处都连续（其图像如图 8-4 所示），因此拓广的周期函数的傅里叶级数在 $[-\pi,\pi]$ 上收敛于 $f(x)$.

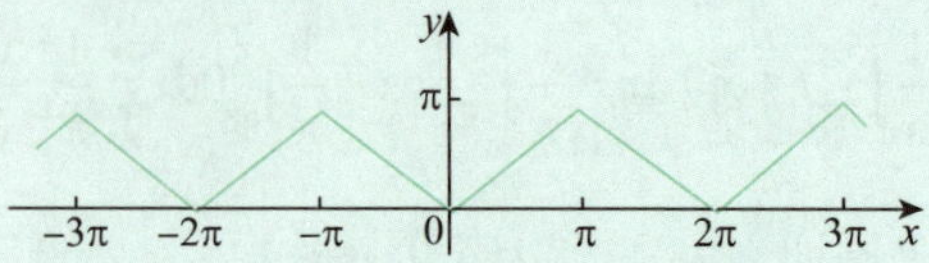

图 8-4

傅里叶系数为

$$a_0=\frac{1}{\pi}\int_{-\pi}^{\pi}f(x)\mathrm{d}x=\frac{1}{\pi}\int_{-\pi}^{0}(-x)\mathrm{d}x+\frac{1}{\pi}\int_{0}^{\pi}x\mathrm{d}x=\pi;$$

$$a_n=\frac{1}{\pi}\int_{-\pi}^{\pi}f(x)\cos nx\mathrm{d}x=\frac{1}{\pi}\int_{-\pi}^{0}(-x)\cos nx\mathrm{d}x+\frac{1}{\pi}\int_{0}^{\pi}x\cos nx\mathrm{d}x$$

$$=\frac{2}{n^2\pi}(\cos n\pi-1)=\begin{cases}-\dfrac{4}{n^2\pi} & n=1,3,5,\cdots\\ 0 & n=2,4,6,\cdots\end{cases}$$

$$b_n=\frac{1}{\pi}\int_{-\pi}^{\pi}f(x)\sin nx\mathrm{d}x=\frac{1}{\pi}\int_{-\pi}^{0}(-x)\sin nx\mathrm{d}x+\frac{1}{\pi}\int_{0}^{\pi}x\sin nx\mathrm{d}x$$
$$=0\ (n=1,2,\cdots)$$

于是 $f(x)$ 的傅里叶级数展开式为

$$f(x)=\frac{\pi}{2}-\frac{4}{\pi}\left(\cos x+\frac{1}{3^2}\cos 3x+\frac{1}{5^2}\cos 5x+\cdots\right)(-\pi\leqslant x\leqslant\pi)$$

特别地，在上面的展开式中取 $x=\pi$，就得到

$$\frac{\pi^2}{8}=1+\frac{1}{3^2}+\frac{1}{5^2}+\frac{1}{7^2}+\cdots+\frac{1}{(2n+1)^2}+\cdots$$

8.5.3 正弦级数和余弦级数

当 $f(x)$ 为奇函数时，$f(x)\cos nx$ 是奇函数，$f(x)\sin nx$ 是偶函数，故傅里叶系数为

$$a_n=0\,(n=0,1,2,\cdots)\,,\ b_n=\frac{2}{\pi}\int_0^{\pi}f(x)\sin nx\mathrm{d}x\,(n=1,2,3,\cdots)$$

因此，奇函数的傅里叶级数是只含有正弦项的正弦级数 $\sum_{n=1}^{\infty}b_n\sin nx$.

当 $f(x)$ 为偶函数时，$f(x)\cos nx$ 是偶函数，$f(x)\sin nx$ 是奇函数，故傅里叶系数为

$$a_n=\frac{2}{\pi}\int_0^{\pi}f(x)\cos nx\mathrm{d}x\,(n=0,1,2,3,\cdots),\ b_n=0\,(n=1,2,\cdots)$$

因此，偶函数的傅里叶级数是只含有余弦项的余弦级数 $\frac{a_0}{2}+\sum_{n=1}^{\infty}a_n\cos nx$.

例 4 设 $f(x)$ 是周期为 2π 的周期函数，它在 $[-\pi,\pi)$ 上的表达式为 $f(x)=x$. 将 $f(x)$ 展开成傅里叶级数 .

解 首先，所给函数满足收敛定理的条件，它在 $x=(2k+1)\pi\,(k=0,\pm1,\pm2,\cdots)$ 处不连续，因此 $f(x)$ 的傅里叶级数在函数的连续点 $x\neq(2k+1)\pi$ 处收敛于 $f(x)$，在 $x=(2k+1)\pi\,(k=0,\pm1,\pm2,\cdots)$ 处收敛于

$$\frac{1}{2}[f(\pi^-)+f(\pi^+)]=\frac{1}{2}[\pi+(-\pi)]=0$$

和函数的图像如图 8-5 所示 .

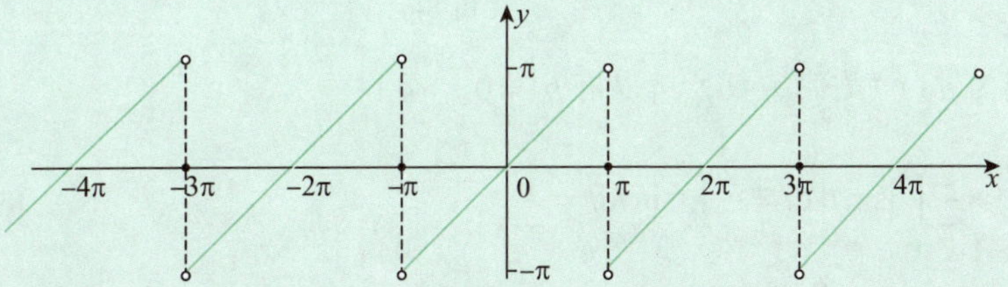

图 8-5

其次，若不考虑 $x=(2k+1)\pi\,(k=0,\pm1,\pm2,\cdots)$ 时，则 $f(x)$ 是周期为 2π 的奇函数. 于是

$$a_n=0\,(n=0,1,2,3,\cdots)$$

$$b_n=\frac{2}{\pi}\int_0^{\pi}f(x)\sin nx\mathrm{d}x=\frac{2}{\pi}\int_0^{\pi}x\sin nx\mathrm{d}x=\frac{2}{\pi}\left[-\frac{x\cos nx}{n}+\frac{\sin nx}{n^2}\right]_0^{\pi}$$

$$=-\frac{2}{n}\cos n\pi=\frac{2}{n}(-1)^{n+1}\,(n=1,2,3,\cdots)$$

$f(x)$的傅里叶级数展开式为

$$f(x)=2\left[\sin x-\frac{1}{2}\sin 2x+\frac{1}{3}\sin 3x-\cdots+(-1)^{n+1}\frac{1}{n}\sin nx+\cdots\right](-\infty<x<+\infty,$$

$x\neq\pm\pi,\pm3\pi,\cdots)$.

特别地，在上面的展开式中取$x=\frac{\pi}{2}$，就得到

$$\frac{\pi}{4}=1-\frac{1}{3}+\frac{1}{5}-\frac{1}{7}+\cdots+(-1)^{n+1}\frac{1}{2n+1}+\cdots$$

例 5　在无线电设备中，常用电子管整流器将交流电转换为直流电．已知电压$u(t)$与时间t的关系为$u(t)=|\sin t|$，试将它展开成傅里叶级数．

解　所给函数满足收敛定理的条件，它在整个数轴上连续（如图 8-6 所示），因此$u(t)$的傅里叶级数处处收敛于$u(t)$．

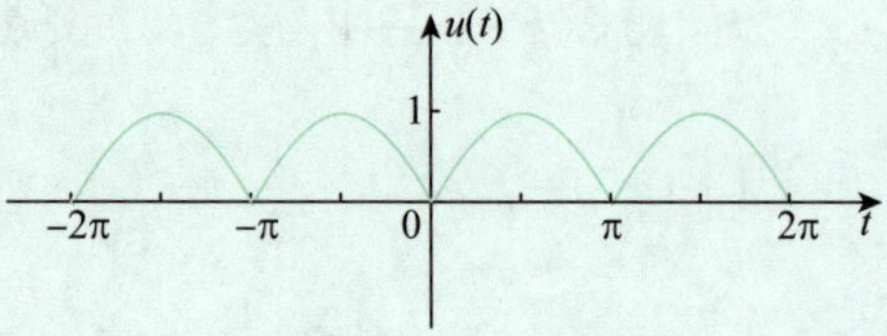

图 8-6

因为$u(t)$是偶函数，所以有$b_n=0$，而

$$a_0=\frac{2}{\pi}\int_0^{\pi}|\sin t|\,dt=\frac{2}{\pi}\int_0^{\pi}\sin t dt=\frac{4}{\pi}$$

$$a_n=\frac{2}{\pi}\int_0^{\pi}\sin t\cos nt dt=\frac{1}{\pi}\int_0^{\pi}[\sin(n+1)t-\sin(n-1)t]dt$$

$$=\frac{1}{\pi}\left[-\frac{\cos(n+1)t}{n+1}+\frac{\cos(n-1)t}{n-1}\right]_0^{\pi}\ (n>1)$$

$$=\frac{1}{\pi}\cdot\frac{2}{n^2-1}[\cos(n-1)\pi-1]$$

$$=\begin{cases}0, & n=3,5,7,\cdots\\ -\dfrac{4}{\pi(n^2-1)}, & n=2,4,6,\cdots\end{cases}$$

另外，$a_1=\frac{2}{\pi}\int_0^{\pi}u(t)\cos t dt=\frac{2}{\pi}\int_0^{\pi}\sin t\cos t dt=\frac{1}{\pi}\int_0^{\pi}\sin 2t dt=0$.

所以，$u(t)=|\sin t|$的傅里叶级数展开式为

$$u(t)=|\sin t|=\frac{4}{\pi}\left(\frac{1}{2}-\frac{1}{1\times 3}\cos 2t-\frac{1}{3\times 5}\cos 4t-\frac{1}{5\times 7}\cos 6t-\cdots\right)\quad(-\infty<t<+\infty)$$

在实际应用中，有时需要把定义在$[0,\pi]$上的函数展开成正弦级数或余弦级数，这类问题可按以下方法解决：

（1）设函数$f(x)$定义在区间$[0,\pi]$上并且满足收敛定理的条件，我们定义一个在$(-\pi,\pi]$上的新函数$F(x)$，使得在$(0,\pi]$上有$F(x)=f(x)$，且$F(x)$在$(-\pi,\pi)$上为奇函数（或偶函数）．这种定义$F(x)$的方式称为对$f(x)$的奇延拓（或偶延拓）．

（2）将$F(x)$以2π为周期进行周期延拓，这样得到的函数就可以展开成正弦级数或余弦级数．

例 6　将函数$f(x)=x+1\,(0\leqslant x\leqslant\pi)$分别展开成正弦级数和余弦级数．

解　先求正弦级数．为此，对函数$f(x)$进行奇延拓，如图 8-7 所示．

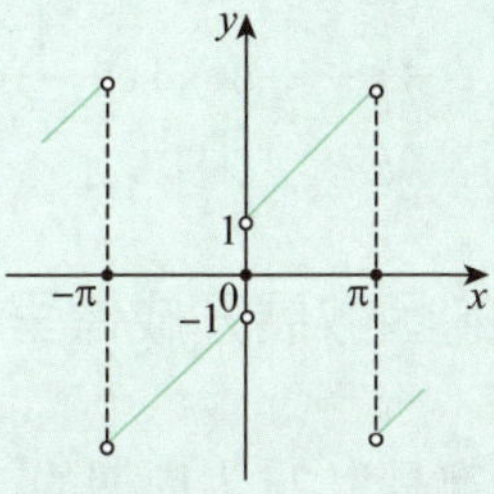

图 8-7

$$b_n=\frac{2}{\pi}\int_0^{\pi}f(x)\sin nx\mathrm{d}x=\frac{2}{\pi}\int_0^{\pi}(x+1)\sin nx\mathrm{d}x=\frac{2}{\pi}\left[-\frac{x\cos nx}{n}+\frac{\sin nx}{n^2}-\frac{\cos nx}{n}\right]_0^{\pi}$$

$$=\frac{2}{n\pi}(1-\pi\cos n\pi-\cos n\pi)=\begin{cases}\dfrac{2}{\pi}\cdot\dfrac{\pi+2}{n}, & n=1,3,5,\cdots\\ -\dfrac{2}{n}, & n=2,4,6,\cdots\end{cases}$$

函数的正弦级数展开式为

$$x+1=\frac{2}{\pi}\left[(\pi+2)\sin x-\frac{\pi}{2}\sin 2x+\frac{1}{3}(\pi+2)\sin 3x-\frac{\pi}{4}\sin 4x+\cdots\right]\ (0<x<\pi)$$

在端点$x=0$和$x=\pi$处级数的和显然为 0，它不表示原函数$f(x)$的值．

再求余弦级数. 为此，对$f(x)$进行偶延拓，如图 8-8 所示.

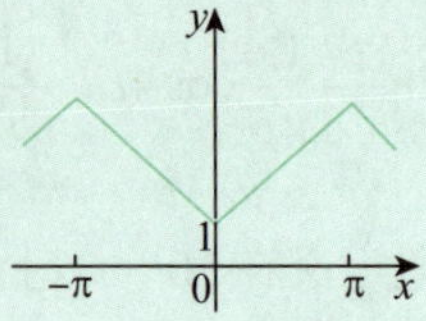

图 8-8

$$a_n=\frac{2}{\pi}\int_0^{\pi}f(x)\cos nx\mathrm{d}x=\frac{2}{\pi}\int_0^{\pi}(x+1)\cos nx\mathrm{d}x=\frac{2}{\pi}\left[-\frac{x\sin nx}{n}+\frac{\cos nx}{n^2}-\frac{\sin nx}{n}\right]_0^{\pi}$$

$$=\frac{2}{n^2\pi}(\cos n\pi-1)=\begin{cases}0\,, & n=2,4,6,\cdots\\ -\frac{4}{n^2\pi}, & n=1,3,5,\cdots\end{cases}$$

$$a_0=\frac{2}{\pi}\int_0^{\pi}(x+1)\mathrm{d}x=\frac{2}{\pi}\left[\frac{x^2}{2}+x\right]_0^{\pi}=\pi+2$$

函数的余弦级数展开式为

$$x+1=\frac{\pi}{2}+1-\frac{4}{\pi}\left(\cos x+\frac{1}{3^2}\cos 3x+\frac{1}{5^2}\cos 5x+\cdots\right)\quad(0\leqslant x\leqslant\pi)$$

8.5.4 以 $2l$ 为周期的函数展开成傅里叶级数

前面所讨论的周期函数都是以2π为周期的. 但在实际问题中所遇到的周期函数,它的周期不一定是2π. 怎样把周期为 $2l$ 的周期函数$f(x)$展开成三角级数呢?

我们希望能把周期为 $2l$ 的周期函数$f(x)$展开成三角级数,为此先把周期为 $2l$ 的周期函数$f(x)$变换为周期为2π的周期函数.

令$x=\frac{l}{\pi}t$及$f(x)=f\left(\frac{l}{\pi}t\right)=F(t)$,则$F(t)$是以$2\pi$为周期的函数. 这是因为

$$F(t+2\pi)=f\left[\frac{l}{\pi}(t+2\pi)\right]=f\left(\frac{l}{\pi}t+2l\right)=f\left(\frac{l}{\pi}t\right)=F(t)$$

于是,当$F(t)$满足收敛定理的条件时,$F(t)$可展开成傅里叶级数:

$$F(t)=\frac{a_0}{2}+\sum_{n=1}^{\infty}(a_n\cos nt+b_n\sin nt)$$

其中，$a_n=\frac{1}{\pi}\int_{-\pi}^{\pi}F(t)\cos nt\mathrm{d}t\ (n=0,1,2,\cdots)$，$b_n=\frac{1}{\pi}\int_{-\pi}^{\pi}F(t)\sin nt\mathrm{d}t\ (n=1,2,\cdots)$.

从而有下述定理.

定理 2　设周期为 $2l$ 的周期函数 $f(x)$ 满足收敛定理的条件，则它的傅里叶级数展开式为

$$f(x)=\frac{a_0}{2}+\sum_{n=1}^{\infty}\left(a_n\cos\frac{n\pi x}{l}+b_n\sin\frac{n\pi x}{l}\right)$$

其中系数 a_n、b_n 为

$$a_n=\frac{1}{l}\int_{-l}^{l}f(x)\cos\frac{n\pi x}{l}\mathrm{d}x\ (n=0,1,2,\cdots)$$

$$b_n=\frac{1}{l}\int_{-l}^{l}f(x)\sin\frac{n\pi x}{l}\mathrm{d}x\ (n=1,2,\cdots)$$

当 $f(x)$ 为奇函数时，$f(x)=\sum_{n=1}^{\infty}b_n\sin\frac{n\pi x}{l}$，其中

$$b_n=\frac{2}{l}\int_{0}^{l}f(x)\sin\frac{n\pi x}{l}\mathrm{d}x\ (n=1,2,\cdots)$$

当 $f(x)$ 为偶函数时，$f(x)=\frac{a_0}{2}+\sum_{n=1}^{\infty}a_n\cos\frac{n\pi x}{l}$，其中

$$a_n=\frac{2}{l}\int_{0}^{l}f(x)\cos\frac{n\pi x}{l}\mathrm{d}x\ (n=0,1,2,\cdots)$$

例 7　设 $f(x)$ 是周期为 4 的周期函数，它在 $[-2,2)$ 上的表达式为

$$f(x)=\begin{cases}0, & -2\leqslant x<0\\ 1, & 0\leqslant x<2\end{cases}$$

将 $f(x)$ 展开成傅里叶级数.

解　这里 $l=2$，则

$$a_n=\frac{1}{2}\int_{0}^{2}1\cdot\cos\frac{n\pi x}{2}\mathrm{d}x=\left[\frac{1}{n\pi}\sin\frac{n\pi x}{2}\right]_0^2=0\ (n\neq 0)$$

$$a_0=\frac{1}{2}\int_{-2}^{0}0\mathrm{d}x+\frac{1}{2}\int_{0}^{2}1\mathrm{d}x=1$$

$$b_n=\frac{1}{2}\int_{0}^{2}1\cdot\sin\frac{n\pi x}{2}\mathrm{d}x=\left[-\frac{1}{n\pi}\cos\frac{n\pi x}{2}\right]_0^2=\frac{1}{n\pi}(1-\cos n\pi)=\begin{cases}\frac{2}{n\pi}, & n=1,3,5,\cdots\\ 0, & n=2,4,6,\cdots\end{cases}$$

于是

$$f(x)=\frac{1}{2}+\frac{2}{\pi}\left(\sin\frac{\pi x}{2}+\frac{1}{3}\sin\frac{3\pi x}{2}+\frac{1}{5}\sin\frac{5\pi x}{2}+\cdots\right)$$

$(-\infty < x < +\infty, x \neq 0, \pm 2, \pm 4, \cdots)$

在 $x=0, \pm 2, \pm 4, \cdots$ 处，傅里叶级数收敛于 $\frac{1}{2}$.

习题 8.5

习题答案详解

1. 设周期为 2π 的函数 $f(x)$ 在 $[-\pi, \pi]$ 上的表达式为

$$f(x)=\begin{cases}2, & -\frac{\pi}{2} \leqslant x \leqslant \frac{\pi}{2} \\ 0, & \text{其他}\end{cases}$$

将 $f(x)$ 展开成傅里叶级数.

2. 将 $f(x)=x^2$ 在闭区间 $[-\pi, \pi]$ 上展开成傅里叶级数.

3. 将函数 $f(x)=\begin{cases}\sin x, & 0<x \leqslant \frac{\pi}{2} \\ 0, & \frac{\pi}{2}<x \leqslant \pi\end{cases}$ 分别展开成正弦级数和余弦级数.

4. 脉冲电压 $u(t)$ 是以 $2l$ 为周期的函数，其在 $[0, 2l]$ 上的表达式为

$$u(t)=\begin{cases}t, & 0 \leqslant t<l \\ 0, & l \leqslant t<2l\end{cases}$$

将 $u(t)$ 展开成傅里叶级数.

第 9 章 积分变换

所谓积分变换，实际上就是通过积分运算把一个函数变成另一个函数，这类积分一般要含有参变量，具体形式可写为

$$\int_a^b k(t,\tau)f(t)\mathrm{d}t\text{，记为}F(\tau)$$

这里$f(t)$是要变换的函数，称为像原函数；$F(\tau)$是变换后的函数，称为像函数；$k(t,\tau)$是一个二元函数，称为积分变换核.

数学中经常利用某种运算先把复杂问题变为比较简单的问题，求解后再求其逆运算就可得到原问题的解. 初等数学中，曾经利用取对数将数的积、商运算化为较简单的和、差运算. 高等数学中的代数变换、解析几何中的坐标变换、复变函数中的保角变换，其解决问题的思路都属于这种情况. 基于这种思想，便产生了积分变换. 这种思想在数学中主要体现在求解方程的重要工具上，能实现卷积与普通乘积的互相转化；在工程中主要体现在频谱分析、信号分析、线性系统分析等重要工具上.

9.1 傅里叶积分变换

9.1.1 傅里叶积分变换的概念

傅里叶级数是将周期函数表示为简单正弦级数和余弦级数的一种方法. 傅里叶积分变换用于表示一般的非周期函数，其本质上是函数的傅里叶级数在周期趋向无穷大时的极限.

傅里叶积分变换（以下简称傅里叶变换），通俗理解就是把看似杂乱无章的信号考虑成由具有一定振幅、相位、频率的基本正弦（余弦）信号组合而成，是将函数向一组正交的正弦、余弦函数展开，傅里叶变换的目的就是找出这些基本正

弦（余弦）信号中振幅较大（能量较高）信号对应的频率，从而找出杂乱无章的信号中的主要振动频率特点.

正交性是指任意两个不同频率的正弦信号的乘积在两者的公共周期内的积分等于0.

根据傅里叶积分定理，即函数$f(t)$在$(-\infty,+\infty)$上满足以下3个条件时：

（1）$f(t)$在任一有限区间上连续或只有有限个第一类间断点；

（2）$f(t)$在任一有限区间上至多只有有限个极值点；

（3）$\int_{-\infty}^{+\infty}|f(t)|\mathrm{d}t$收敛，

在$f(t)$的连续点处有

$$f(t)=\frac{1}{2\pi}\int_{-\infty}^{+\infty}\left[\int_{-\infty}^{+\infty}f(\tau)\mathrm{e}^{-\mathrm{i}\omega\tau}\mathrm{d}\tau\right]\mathrm{e}^{\mathrm{i}\omega t}\mathrm{d}\omega$$

从上式出发，设

$$F(\omega)=\int_{-\infty}^{+\infty}f(t)\mathrm{e}^{-\mathrm{i}\omega t}\mathrm{d}t \tag{9-1}$$

这是将频率域的函数$F(\omega)$表示为时间域的函数$f(t)$的积分形式.

可以看出，傅里叶变换的本质是内积，三角函数是完备的正交函数集，不同频率的三角函数之间的内积为0，只有频率相等的三角函数作内积时才不为0.

因为傅里叶变换的本质是内积，所以$f(t)$与$\mathrm{e}^{\mathrm{i}\omega t}$求内积时，只有$f(t)$中频率为$\omega$的分量才会有内积的结果，其余分量的内积为0. 可以理解为$f(t)$在$\mathrm{e}^{\mathrm{i}\omega t}$上的投影，积分值是时间从负无穷到正无穷的积分，就是把信号每个时间在ω的分量叠加起来，可以理解为$f(t)$在$\mathrm{e}^{\mathrm{i}\omega t}$上的投影的叠加，叠加的结果就是频率为$\omega$的分量，也就形成了频谱. 则傅里叶逆变换的公式为

$$f(t)=\frac{1}{2\pi}\int_{-\infty}^{+\infty}F(\omega)\mathrm{e}^{\mathrm{i}\omega t}\mathrm{d}\omega \tag{9-2}$$

即将时间域的函数$f(t)$表示为频率域的函数$F(\omega)$的积分.

傅里叶逆变换就是傅里叶变换的逆过程，在$F(\omega)$和$\mathrm{e}^{\mathrm{i}\omega t}$求内积时，同样积分值是频率域从负无穷到正无穷的积分，就是把信号在每个频率时刻上的分量叠加起来，叠加的结果就是$f(t)$在时刻t的值，这就回到了我们观察信号最初的时刻。

对一个信号进行傅里叶变换，然后直接进行逆变换，这样做是没有意义的，在傅里叶变换与傅里叶逆变换之间有一个滤波的过程. 将不要的频率分量给滤除掉，然后再进行逆变换，就得到了想要的信号. 比如信号中掺杂着噪声信号，可以通过滤波器将噪声信号的频率去除，再进行傅里叶逆变换，就得到了没有噪声的信号.

称式（9-1），即$F(\omega)=\int_{-\infty}^{+\infty} f(t)\mathrm{e}^{-\mathrm{i}\omega t}\mathrm{d}t$为$f(t)$的傅里叶变换，简称傅氏变换，记为

$$F(\omega)=\mathscr{F}[f(t)]$$

称式（9-2），即$f(t)=\frac{1}{2\pi}\int_{-\infty}^{+\infty} F(\omega)\mathrm{e}^{\mathrm{i}\omega t}\mathrm{d}\omega$为傅里叶逆变换，简称傅氏逆变换，记为

$$f(t)=\mathscr{F}^{-1}[F(\omega)]$$

通过式（9-1）和式（9-2）定义了一个变换对$F(\omega)$和$f(t)$，也称$F(\omega)$为$f(t)$的像函数，$f(t)$为$F(\omega)$的像原函数，还可以将$f(t)$和$F(\omega)$用双向箭头连接：$f(t)\leftrightarrow F(\omega)$.

9.1.2　单位脉冲函数的定义及其傅里叶变换

单位脉冲函数的傅里叶变换

引例　在原来电流为 0 的电路中，某一瞬间（设为$t=0$）进入一单位电荷的脉冲，现在要确定电路上的电流$i(t)$. 以$q(t)$表示电路中到时刻t为止通过导体截面的电荷函数（即累积电荷量），则

$$q(t)=\begin{cases}0, & t\leqslant 0\\ 1, & t>0\end{cases}$$

$$i(t)=\frac{\mathrm{d}q(t)}{\mathrm{d}t}=\lim_{\Delta t\to 0}\frac{q(t+\Delta t)-q(t)}{\Delta t}$$

当$t\neq 0$时，$i(t)=0$，由于$q(t)$是不连续的，从而在普通导数意义下，$q(t)$在$t=0$这点是不能求导数的. 如果我们形式地计算这个导数，则得

$$i(0)=\lim_{\Delta t\to 0}\frac{q(0+\Delta t)-q(0)}{\Delta t}=\lim_{\Delta t\to 0}\frac{1}{\Delta t}=\infty$$

这表明在通常意义下的函数类中找不到一个函数能够用来表示上述电路的电流.

为了确定这种电路上的电流，引进一个新的函数，称为狄拉克函数，简记成δ－函数，用于刻画集中于一点或一瞬间的量（如点电荷、点热源）、集中于一点的质量，以及脉冲技术中非常窄的脉冲等. 其表达式为

$$\delta(t)=\begin{cases}0, & t\neq 0\\ \infty, & t=0\end{cases}$$

定义 1　$\delta(t)=\lim\limits_{\tau\to 0}\delta_\tau(t)$，其中

$$\delta_\tau(t)=\begin{cases}0, & t<0\\ \frac{1}{\tau}, & 0\leqslant t\leqslant \tau\\ 0, & t>0\end{cases}$$

定义 2 若函数满足以下两个条件：

（1）$\delta(t)=0$，$t\neq 0$；

（2）$\int_{-\infty}^{+\infty}\delta(t)\mathrm{d}t=1$，

则称其为单位脉冲函数或 δ－函数.

可将 δ－函数用一个长度等于 1 的有向线段表示，这个线段的长度表示 δ－函数的积分值，称为 δ－函数的强度.

如果脉冲发生在时刻 $t=t_0$，则函数为 $\delta(t-t_0)$.

单位脉冲函数的傅里叶变换为

$$\mathscr{F}[\delta(t)]=F(\omega)=\int_{-\infty}^{+\infty}\delta(t)\mathrm{e}^{-\mathrm{i}\omega t}\mathrm{d}t=\mathrm{e}^{-\mathrm{i}\omega t}\big|_{t=0}=1$$

于是，$\delta(t)$与常数 1 构成傅里叶变换对.

9.1.3 傅里叶变换的性质

为了能更好地用傅里叶变换这一工具解决各类实际问题，必须熟练掌握它的一些基本性质. 为了叙述方便起见，假定在这些性质中，凡是需要求傅里叶变换的函数都满足傅里叶积分定理中的条件，在证明这些性质时不再重述这些条件.

1. 线性性质

设 $F_1(\omega)$、$F_2(\omega)$分别是 $f_1(t)$、$f_2(t)$的傅里叶变换，即

$$\mathscr{F}[f_j(t)]=F_j(\omega),\quad j=1,2$$

设 a_1、a_2是两个常数，则

$$\mathscr{F}[a_1f_1(t)+a_2f_2(t)]=a_1F_1(\omega)+a_2F_2(\omega)$$

逆变换也具有类似的性质，请读者写出相应的性质.

2. 位移性质

设 $\mathscr{F}[f(t)]=F(\omega)$，则对于实常数 t_0、ω_0 有

$$\mathscr{F}[f(t\pm t_0)]=\mathrm{e}^{\pm\mathrm{i}\omega t_0}F(\omega)$$

显而易见，位移公式的作用是：知道了一个函数的变换，便可由此求出其位移函数的变换. 同理可得

$$\mathscr{F}^{-1}[F(\omega\mp\omega_0)]=\mathrm{e}^{\pm\mathrm{i}\omega t_0}f(t)$$

推论 设 $\mathscr{F}[f(t)]=F(\omega)$，则对于实常数 ω_0，有

$$\mathscr{F}[f(t)\cos\omega_0 t]=\frac{1}{2}[F(\omega+\omega_0)+F(\omega-\omega_0)]$$

$$\mathscr{F}\left[f(t)\sin\omega_0 t\right]=\frac{1}{2}\left[F(\omega+\omega_0)+F(\omega-\omega_0)\right]$$

提示：利用欧拉公式和位移性质容易证明.

3. 微分性质

如果$f(t)$在$(-\infty,+\infty)$上连续或只有有限个可去间断点，且当$|t|\to\infty$时$f(t)\to 0$，则$\mathscr{F}\left[f'(t)\right]=\mathrm{i}\omega\mathscr{F}\left[f(t)\right]$.

证 根据定义，得

$$\mathscr{F}\left[f'(t)\right]=\int_{-\infty}^{\infty}f'(t)\mathrm{e}^{-\mathrm{i}\omega t}\mathrm{d}t=\int_{-\infty}^{\infty}\mathrm{e}^{-\mathrm{i}\omega t}\mathrm{d}\left[f(t)\right]$$

$$=f(t)\mathrm{e}^{-\mathrm{i}\omega t}\Big|_{-\infty}^{\infty}-\int_{-\infty}^{\infty}f(t)(-\mathrm{i}\omega)\mathrm{e}^{-\mathrm{i}\omega t}\mathrm{d}t=\mathrm{i}\omega\mathscr{F}\left[f(t)\right]$$

一般地，如果$f^{(n)}(t)$在$(-\infty,+\infty)$上连续或只有有限个可去间断点，且当$|t|\to+\infty$时有

$$f^{(k)}(t)\to 0\ (k=0,1,2,\cdots,n-1)$$

则$\mathscr{F}\left[f^{(n)}(t)\right]=(\mathrm{i}\omega)^n\mathscr{F}\left[f(t)\right]$.

类似地，可推得像函数的导数公式：

$$\frac{\mathrm{d}^n}{\mathrm{d}\omega^n}F(\omega)=(-\mathrm{i})^n\mathscr{F}\left[t^n f(t)\right]$$

4. 积分性质

如果当$t\to+\infty$时$g(t)=\int_{-\infty}^{t}f(t)\mathrm{d}t\to 0$，则

$$\mathscr{F}\left[\int_{-\infty}^{\infty}f(t)\mathrm{d}t\right]=\frac{1}{\mathrm{i}\omega}\mathscr{F}\left[f(t)\right]$$

5. 对称性质

若$\mathscr{F}\left[f(t)\right]=F(\omega)$，则$\mathscr{F}\left[F(t)\right]=2\pi f(-\omega)$.

特别地，若$f(t)$为偶函数，则$\mathscr{F}\left[F(t)\right]=2\pi f(\omega)$.

6. 相似性质

若$\mathscr{F}\left[f(t)\right]=F(\omega)$，则对于非零实常数$a$有$\mathscr{F}\left[f(at)\right]=\frac{1}{|a|}F\left(\frac{\omega}{a}\right)$.

特别地，若$a=-1$，则$\mathscr{F}\{f(-t)\}=F(-\omega)$，称为翻转性质.

9.1.4 求函数的傅里叶变换举例

例 1 求函数$f(t)=\begin{cases}0, & t<0\\ e^{-\beta t}, & t\geqslant 0\end{cases}$的傅里叶变换及其积分表达式，其中$\beta>0$. 这个函数称为指数衰减函数，在电子与电气工程中经常遇到.

解 根据定义，有

$$F(\omega)=\int_{-\infty}^{+\infty}f(t)e^{-i\omega t}dt=\int_{0}^{+\infty}e^{-\beta t}e^{-i\omega t}dt=\int_{0}^{+\infty}e^{-(\beta+i\omega)t}dt=\frac{1}{\beta+i\omega}=\frac{\beta-i\omega}{\beta^2+\omega^2}$$

这就是指数衰减函数的傅里叶变换.

根据积分表达式的定义，有

$$f(t)=\frac{1}{2\pi}\int_{-\infty}^{+\infty}F(\omega)e^{i\omega t}d\omega=\frac{1}{2\pi}\int_{-\infty}^{+\infty}\frac{\beta-i\omega}{\beta^2+\omega^2}e^{i\omega t}d\omega$$

注意到欧拉公式$e^{i\omega t}=\cos\omega t+i\sin\omega t$，代入上式可得

$$f(t)=\frac{1}{2\pi}\int_{-\infty}^{+\infty}\frac{\beta-i\omega}{\beta^2+\omega^2}(\cos\omega t+i\sin\omega t)d\omega=\frac{1}{\pi}\int_{0}^{+\infty}\frac{\beta\cos\omega t+\omega\sin\omega t}{\beta^2+\omega^2}d\omega.$$

因此

$$\int_{0}^{+\infty}\frac{\beta\cos\omega t+\omega\sin\omega t}{\beta^2+\omega^2}d\omega=\begin{cases}0, & t<0\\ \dfrac{\pi}{2}, & t=0\\ \pi e^{-\beta t}, & t>0\end{cases}$$

请读者自己求函数$f(t)=\begin{cases}0, & t<0\\ e^{-2t}, & t\geqslant 0\end{cases}$的傅里叶变换.

例 2 求$f(t)=Ae^{-\beta t^2}$的傅里叶变换，其中A，$\beta>0$. 这个函数称为钟形脉冲函数.

解 根据定义，有

$$F(\omega)=\int_{-\infty}^{+\infty}f(t)e^{-i\omega t}dt=\int_{-\infty}^{+\infty}Ae^{-\beta t^2}e^{-i\omega t}dt$$

$$=Ae^{-\frac{\omega^2}{4\beta}}\int_{-\infty}^{+\infty}e^{-\beta\left(t+\frac{i\omega}{2\beta}\right)^2}dt=\sqrt{\frac{\pi}{\beta}}Ae^{-\frac{\omega^2}{4\beta}}$$

注：这里利用了结果$\int_{-\infty}^{+\infty} \mathrm{e}^{-\beta x^2}\mathrm{d}x=\sqrt{\dfrac{\pi}{\beta}}\ (\beta>0)$.

习题 9.1

习题答案详解

1. 填空题.

（1）设$f(t)=\begin{cases}0, & t<0\\ \mathrm{e}^{-5t}, & t\geqslant 0\end{cases}$，则$\mathscr{F}[f(t)]=$________；

（2）设$f(t)=\begin{cases}0, & t<0\\ \mathrm{e}^{-\beta t}, & \mathrm{t}\geqslant 0\end{cases}$，则$\mathscr{F}[f(t)]=$________；

（3）$\mathscr{F}[1]=$________；

（4）设$\mathscr{F}[f(t)]=\dfrac{1}{\alpha+\mathrm{i}\omega}$，则$f(t)=$________.

2. 求下列函数的傅里叶变换：

（1）$f(t)=\begin{cases}4, & |t|\leqslant 2\\ 0, & \text{其他}\end{cases}$；　（2）$f(t)=\begin{cases}1-|t|, & |t|\leqslant 1\\ 0, & |t|\geqslant 1\end{cases}$.

3. 求函数$f(t)=\mathrm{e}^{-\beta|t|}\ (\beta>0)$的傅里叶变换.

4. 求函数$f(t)=\sin^3 t$的傅里叶变换.

5. 求函数$f(t)=\sin\left(5t+\dfrac{\pi}{3}\right)$的傅里叶变换.

6. 求符号函数$\operatorname{sgn} t=\begin{cases}-1, & t<0\\ 1, & t>0\end{cases}$的傅里叶变换.

9.2 拉普拉斯变换

上一节介绍的傅里叶变换无疑在许多领域中发挥了重要作用. 特别是在信号处理领域，直到今天它仍然是最基本的分析和处理工具. 甚至可以说信号分析本质上就是傅里叶分析（谐分析）. 但任何东西总有它的局限性，傅里叶变换也是如此. 因而人们针对傅里叶变换的一些不足进行了各种各样的改进，我们已经知道，傅里叶变换是建立在傅里叶积分基础上的，一个函数除了要满足狄氏条件外，一般来说还要在$(-\infty,+\infty)$上绝对可积才有古典意义下的傅里叶变换，而绝对可积是一个相当强的条件，即便是一些很简单的函数（如线性函数、正弦函数等）都不满足此条件.

引入δ-函数后，傅里叶变换的适用范围被拓宽了许多，使得“不少”函数也能进行傅里叶变换，但对于以指数级增长的函数仍无能为力．另外，进行傅里叶变换的函数必须在整个实轴上有定义，但在工程实际问题中，许多以时间t为自变量的函数在$t<0$时是无意义的，或者是不需要考虑的，因此在使用傅里叶变换处理问题时具有一定的局限性．能否找到一种变换，既具有类似于傅里叶变换的性质，又能克服以上的不足呢？回答是肯定的，这就是下面要介绍的拉普拉斯变换．

9.2.1 拉普拉斯变换的概念

定义 1 设函数$f(t)$当$t\geqslant 0$时有定义，而且积分

$$\int_0^{+\infty} f(t)e^{-st}dt \text{（}s\text{是一个复参量）}$$

在s的某一域内收敛，则由此积分所确定的函数可以写为

$$F(s)=\int_0^{+\infty} f(t)e^{-st}dt \tag{9-3}$$

称此式为函数$f(t)$的拉普拉斯变换（简称拉氏变换），记为

$$F(\mathrm{s})=L[f(t)]$$

$F(s)$称为$f(t)$的拉氏变换（或称为像函数），而$f(t)$称为$F(s)$的拉氏逆变换（或像原函数），记为

$$f(t)=L^{-1}[F(\mathrm{s})]$$

例 1 求单位阶跃函数$u(t)=\begin{cases}0, & t<0\\ 1, & t>0\end{cases}$的拉氏变换．

解 根据拉氏变换的定义，有$L[u(t)]=\int_0^{+\infty} e^{-st}dt$，这个积分在$\mathrm{Re}(s)>0$时收敛，而且有

$$\int_0^{+\infty} e^{-st}dt=-\frac{1}{s}e^{-st}\Big|_0^{+\infty}=\frac{1}{s},\ L[u(t)]=\frac{1}{s}(\mathrm{Re}(s)>0)$$

例 2 求指数函数$f(t)=e^{kt}$的拉氏变换（k为实数）．

解 根据式（9-3），有

$$L[f(t)]=\int_0^{+\infty} e^{kt}e^{-st}dt=\int_0^{+\infty} e^{-(s-k)t}dt=\frac{1}{s-k}$$

定理 1（拉氏变换的存在定理） 若函数$f(t)$满足：

（1）在$t\geqslant 0$的任一有限区间上分段连续；

（2）当$t\to+\infty$时，$f(t)$的增长速度不超过某一指数函数，即存在常数$M>0$及$c\geqslant 0$，使得$|f(t)|\leqslant Me^{ct}$（$0\leqslant t<+\infty$），c称为$f(t)$的增长指数，则$f(t)$的拉氏变换

$$F(s)=\int_0^{+\infty} f(t)\mathrm{e}^{-st}\mathrm{d}t$$

在半平面$\mathrm{Re}(s)>c$上一定存在，且$F(s)$为解析函数.

例3 求单位脉冲函数$\delta(t)$的拉氏变换.

解 $L[\delta(t)]=\int_0^{+\infty}\delta(t)\mathrm{e}^{-st}\mathrm{d}t=\int_0^{+\infty}\lim\limits_{\varepsilon\to 0}\delta_\varepsilon(t)\mathrm{e}^{-st}\mathrm{d}t=\lim\limits_{\varepsilon\to 0}\int_0^{\varepsilon}\frac{1}{\varepsilon}\mathrm{e}^{-st}\mathrm{d}t$

$$=\lim_{\varepsilon\to 0}\frac{\int_0^{\varepsilon}\mathrm{e}^{-st}\mathrm{d}t}{\varepsilon}=\lim_{\varepsilon\to 0}\frac{-\frac{1}{s}\mathrm{e}^{-st}\Big|_0^{\varepsilon}}{\varepsilon}=\lim_{\varepsilon\to 0}\frac{1-\mathrm{e}^{-st}}{s\varepsilon}\xlongequal{\text{洛必达法则}}\lim_{\varepsilon\to 0}\mathrm{e}^{-s\varepsilon}=1$$

9.2.2 拉普拉斯变换与逆变换的性质

为方便起见，假定在这些性质中，凡是要求拉氏变换的函数都满足拉氏变换存在定理中的条件，并且把这些函数的增长指数都统一地取为c. 在证明性质时不再重述这些条件.

1. 线性性质

若a、b是常数，且

$$L[f_1(t)]=F_1(s),\ L[f_2(t)]=F_2(s)$$

则有

$$L[af_1(t)+bf_2(t)]=aF_1(s)+bF_2(s)$$
$$L^{-1}[aF_1(s)+bF_2(s)]=af_1(t)+bf_2(t)$$

例4 求函数$f(t)=1+3\mathrm{e}^{2t}-2\cos 3t$的拉氏变换.

解

$$\begin{aligned}L[f(t)]&=L[1+3\mathrm{e}^{2t}-2\cos 3t]\\&=L[1]+3L[\mathrm{e}^{2t}]-L[2\cos 3t]\\&=\frac{1}{s}+\frac{3}{s-2}-\frac{2s}{s^2+9}\end{aligned}$$

2. 位移性质

设$L[f(t)]=F(s)$，则有

$$L[e^{at}f(t)]=F(s-a)\text{（其中}a\text{为常数）}$$

$$L^{-1}[F(s-a)]=e^{at}L^{-1}[F(s)]=e^{at}f(t)$$

3. 延迟性质

设$L[f(t)]=F(s)$，当$t<0$时$f(t)=0$，则对任意非负实数τ有

$$L[f(t-\tau)]=e^{-\tau s}F(s)$$

$$L^{-1}[e^{-st_0}F(s)]=f(t-t_0)u(t-t_0)$$

其中$u(t)$为单位阶跃函数.

例5 求$L[e^{-2t}\sin 4t]$.

解 $L[e^{-2t}\sin 4t]=\dfrac{4}{(s+2)^2+16}$.

例6 求$L[e^{kt}t^m]$.

解 因为$L[t^m]=\dfrac{m!}{s^{m+1}}$，所以$L[e^{kt}t^m]=\dfrac{m!}{(s-k)^{m+1}}$.

4. 微分性质

若$L[f(t)]=F(s)$，则有$L[f'(t)]=sF(s)-f(0)$.

推论 若$L[f(t)]=F(s)$，则

$$L[f''(t)]=sL[f'(t)]-f'(0)=s^2F(s)-sf(0)-f'(0)\text{，}\cdots\text{，}$$

$$L[f^{(n)}(t)]=s^nF(s)-s^{n-1}f(0)-s^{n-2}f'(0)-\cdots-f^{n-1}(0)$$

特别地，当初值$f(0)=f'(0)=\cdots=f^{(n-1)}(0)=0$时，有

$$L[f^{(n)}(t)]=s^nF(s)\quad(n=1,2,3,\cdots)$$

此性质可以使我们有可能将$f(t)$的微分方程转化为$F(s)$的代数方程.

例7 利用微分性质求函数$f(t)=\cos kt$的拉氏变换.

解 由于$f(0)=1$，$f'(0)=0$，$f''(t)=-k^2\cos kt$，则

$$L[-k^2\cos kt]=L[f''(t)]=s^2L[f(t)]-sf(0)-f'(0)$$

即$-k^2L[\cos kt]=s^2L[\cos kt]-s$，移项化简得

$$L[\cos kt]=\frac{s}{s^2+k^2}\quad(\mathrm{Re}(s)>0)$$

例8 利用微分性质求函数$f(t)=t^m$的拉氏变换,其中 m 是正整数.

解 因为$f(0)=f'(0)=\cdots=f^{m-1}(0)=f^m(0)=0$，而$f^m(t)=m!$，所以

$$L[m!]=L[f^m(t)]=s^mL[f(t)]-s^{m-1}f(0)-s^{m-2}f'(0)-\cdots-f^{(m-1)}(0)$$

即$L[m!]=s^mL[t^m]$，而$L[m!]=m!L[1]=\dfrac{m!}{s}$，故

$$L[t^m]=\frac{m!}{s^{m+1}}(\mathrm{Re}(s)>0)$$

此外，由拉氏变换存在定理还可以得到像函数的微分性质：

若$L[f(t)]=F(s)$，则

$$F'(s)=L[-tf(t)],\ \mathrm{Re}(s)>c$$

一般地，有

$$F^{(n)}(s)=L[(-t)^nf(t)],\ \mathrm{Re}(s)>c$$

或
$$L[t^nf(t)]=(-1)^nF^{(n)}(s)$$

例9 求函数$f(t)=t\sin kt$和$t\cos kt$的拉氏变换.

解 因为$L[\sin kt]=\dfrac{k}{s^2+k^2}$，根据微分性质有

$$L[t\sin kt]=-\frac{\mathrm{d}}{\mathrm{d}s}\left[\frac{k}{s^2+k^2}\right]=\frac{2ks}{(s^2+k^2)^2}$$

$$L[t\cos kt]=-\frac{\mathrm{d}}{\mathrm{d}s}\left[\frac{s}{s^2+k^2}\right]=\frac{2s^2}{(s^2+k^2)^2}-\frac{1}{s^2+k^2}=\frac{2s^2-s^2-k^2}{(s^2+k^2)^2}=\frac{s^2-k^2}{(s^2+k^2)^2}$$

5. 积分性质

若$L[f(t)]=F(s)$,则

$$L\left[\int_0^t f(t)\mathrm{d}t\right]=\frac{1}{s}F(s)$$

由拉氏变换存在定理还可得像函数积分性质：

若$L[f(t)]=F(s)$,则

$$L\left[\frac{f(t)}{t}\right]=\int_s^{\infty}F(s)\mathrm{d}s$$

$$L^{-1}\left[\frac{F(s)}{s}\right]=\int_0^t f(t)\mathrm{d}t$$

例 10　求函数$f(t)=\dfrac{\sinh t}{t}$的拉氏变换.

解　因为$L[\sinh t]=\dfrac{1}{s^2-1}$，由积分性质得

$$L\left[\frac{\sinh t}{t}\right]=\int_s^{\infty}\frac{1}{s^2-1}\mathrm{d}s=\int_s^{\infty}\frac{1}{2}\left[\frac{1}{s-1}-\frac{1}{s+1}\right]\mathrm{d}s=\frac{1}{2}\ln\frac{s-1}{s+1}\bigg|_s^{\infty}=\frac{1}{2}\ln\frac{s+1}{s-1}$$

6. 初值定理

若$L[f(t)]=F(s)$，且$\lim\limits_{s\to\infty}sF(s)$存在，则

$$\lim_{t\to 0}f(t)=\lim_{s\to\infty}sF(s)\text{或}f(0)=\lim_{s\to\infty}sF(s)$$

7. 终值定理

若$L[f(t)]=F(s)$，且$sF(s)$在$\mathrm{Re}(s)>0$的区域解析，则

$$\lim_{t\to+\infty}f(t)=\lim_{s\to 0}sF(s)\text{或}f(+\infty)=\lim_{s\to 0}sF(s)$$

例 11　若$L[f(t)]=\dfrac{1}{s+a}$，求$f(0)$和$f(+\infty)$.

解　根据初值定理和终值定理有

$$f(0)=\lim_{s\to\infty}sF(s)=\lim_{s\to\infty}\frac{s}{s+a}=1$$

$$f(+\infty)=\lim_{s\to 0}sF(s)=\lim_{s\to 0}\frac{s}{s+a}=0$$

8. 卷积定理

定义 2　$f_1(t)$与$f_2(t)$的卷积定义为

$$f_1(t)*f_2(t)=\int_0^t f_1(\tau)f_2(t-\tau)\mathrm{d}\tau$$

定理 2（卷积定理）　设$L[f_1(t)]=F_1(s)$，$L[f_2(t)]=F_2(s)$，则

$$L[f_1(t)*f_2(t)]=F_1(s)\cdot F_2(s)$$

$$L^{-1}[F_1(s)F_2(s)]=f_1(t)*f_2(t)$$

例 12　已知$F(s)=\dfrac{1}{s(s+1)}$，求$f(t)$.

解　$F(s)=\dfrac{1}{s(s+1)}=\dfrac{1}{s}-\dfrac{1}{s+1}$，则$f(t)=1-\mathrm{e}^{-t}$.

例 13　已知$F(s)=\frac{1}{s^2+1}e^{-s}$，求$f(t)$.

解　因为$L^{-1}\left[\frac{1}{s^2+1}\right]=\sin t$，所以

$$L^{-1}\left[e^{-st_0}\frac{1}{s^2+1}\right]=f(t-t_0)u(t-t_0),\ t_0=1$$

$$f(t)=\sin\ (t-1)u(t-1)$$

例 14　已知$F(s)=\frac{s^3+s^2-s+5}{s}$，求$f(t)$.

解　因为$F(s)=\frac{s^3+s^2-s+5}{s}=s^2+s-1+\frac{5}{s}$，所以

$$f(t)=\delta''(t)+\delta'(t)-\delta(t)+5$$

例 15　已知$F(s)=\frac{2s+5}{(s+2)^2+9}$，求$f(t)$.

解　因为$F(s)=\frac{2s+5}{(s+2)^2+9}=\frac{2(s+2)}{(s+2)^2+3^2}+\frac{1}{3}\frac{3}{(s+2)^2+3^2}$，所以

$$f(t)=2e^{-2t}\cos 3t+\frac{1}{3}e^{-2t}\sin 3t$$

9.2.3　拉普拉斯变换的应用

拉普拉斯变换的应用

对一个系统进行分析和研究，首先要知道该系统的数学模型，也就是要建立该系统特性的数学表达式. 所谓线性系统，在许多场合，它的数学模型可以用一个线性微分方程来描述，或者说是满足叠加原理的一类系统. 这一类系统无论是在电路理论还是在自动控制理论的研究中都占有很重要的地位. 本节将应用拉氏变换来解线性微分方程和建立线性系统的传递函数的概念.

利用拉氏变换可以比较方便地求解常系数线性微分方程（或方程组）的初值问题，基本步骤如下：

（1）根据拉氏变换的微分性质和线性性质，对微分方程（或方程组）两端取拉氏变换，把微分方程化为像函数的代数方程；

（2）从像函数的代数方程中解出像原函数；

（3）对像原函数求拉氏逆变换，求得微分方程（或方程组）的解.

为方便应用，现将求解常系数线性微分方程的初值问题时经常遇到的拉氏变换列成表，即拉氏变换表，如表 9–1 所示.

表 9–1

序号	像原函数 $f(t)$	象函数 $F(s)$
1	$\delta(t)$（狄拉克函数）	1
2	$u(t)$（单位阶跃函数）	$\frac{1}{s}$
3	$t^n\ (n=1,2,\cdots)$	$\frac{n!}{s^{n+1}}$
4	e^{at}	$\frac{1}{s-a}$
5	$1-e^{-at}$	$\frac{a}{s(s+a)}$
6	$t^n e^{at}\ (n=1,2,\cdots)$	$\frac{n!}{(s-a)^{n+1}}$
7	$\sin\omega t$	$\frac{\omega}{s^2+\omega^2}$
8	$\cos\omega t$	$\frac{s}{s^2+\omega^2}$
9	$\sin(\omega t+\varphi)$	$\frac{s\sin\varphi+\omega\cos\varphi}{s^2+\omega^2}$
10	$\cos(\omega t+\varphi)$	$\frac{s\cos\varphi-\omega\sin\varphi}{s^2+\omega^2}$
11	$t\sin\omega t$	$\frac{2\omega s}{(s^2+\omega^2)^2}$
12	$t\cos\omega t$	$\frac{s^2-\omega^2}{(s^2+\omega^2)^2}$
13	$e^{-at}\sin\omega t$	$\frac{\omega}{(s+a)^2+\omega^2}$
14	$e^{-at}\cos\omega t$	$\frac{s+a}{(s+a)^2+\omega^2}$

续表

序号	像原函数 $f(t)$	象函数 $F(s)$
15	$\frac{1}{\omega^2}(1-\cos\omega t)$	$\frac{1}{s(s^2+\omega^2)}$
16	$e^{at}-e^{bt}$	$\frac{a-b}{(s-a)(a-b)}$
17	$2\sqrt{\frac{t}{\pi}}$	$\frac{1}{s\sqrt{s}}$
18	$\frac{1}{\sqrt{\pi t}}$	$\frac{1}{\sqrt{s}}$

例 16 求微分方程 $y''+2y'-3y=e^{-t}$ 满足 $y(0)=0$，$y'(0)=1$ 的解.

解 设 $L[y(t)]=Y(s)$，两边取拉氏变换得

$$s^2Y(s)-1+2sY(s)-3Y(s)=\frac{1}{s+1}$$

解得 $$Y(s)=\frac{s+2}{(s+1)(s-1)(s+3)}=\frac{-\frac{1}{4}}{s+1}+\frac{\frac{3}{8}}{s-1}+\frac{-\frac{1}{8}}{s+3}$$

所以 $y(t)=-\frac{1}{4}e^{-t}+\frac{3}{8}e^{t}-\frac{1}{8}e^{-3t}$.

例 17 求方程 $y''+2y'-3y=e^{-t}$ 满足初始条件 $y|_{t=0}=0$， $y'|_{t=0}=1$ 的解.

解 设 $L[y(t)]=Y(s)$. 对方程的两边取拉氏变换，并考虑到初始条件，得

$$s^2Y(s)-sy(0)-y'(0)+2sY(s)-2y(0)-3Y(s)=\frac{1}{s+1}$$

即 $$s^2Y(s)-1+2sY(s)-3Y(s)=\frac{1}{s+1}$$

于是

$$(s^2+2s-3)Y(s)=\frac{1}{s+1}+1=\frac{s+2}{s+1},\ Y(s)=\frac{s+2}{(s+1)(s^2+2s-3)}$$

$s^2+2s-3=0$ 的解为 $s=1$ 或 -3，即 $Y(s)$ 有 3 个单极点 -1、1、-3，则

$$Y(s)=\frac{s+2}{(s+1)(s^2+2s-3)}=\frac{s+2}{s^3+2s^2-3s+s^2+2s-3}$$

$$=\frac{s+2}{s^3+3s^2-s-3}=\frac{A(s)}{B(s)}$$

由于 $B'(s)=3s^2+6s-1$，因此

$$y(t)=\frac{-1+2}{3-6-1}e^{-t}+\frac{1+2}{3+6-1}e^{t}+\frac{-3+2}{27-18-1}e^{-3t}=-\frac{1}{4}e^{-t}+\frac{3}{8}e^{t}-\frac{1}{8}e^{-3t}$$

例 18 求方程组

$\begin{cases}y''-x''+x'-y=e^t-2\\2y''-x''-2y'+x=-t\end{cases}$ 满足初始条件 $\begin{cases}y(0)=y'(0)=0\\x(0)=x'(0)=0\end{cases}$ 的解.

解 对方程组两边取拉氏变换，设 $L[y(t)]=Y(s)$，$L[x(t)]=X(s)$，并考虑到初始条件，得

$$\begin{cases}s^2Y(s)-s^2X(s)+sX(s)-Y(s)=\dfrac{1}{s-1}-\dfrac{2}{s}\\2s^2Y(s)-s^2X(s)-2sY(s)+X(s)=-\dfrac{1}{s^2}\end{cases}$$

$$\begin{cases}(s+1)Y(s)-sX(s)=\dfrac{-s+2}{s(s-1)^2}\\2sY(s)-(s+1)X(s)=-\dfrac{1}{s^2(s-1)}\end{cases}$$

解此线性方程组，得

$$D=\begin{vmatrix}s+1 & -s\\2s & -(s+1)\end{vmatrix}=-(s+1)^2+2s^2=-s^2-2s-1+2s^2=s^2-2s-1$$

$$D_Y=\begin{vmatrix}\dfrac{-s+2}{s(s-1)^2} & -s\\-\dfrac{1}{s^2(s-1)} & -(s+1)\end{vmatrix}=\frac{1}{s(s-1)^2}\begin{vmatrix}s-2 & s\\\dfrac{s-1}{s} & s+1\end{vmatrix}=\frac{(s-2)(s+1)-s+1}{s(s-1)^2}$$

$$=\frac{s^2-s-2-s+1}{s(s-1)^2}=\frac{s^2-2s-1}{s(s-1)^2}$$

$$Y(s)=\frac{D_Y}{D}=\frac{1}{s(s-1)^2}$$

可得 $y(t)=1+te^t-e^t$. 又

$$D_X=\begin{vmatrix} s+1 & \frac{-s+2}{s(s-1)^2} \\ 2s & -\frac{1}{s^2(s-1)} \end{vmatrix}=s^2-2s-1=\frac{1}{s^2(s-1)^2}\begin{vmatrix} s+1 & -s^2+2s \\ 2s & -s+1 \end{vmatrix}$$

$$=\frac{1-s^2+2s^3-4s^2}{s^2(s-1)^2}=\frac{2s^3-5s^2+1}{s^2(s-1)^2}=\frac{2s^3-4s^2-2s-s^2+2s+1}{s^2(s-1)^2}$$

$$X(s)=\frac{D_X}{D}=\frac{2s-1}{s^2(s-1)^2}=\frac{A}{s^2}+\frac{B}{s}+\frac{C}{(s-1)^2}+\frac{D}{s-1}$$

两边乘 s^2 后令 $s=0$，得 $A=-1$；两边乘 $(s-1)^2$ 后令 $s=1$，得 $C=1$，再通分后得两边分子为

$$2s-1=-(s-1)^2+Bs(s-1)^2+s^2+Ds^2(s-1)$$

比较 s 项系数得 $2=2+B$，则 $B=0$；比较 s^3 项系数得 $0=B+D$，则 $D=0$，于是

$$X(s)=\frac{2s-1}{s^2(s-1)^2}=\frac{-1}{s^2}+\frac{1}{(s-1)^2}$$

得 $x(t)=-t+te^t$，故

$$\begin{cases} y(t)=1-e^t+te^t \\ x(t)=-t+te^t \end{cases}$$

例 19　在图 9-1 所示的 RLC 电路中串接直流电源 E，求回路中的电流 $i(t)$.

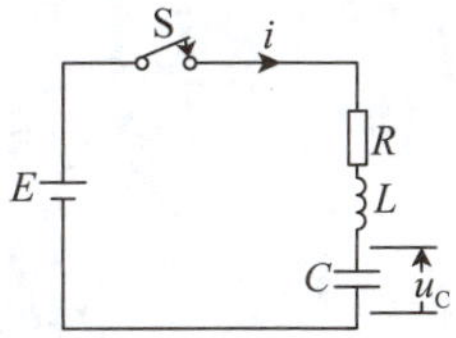

图 9-1

解　根据基尔霍夫定律，有

$$u_C+u_R+u_L=E$$

其中，$u_R=Ri(t)$；$i(t)=C\dfrac{\mathrm{d}u_C}{\mathrm{d}t}$，即 $u_C=\dfrac{1}{C}\int_0^t i(t)\mathrm{d}t$；$u_L=L\dfrac{\mathrm{d}}{\mathrm{d}t}i(t)$．代入上式得如下微分方程：

$$\frac{1}{C}\int_0^t i(t)\mathrm{d}t+Ri(t)+L\frac{\mathrm{d}}{\mathrm{d}t}i(t)=E,\quad i(0)=i'(0)=0$$

设$L[i(t)]=I(s)$，对微分方程两边取拉氏变换，得

$$\frac{1}{Cs}I(s)+RI(s)+LsI(s)=\frac{E}{s}$$

解得 $$I(s)=\frac{E/s}{\dfrac{1}{Cs}+R+Ls}=\frac{E}{Ls^2+Rs+\dfrac{1}{C}}$$

$$=\frac{E}{L\left(s^2+\dfrac{R}{L}s+\dfrac{1}{LC}\right)}=\frac{E}{L(s-r_1)(s-r_2)}$$

其中，r_1、r_2是方程$s^2+\dfrac{R}{L}s+\dfrac{1}{LC}=0$的根，有

$$r_1=-\frac{R}{2L}+\sqrt{\frac{R^2}{4L^2}-\frac{1}{LC}},\ r_2=-\frac{R}{2L}-\sqrt{\frac{R^2}{4L^2}-\frac{1}{LC}}$$

记$\alpha=\dfrac{R}{2L}$，$\beta=\sqrt{\alpha^2-\dfrac{1}{LC}}$，则$r_1=-\alpha+\beta$，$r_2=-\alpha-\beta$．于是

$$i(t)=\frac{E}{L}\left[\frac{\mathrm{e}^{r_1t}}{r_1-r_2}+\frac{\mathrm{e}^{r_2t}}{r_2-r_1}\right]=\frac{E}{L}\cdot\frac{\mathrm{e}^{r_1t}-\mathrm{e}^{r_2t}}{r_1-r_2}=\frac{E\mathrm{e}^{-\alpha t}}{L}\cdot\frac{\mathrm{e}^{\beta t}-\mathrm{e}^{-\beta t}}{2\beta}=\frac{E}{\beta L}\mathrm{e}^{-\alpha t}\sinh\beta t$$

当β为实数时，直接按上式计算$i(t)$；而当β为虚数时，可令$\beta=\mathrm{j}\omega$，ω是实数．由$\sinh(\mathrm{j}\omega t)=\mathrm{j}\sin\omega t$可得

$$i(t)=\frac{E}{\omega L}\mathrm{e}^{-\alpha t}\sinh\omega t$$

当$R=2\sqrt{L/C}$时，$r_1=r_2=-\alpha$为重根，此时有

$$I(s)=\frac{E}{L(s+\alpha)^2},\ i(t)=\frac{E}{L}t\mathrm{e}^{-\alpha t}$$

例 20　如图 9-2 所示为 RLC 并联电路，假设在开关打开时电路中的初始能量为 0，求当 $t\geqslant 0$ 时电路的电压响应.

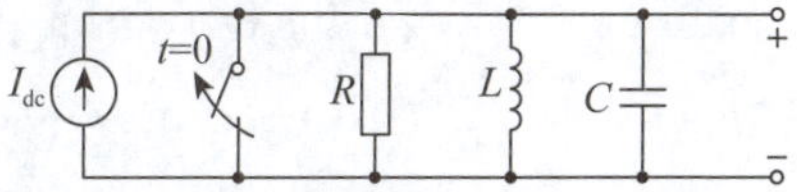

图 9-2

解　这个响应称为阶跃响应，它是给电路施加一个直流电流后在并联支路两端产生的电压信号或者各支路上产生的电流信号. 为此，可以写出 $v(t)$ 所满足的微积分方程，这时将电路中流出上部节点的电流相加，得到

$$\frac{v(t)}{R}+\frac{1}{L}\int_0^t v(x)\mathrm{d}x+C\frac{\mathrm{d}v(t)}{\mathrm{d}t}=I_{dc}u(t)$$

此方程表示开关打开时电流源的电流由 0 跃到 I_{dc}.

记 $L[v(t)]=V(s)$，对上面方程两边取拉氏变换，将其转化为 s 域方程，得

$$\frac{V(s)}{R}+\frac{1}{L}\frac{V(s)}{s}+C[sV(s)-v(0)]=I_{dc}\frac{1}{s}$$

此代数方程中只有 $V(s)$ 是未知量. 假设电路参数 R、L、C 及电源电流 I_{dc} 都是已知的，因为初始储能为 0，所以电容的初始电压 $v(0)=0$. 于是

$$V(s)\cdot\left(\frac{1}{R}+\frac{1}{Ls}+Cs\right)=\frac{I_{dc}}{s}$$

$$V(s)=\frac{\frac{I_{dc}}{s}}{\frac{1}{R}+\frac{1}{Ls}+Cs}=\frac{\frac{I_{dc}}{C}}{s^2+\frac{s}{RC}+\frac{1}{LC}}$$

显然 $V(s)$ 是 s 的有理函数. 为求出 $v(t)$，需要将 $V(s)$ 展开成部分分式，再进行拉氏逆变换. 将逆变换记为 $v(t)=L^{-1}[V(s)]$ 即可求出电压响应.

习题 9.2

习题答案详解

1. 求下列函数的拉普拉斯变换：

(1) $f(t)=\mathrm{e}^{at}\cos 2t$;　　(2) $f(t)=\sin 2t\cos 2t$;

(3) $f(t)=e^{-t}(\cos t-\sin t)$;　　(4) $f(t)=1+3t^2-\sin 2t$;

(5) $f(t)=1-e^{2t}$;　　(6) $f(t)=\cos^2 t$;

(7) $f(t)=\delta(t)-2\cos 3t$;　　(8) $f(t)=u(t-2)\sin(t-2)$;

(9) $f(t)=t\cdot e^{-3t}\sin 2t$;　　(10) $f(t)=t\cdot\cos t$.

2. 拉普拉斯逆变换:

(1) 已知$F(s)=\dfrac{2s}{s^2+4}$,求$f(t)$;

(2) 已知$F(s)=\dfrac{1}{s(s-1)(s-2)}$,求$f(t)$;

(3) 已知$F(s)=\dfrac{1}{(s^2+4)(s^2+1)}$,求$f(t)$.

3. 求下列微分方程或方程组的解:

(1) $y'-y=1$, $y(0)=0$;

(2) $y'+2y=e^t$, $y(0)=0$;

(3) $y''-3y'+2y=4$, $y(0)=y'(0)=0$;

(4) $y''+2y'-3y=e^{-t}$, $y(0)=0$, $y'(0)=1$;

(5) $\begin{cases}x'+y=0\\ y'-x=e^t\end{cases}$ 满足$x(0)=y(0)=0$.

4. 在图 9-3 所示的 RC 放电电路中,设电容的初始电压为v_0,求固有响应$i(t)$和$v(t)$的时域表达式.

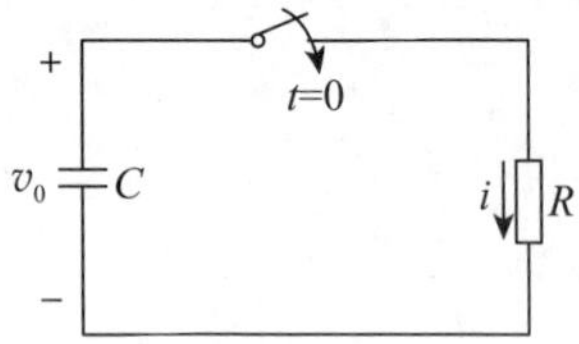

图 9-3

第 10 章　数学建模入门

10.1　数学建模初步认识

众所周知，科学技术是第一生产力，而科学技术发展的关键是靠人才，从某种程度上讲，现代科学技术的发展主要依赖于现代"数学技术"的发展，特别是在知识经济时代，数学科学的地位发生了巨大的变化，随着经济全球化和计算机技术的迅猛发展，以及数学理论与方法的不断扩充，数学的应用越来越广泛和深入，不仅应用于自然科学领域，而且已渗透到军事、经济、社会、人文等领域，并在应用过程中产生了许多新的学科，数学在高科技领域中的重要地位和作用日益凸显，已成为当代高科技的一个重要组成部分和思想库，也成为高科技赖以发展的重要支柱.

10.1.1　数学建模的作用和地位

我们培养人才是为了服务于社会、应用于社会，促进社会的进步和发展. 在实际的各领域中都有一些亟待解决的实际问题，而实际问题往往是复杂多变的，量与量之间的关系并不明显，也不是套用某个数学公式或只用某个单一学科的知识就可以圆满解决的，这就要求工作者应具有较高的数学素质，即有较强的抽象能力、归纳能力和逻辑思维能力，能够从众多事物和现象中找出共同的、本质的东西，善于抓住问题的主要矛盾，从大量数据和定量分析中寻找并发现规律，用数学的知识和思维方法以及相关知识去解决问题，为社会服务 . 基于此，我们认为定量分析和数学建模等数学素质是面向 21 世纪人才所需素质的一个重要方面，是培养创新能力的重要方法和途径，开展数学建模课程和相关活动将会在这方面产生重要的作用.

数学在实际中的重要地位和作用已普遍地被人们所认识，它的生命力正在不断地增强，这主要是来源于它的应用地位，各行各业和各科学领域都在应用数学，或是建立在数学基础之上的，正像人们所说的“数学无处不在”，特别是在生产实践中应用数学的过程就是一个创造性的过程，成功应用的核心就是创新，大学是人才培养的基地，而创新人才培养的核心是创新思想、创新意识和创新能力的培养，数学建模本身就是一个创造性的思维过程，数学建模的教学内容、教学方法，以及数学建模竞赛活动的培训等都是围绕着培养创新人才的核心这个主题内容进行的，其内容取材于实际、方法结合于实际、结果应用于实际. 总之，知识创新、方法创新、结果创新、应用创新无不在数学建模的过程中得到体现，这也正是数学建模的创新作用所在.

另一方面，现有的科技人才可以分为工程应用与理论研究两大类，从某种意义上来讲，工程与理论存在着客观的对立. 特别是工程与数学、工程师与数学家之间在处理问题的方式方法上都客观地存在一些不同或对立的观点，于是二者之间在具体问题上缺乏共同的沟通语言. 而数学建模和数学建模的人才可以在工程与数学、工程师与数学家之间架起一座桥梁，能在二者之间建立起共同语言. 因为数学建模的人才具有一种特有的能力——“双向翻译能力”，即可以将实际问题简化抽象为数学问题——建立数学模型；利用计算机等工具求解数学模型，再将求解结果返回到实际中去，并用来分析解释实际问题，这就使得工程与数学有机地结合在一起，工程师与数学家之间可以无障碍地沟通与合作，这也是使得近些年来能起这种桥梁作用的数学建模和数学建模人才备受欢迎的主要原因.

10.1.2 数学建模与能力培养

数学建模竞赛现已成为国内在校大学生最大规模的课外科技活动，它的影响力越来越大，这项活动的深入开展受到了越来越多领导的重视和工程界、学术界专家学者的赞同和支持，也备受高校师生的欢迎 . 著名数学家丁石孙对数学建模活动给予了很高的评价，他说：“我们教了几十年的数学，曾经花了很多力气想使大家能够认识到数学的重要性，但是我们没有找到一个合适的方法，数学建模活动是一个很好的方法，它使很多的学生包括他们的朋友都能够认识到数学的真正用处.” 通过数学建模的教学和数学建模竞赛的相关活动，学生们能够学到综合利用数学技术和计算机技术解决实际问题的本领，掌握强有力的分析问题和解决问题的知识、方法和手段，培养了他们将实际问题转化为数学问题的数学建模能力、会抓重点的能力、编程能力、文章的写作和语言表达能力、团结协作联合攻关的能力、吃苦耐劳和连续作战的能力、创造性的思维能力等，这些都是创新人才所具备的素质和能力的重要体现.

数学建模的工作是综合性的，所需要的知识和方法是综合性的，所研究的问题是综合性的，所需要的能力当然也是综合性的，数学建模的教学就是向学生传授综合的数学知识和方法，培养综合运用所掌握的知识和方法来分析问题、解决问题的能力. 结合数学建模的培训和参加建模竞赛等活动来培养学生丰富灵活的想象能力、抽象思维的简化能力、一眼看穿的洞察能力、与时俱进的开拓能力、学以致用的应用能力、会抓重点的判断能力、高度灵活的综合能力、使用计算机的动手能力、信息资料的查阅能力、科技论文的写作能力、团结协作的攻关能力等，数学建模就是将这些能力有机地结合在一起，形成了一种超强的综合能力，我们可称之为“数学建模的能力”，这就是21世纪所需要的高素质人才应该具备的能力，可以断言，谁具备了这种能力，必将会大有作为.

数学建模这门课程主要是为了扩大学生的知识面，培养和提高学生综合运用所学知识解决实际问题的综合能力，即“数学建模的能力”. 具体地讲，数学建模有利于培养以下几方面的能力：

（1）丰富灵活的想象能力. 数学建模要解决的问题往往需要多学科的知识和多种不同的方法，因此需要我们具备丰富的想象能力.

（2）抽象思维的简化能力. 实际中的问题往往都是很复杂的，数学建模的过程就是通过对问题进行抽象、简化将其转化为数学问题. 因此，这种抽象思维的简化能力是必不可少的，数学建模的学习和训练有利于培养这种能力.

（3）一眼看穿的洞察能力. 洞察能力是一种直觉的领悟，是把握事物内在的、隐藏的本质的能力，简言之就是“一眼看穿”的能力. 这种能力对于数学建模是非常重要的，但需要经过艰苦的、长期的经验积累和有针对性的训练.

（4）发散思维的联想能力. 发散思维是发明创造的一个有力武器，在数学建模的过程中，通过某些关键信息展开联想，这是一种“由此及彼，由彼及此”的能力.

（5）与时俱进的开拓能力. 随着社会的进步和发展，科学技术也在快速地发展，实际中的问题复杂多变，数学建模也必须要与时俱进，发扬开拓精神，培养创新能力，这也是新型创新人才素质的一部分.

（6）学以致用的应用能力. 学以致用是21世纪高素质应用型人才所应具备的一种素质，因为一个人所掌握的知识总是有限的，但解决实际问题所需要的知识相对是无限的，因此我们必须具备这种急用先学，学以致用的应用能力，数学建模是培养我们这种能力的一个有效途径.

（7）会抓重点的判断能力．数学建模的问题所给的条件和数据往往不是恰到好处的，有时也可能是杂乱无章的，这就要求我们具备一种特有的会抓重点的判断能力，充分利用已知信息，寻找突破口，来解决问题.

（8）高度灵活的综合能力．因为数学建模的问题是综合性的，解决问题所需要的知识和方法也是综合性的，因此我们的能力也必须是综合性的，否则我们将会是“只见树木，不见森林”，不可能完整地解决问题.

（9）使用计算机的动手能力．数学建模必须要熟练掌握计算机的操作，以及工具软件的使用和编程，这是因为对实际问题进行分析和建立数学模型以后的求解都有大量的推理运算、数值计算、作图等工作，这都需要通过计算机和软件技术来实现.

（10）信息资料的查阅能力．信息资料的查阅能力是科技人才所必备、数学建模所必需的能力.

（11）论文的写作能力．论文的写作能力是数学建模的基本技能之一，也是科技人才的基本能力之一．论文是表达我们所做工作的主要方式．通过论文，要让读者清楚地知道用什么方法解决了什么问题、结果为何、效果怎么样等.

（12）团结协作的攻关能力．数学建模都是以小组为单位开展工作的，体现的是团队精神，培养的是团结协作的能力，也是未来科研工作所必备的能力.

10.1.3　数学模型与数学建模

著名科学家钱学森曾说过：“信息时代高技术的竞争本质上是数学技术的竞争.”换言之，高技术发展的关键是数学技术的发展，而数学技术与高技术结合的关键就是数学模型．数学模型就像一把金钥匙打开了高技术的道道难关，实际中很多技术的发展都离不开数学模型，甚至技术水平的高低都取决于数学模型的优劣.

1. 数学模型

模型与原型是一对对偶体，原型是指人们在现实世界里关心、研究或者从事生产、管理的实际对象．而模型是指为了某个特定目的将原型的某一部分信息简缩、提炼而构造的原型替代物．模型不是原型，既简单于原型，又高于原型．例如大家熟知的飞机模型，虽然在外观上比飞机原型简单，而且也不一定会飞，但是它很逼真，也足以让人想象飞机在飞行过程中机翼的位置、形状的影响和作用.

一个城市的交通图是该城市（原型）的模型，看模型比看原型清楚得多，此时城市的人口、道路、车辆、建筑物的形状等都不重要．但是，城市的街道、交通线路和各单位的位置等信息都一目了然，这比看原型清楚得多．模型可以分为形象模型和抽象模型，抽象模型最主要的就是数学模型．

当一个数学结构作为某种形式语言（即包括常用符号、函数符号、谓词符号等的符号集合）解释时，这个数学结构就称为数学模型．换言之，数学模型可以描述为：对于现实世界的一个特定对象，为了一个特定目的，根据特有的内在规律，作出一些必要的简化假设，运用适当的数学工具得到的一个数学结构，也就是说，数学模型是通过抽象简化的过程，使用数学语言对实际现象的一个近似的刻画，以便于人们更深刻地认识所研究的对象．

实际上，数学模型并不是新的事物，自从有了数学，也就有了数学模型．即要用数学去解决实际问题，就一定要使用数学的语言、方法去近似地刻画这个实际问题，这就是数学模型．事实上，人所共知的欧几里得几何、微积分、柯西积分公式、万有引力定律、能量转换定律、广义相对论等都是非常好的数学模型．

2．数学模型与数学

数学模型与数学有着密切的关系，但与数学又是不完全相同的，主要体现在以下 3 个方面：

（1）研究内容．

数学主要是研究对象的共性和一般规律，而数学模型主要是研究对象的个性（针对性）和特殊规律．

（2）研究方法．

数学的主要研究方法是演绎推理，即按照一般原理考察特定的对象，导出结论．而数学模型的主要研究方法是归纳加演绎，归纳是依据个别现象推断一般规律．归纳是演绎的基础，演绎是归纳的指导．即数学模型是将现实对象的信息加以翻译、归纳的结果，经过求解、演绎，得到数学上的解答，再经过翻译回到现实对象，给出分析、预报、决策、控制的结果．

（3）研究结果．

数学的研究结果被证明了就一定是正确的，而数学模型的研究结果未必一定正确，这是因为它们与模型的简化和模型的假设有关，因此，数学模型的研究结果必须接受实际的检验．

然而，鉴于数学模型与数学的关系和区别，我们评价一个数学模型优劣的标准主要是：数学模型是否有一定的实际背景、假设是否合理、推理是否正确、方法是否简单、论述是否深刻等.

3. 数学建模

在实际工作中，能够直接使用数学方法解决的实际问题是不多的，然而应用数学知识和方法解决实际问题的第一步就是通过实际问题本身从形式上杂乱无章的现象中抽象出恰当的数学关系，也就是构建这个实际问题的数学模型，其过程就是数学建模的过程.

概括地讲，数学建模就是综合运用所掌握的知识、方法和计算机等工具来解决实际问题.

具体地讲，数学建模是对于要解决的实际问题，在一定的合理简化假设之下，综合运用多种数学知识和方法进行分析研究建立数学模型，利用计算机等工具来求解这个数学模型，将其求解结果返回到实际中去检验，最后应用于解决和解释实际问题，乃至更进一步地作为一般模型来解决更广泛的问题.

数学建模所涉及的问题都是现实生活中的实际问题，范围广、学科多，包括工业、农业、医学、生物学、政治、经济、军事、社会、管理、信息技术等方面，也可以说数学建模的应用无处不在.

4. 数学建模的方法和步骤

（1）数学建模的方法 .

数学建模一般是通过问题的实际背景给出一些已知信息，这些信息可以是一组实测数据或模拟数据，也可以是若干参数、图形，或者仅给出一些定性描述，依据这些信息建立数学模型的方法有很多，但从基本解法上大致可以分为以下五大类：

1）机理分析方法：主要是根据实际中的客观事实进行推理分析，用已知数据确定模型的参数，或直接用已知参数进行计算.

2）构造分析方法：首先建立一个合理的模型结构，再利用已知信息确定模型的参数，或对模型进行模拟计算.

3）直观分析方法：通过对直观图形、数据进行分析，对参数进行估计、计算，并对结果进行模拟.

4）数值分析方法：对已知数据进行数值拟合，可选用插值方法、差分方法、样条函数方法、回归分析方法等.

5）数学分析方法：用“现成”的数学方法建立模型，如图论、微分方程、规划论、概率统计方法等.

在实际建模的过程中，根据问题的实际背景和已知信息选择适当方法，尽量使用“现成”的数学方法. 如果已知信息不明确或不完整，可以进行适当补充或舍弃，甚至可以修改题目的条件、参数和数据. 通常是先做最简单的模型，然后再逐步地完善改进.

数学建模或参加建模竞赛一般应具备的方法和知识：一是要掌握常用的建模方法，如机理分析方法、层次分析方法、综合评价方法、差分方法、插值与拟合方法、统计分析方法、优化方法等；二是要有比较广泛的知识，特别是必备的数学知识，如高等数学、线性代数、微分方程、概率统计、规划论、数值计算、图与网络等，这些都是数学建模应该了解的内容. 数学建模所需要的知识首先是“广”，其次才是“精”，同时，在数学建模的教学中，还应介绍一些典型的数学模型案例，以及实际中政治、经济、工业、农业、日常生活的建模实例等内容.

（2）数学建模的一般步骤.

数学建模是一种创造性的思维过程，它需要相当高程度的观察力、想象力和灵感. 数学建模过程的一般流程为：从实际问题出发→经过抽象、简化问题，明确变量和参数→根据某种定律建立变量和参数间的数学关系，即数学模型→用解析方法或近似数值求解数学模型→解释和验证求解结果→通过验证之后应用于实际.

直观的数学建模一般过程的流程图如图 10–1 所示.

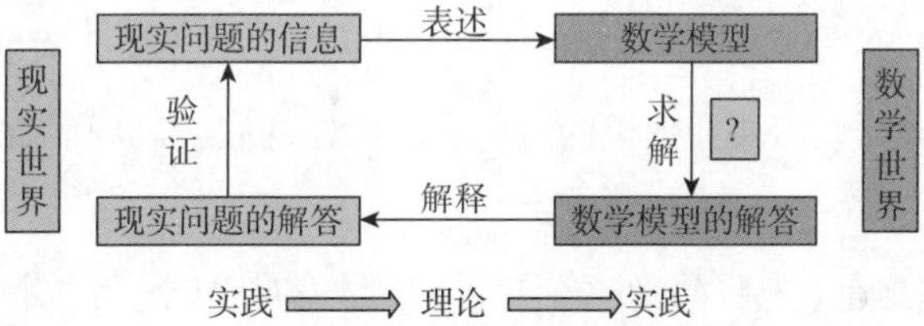

图 10–1

数学建模一般步骤的流程为：针对实际问题进行分析→通过抽象简化给出模型的假设→利用数学方法建立模型→借助于计算机等方法求解模型→对模型的结果进行分析与检验→论文写作或报告→应用于实际.

数学建模一般步骤的流程图如图 10–2 所示.

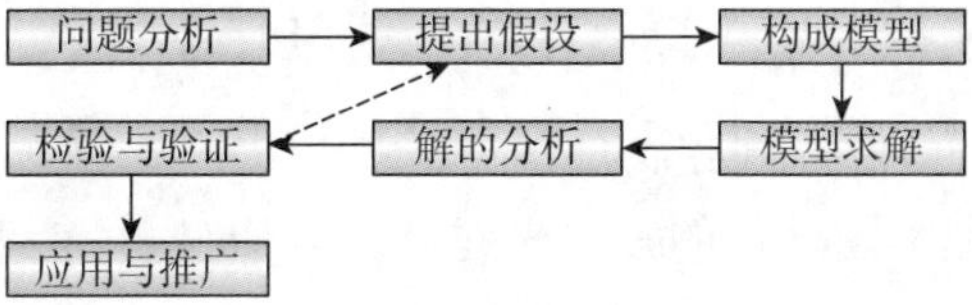

图 10–2

5. 模型的分析

（1）问题的分析 .

数学建模的问题通常都是来自实际中各个领域的实际问题，没有固定的方法和标准的答案，因而既不可能明确要求该用什么方法，也不会给出恰到好处的条件，有些时候所给出的问题本身就是含糊不清的. 因此，数学建模的第一步就应该是对问题所给的条件和数据进行分析，明确要解决的问题. 通过对问题的分析，明确问题中所给出的信息、要完成的任务和所要做的工作、可能用到的知识和方法、问题的特点和限制条件、重点和难点、开展工作的程序和步骤等. 同时，还要明确题目所给条件和数据在解决问题中的意义和作用，哪些是本质的和非本质的，哪些是必要的和非必要的等. 从而，可以在建模的过程中，适当地对已有的条件和数据进行必要的简化或修改，也可以适当地补充一些必要的条件和数据.

（2）模型的假设 .

在实际中，根据问题的实际意义，在明确建模目的的基础上，对所研究的问题进行必要的、合理的简化，用准确简练的语言给出表述，即模型的假设，这是数学建模的重要一步 . 合理假设在数学建模中除了起着简化问题的作用外，还对模型的求解方法和使用范围起着限定作用. 模型假设的合理性问题是评价一个模型优劣的重要条件之一，也是模型建立成败的关键所在，假设做得过于简单或过于详细，都有可能使得模型的建立并不成功. 为此，在实际中要作出合适的假设，需要一定的经验和探索，有时候需要在建模的过程中对已作的假设进行不断的补充和修改.

（3）模型的建立 .

在建立模型之前，先要明确建模的目的，因为对于同一个实际问题，出于不同的目的所建立的数学模型可能会有所不同，在通常情况下，建模的目的可以是描述或解释现实世界的现象；也可以是为了预报一个事件是否会发生或未来的发展趋势；也可以是为了优化管理、决策或控制等. 如果是为了描述或解释现实世界的现象，则一般可采用机理分析的方法去研究事物的内在规律；如果是为了预测预报，则常常可以采用概率统计、优化理论或模拟计算等的建模方法；如果是为了优化管理、决策或控制等，则除了有效地利用上述方法之外，还需要合理地引入一些量化的评价指标及评价方法. 对于实际中的一个复杂问题，往往是要综合运用多种不同方法和不同学科的知识来建立数学模型，才能够很好地解决这个问题. 在明确建模目的的基础上，在合理的假设之下，就可以完成建立模型的任务，这是我们数学建模工作中最重要的一个环节. 根据所给的条件和数据,建立起问题中相关变量或因素之间的数学规律,可以是数学表达式、图形和表格或一个算法等,都是数学模型的表示形式,这些形式是可以相互转换的.

(4) 模型的求解.

不同的数学模型的求解方法一般是不同的,通常涉及不同数学分支的专门知识和方法,这就要求我们除了熟练地掌握一些数学知识和方法外,还应具备在必要时针对实际问题学习新知识的能力. 同时,还应熟悉计算机操作并熟练掌握一门编程语言和一两个数学工具软件包的使用. 不同的数学模型求解的难易程度是不同的. 一般情况下,对较简单的问题,应力求普遍性;对较复杂的问题,可用从特殊到一般的求解思路来完成.

(5) 模型的分析与检验.

对于所求出的模型的解,必须要对解的实际意义进行分析,即模型的解在实际问题中说明了什么、效果怎样、模型的适用范围如何等. 同时还要进行必要的误差分析和灵敏度分析等工作. 由于数学模型是在一定的假设下建立的,而且利用计算机的近似求解,其结果产生一定的误差是必然的. 通常意义下的误差主要来自由模型的假设引起的误差、近似求解方法产生的误差、计算机产生的舍入误差和问题的数据本身误差. 实际中,对这些误差很难准确地给出定量估计,往往是针对某些主要的参数作相应的灵敏度分析,即当一个参数有很小的扰动时,对结果的影响是否也很小,由此可以确定相应变量和参数的误差允许范围.

(6) 论文的写作.

因为数学建模工作的目的是解决实际问题,所以工作完成以后要写出一篇论文,即一篇研究报告. 论文要力图通俗易懂,能让人明白你用什么方法解决了什么问题、结果如何、有什么特点. 为此,应尽可能使论文的表述清晰、主题明确、论述严密、层次分明、重点突出、符合科技论文的写作规范. 同时,要注意论文的写作工作是贯穿始终的,在建模的每个阶段都应该把你的主要思路和工作写下来,这是论文写作时的第一手材料.

(7) 应用于实际.

对于所建立的数学模型及求解结果,只有拿到实际中去应用检验后才能被证明是正确的,否则就需要修正模型的假设或条件,重新建立模型,直到通过实际的检验,方可应用于实际.

10.1.4 数学模型无处不在

目前,数学的应用已渗透到了各个领域,或者说各行各业日益依赖于数学,即当今社会正在日益数学化,在人们日常生活的各种活动中数学无处不在. 也就是说在数学发展的进程中,无时无刻不留下数学模型的烙印,在数学应用的各个领域无处没有数学模型的身影. 基于数学模型的广泛应用,我们现在可以说"数学模型无处不在",人人都会接触到它.

例如,生活中的合理投资问题、养老保险问题、住房公积金问题、房地产的开发与定价问题、城市交通管理与人口流动问题、经济政策的调控效应问题、网络安全与网上购物问题、突发事件的应急对策问题、各领域的综合评价与效能评估问题、新技术的开发与利用问题、人与自然相处问题、经济发展与环境保护问题、物质文明与精神文明的发展问题、流言蜚语与信息的传播问题、传染病的流行与防控问题、语言学中用词变化问题、人口的增长与控制问题、比赛与竞争问题、管理与被管理问题、减肥与增肥问题、各种资源的管理问题等. 下面给出一个简单的例子.

某人的食量是 10467 J/d,最基本的新陈代谢要消耗其中的 5038 J/d. 每天的体育运动消耗热量大约是 69 J/kg 乘以他的体重(kg). 假设以脂肪形式储存的热量 100% 有效,而 1 kg 脂肪含热量 41868 J. 试研究此人体重随时间变化的规律.

1. 问题分析

人体重 $W(t)$随时间 t 变化是由消耗量和吸收量的差值所引起的,假设人体重随时间的变化是连续变化过程,因此可以通过研究在Δt时间内体重 W 的变化值列出微分方程.

2. 模型假设

(1)以脂肪形式储存的热量 100% 有效;

(2)当补充能量多于消耗能量时,多余能量以脂肪形式储存;

(3)假设体重的变化是一个连续函数;

(4)初始体重为 W_0.

3. 模型建立

假设在Δt时间内,体重的变化量为 $W(t+\Delta t)-W(t)$;身体一天内热量的剩余为(10467−5038−69$W(t)$),将其乘以Δt,即为一小段时间内剩下的热量:

$$W(t+\Delta t)-W(t)=(5429-69W(t))\Delta t$$

转换成微分方程为

$$\mathrm{d}W / \mathrm{d}t = 5429 - 69W$$

4. 模型求解

因为

$$\mathrm{d}W / \mathrm{d}t = 5429 - 69W, W(0) = W_0$$

所以

$$W = \frac{1}{69}\left[5429 - (5429 - 69W_0)\mathrm{e}^{-69t}\right]$$

10.2 MATLAB 的基本知识

10.2.1 MATLAB 简介

MATLAB 取自 Matrix Laboratory，意为“矩阵实验室”，是 MathWorks 公司开发的一款数学计算软件，功能强大，工具箱丰富，被高校、设计研究单位、工业界广泛应用.

MATLAB 是数学建模中的有力武器，可用来建立模型、进行数据分析、假设模拟、制作动画等，利用它可以去获得省赛奖、国赛奖和“MATLAB 创新奖”. 同时，学好它对于就业具有很大的优势.

要习惯使用英文字母，如文件名、软件界面、程序设计、帮助文档等很多都是英文的，特别是命令都是英文或英文缩写，所以必须适应英文. 同时，编辑命令基本都是（除注释、字符串等外）在英文状态下，否则会报错.

这里以 MATLAB R2019b 版本为例，打开后的界面如图 10-3 所示 .

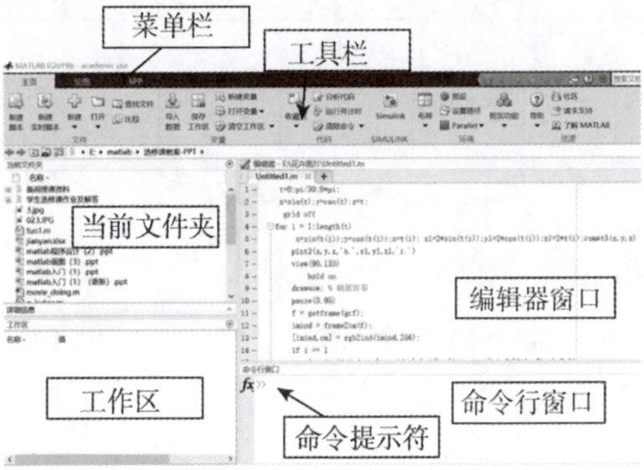

图 10-3

图中最上面部分是菜单栏和工具栏，包含一些常用的快捷方式，如新建脚本、导入数据等. 在它们的下面分为 4 个部分: 当前文件夹、编辑器窗口、工作区和命令行窗口.

建议大家选择一个当前最需要用到的文件夹作为当前文件夹路径,并且在每次 使用前检查自己的路径,这样在应用时会带来很多便利(如导入数据、调用 m 程序等).

在编辑器窗口中既可以对所编辑的程序进行分步执行,了解每一步的结果情况,也可以对所编辑的程序进行修改、复制、粘贴等. 在编辑器窗口中还可以先选择关键字,再通过右击并选择“帮助”命令来获得帮助.

在工作区中可随时查看运行的结果、变量的类型、大小等相关信息.

在命令行窗口中,对于窗口中已有的命令,运行起来会更方便,在其中可以进行复制、粘贴,但不能进行修改.

常见的命令如表 10–1 所示 .

表 10–1

命令	含义
clc	清除命令窗口的显示内容
clear	清除 MATLAB 工作空间中保存的变量
who 或 whos	显示 MATLAB 工作空间中的变量信息
dir	显示当前工作目录的文件和子目录清单
cd	显示当前工作目录
type	显示指定 m 文件的内容
help 或 doc	获取在线帮助
quit 或 exit	关闭 / 退出 MATLAB

10.2.2 MATLAB 基础知识

1. 变量

MATLAB 中变量的命名规则如下:

(1) 变量名必须是不含空格的单个词;

(2) 变量名区分大小写;

(3) 变量名最多不超过 31 个字符;

(4) 变量名必须以字母打头,之后可以是任意字母、数字或下划线,变量名中不允许使用标点符号 .

MATLAB 中还有一部分特殊变量（也叫常量），如表 10–2 所示 .

表 10–2

变量名	含义
ans	最近的计算结果的变量名
eps	MATLAB 定义的正的极小值 = 2.2204e – 16
pi	圆周率 π
inf	∞ 值，无限大；inf 为正无穷，–inf 为负无穷
i 或 j	虚数单位，sqrt(–1)
NaN	非数，0/0、∞ / ∞

注意，自定义的变量不能和表 10–2 中的变量名相同.

2. MATLAB 中常用的数学运算符号

MATLAB 中常用的数学运算符号如表 10–3 所示 .

表 10–3

符号	意义	符号	意义
+	加法运算	–	减法运算
*	乘法运算	.*	点乘运算
/	触发运算	./	点除运算
^	乘幂运算	.^	点乘幂运算
\	反斜杠表示左除	.\	反斜杠表示左除

3. MATLAB 中常用的数学函数

MATLAB 中常用的数学函数如表 10–4 所示 .

表 10–4

函数	名称	函数	名称
sin（x）	正弦函数	a sin（x）	反正弦函数
cos（x）	余弦函数	a cos（x）	反余弦函数
tan（x）	正切函数	a tan（x）	反正切函数
abs（x）	绝对值	max（x）	最大值
min（x）	最小值	sum（x）	元素的总和
sqrt（x）	开平方	exp（x）	以 e 为底的指数
log（x）	自然对数	$\log_{10}$（x）	以 10 为底的对数
sign（x）	符号函数	fix（x）	取整

4. 数据类型

总共有 15 种基本数据类型，分别是 8 种有符号 / 无符号整数类型、单精度浮点类型、双精度浮点类型、逻辑类型、字符串类型、元胞数组、结构体和函数句柄，如表 10–5 所示.

表 10–5

	说明	数据类型转换函数	数值范围	示例
整数类型	有符号 8 位整数	int8	$-2^7 \sim 2^7-1$	
	无符号 8 位整数	uint8	$0 \sim 2^8-1$	
	有符号 16 位整数	int16	$-2^{15} \sim 2^{15}-1$	
	无符号 16 位整数	uint16	$0 \sim 2^{16}-1$	
	有符号 32 位整数	int32	$-2^{31} \sim 2^{31}-1$	
	无符号 32 位整数	uint32	$0 \sim 2^{32}-1$	
	有符号 64 位整数	int64	$-2^{63} \sim 2^{63}-1$	
	无符号 64 位整数	uint64	$0 \sim 2^{64}-1$	
浮点类型	单精度浮点类型	single	−1.79769e+308 ~ −2.22507e−308 2.22507e−308 ~ 1.79769e+308	
	双精度浮点类型	double	−3.40282e+038 ~ −1.17549e−038 1.17549e−038 ~ 3.40282e+038	
逻辑类型	1 真　0 假	logical	0 或 1	length('ab')>1
字符串型	由字符构成	char		'good'
函数句柄	function handle	@		@cos

注意：

（1）不同的数据类型所占用的位数不同，若根据实际情况选择恰当的数据类型可以极大地节省运算所需的内存空间，加快计算速度；

（2）一般情况下不用考虑选用哪种数值类型，MATLAB 默认使用 double 类型，基本满足使用；

（3）相同位数下，无符号类型表示的范围要大得多，若所处理的数据全为正数或负数，则选择合适的无符号类型更优；

（4）MATLAB 的数值默认为双精度浮点类型，将变量设置为整数类型时需要用转换函数，在转换的过程中，转换值转换为与之最接近的整数值，若小数部分为 0.5，则取该浮点数最接近的两个整数中绝对值较大的一个.

5. 判断数值类型的函数

判断数值类型的函数如表 10-6 所示 .

表 10-6

函数	用法	说明
class	class(A)	返回变量 A 的类型名称
isa	isa(A,'class_name')	判断变量 A 是否为 class_name 数据类型
isnumeric	isnumeric(A)	判断变量 A 是否为数值类型
isinteger	isinteger(A)	判断变量 A 是否为整数类型
isfloat	isfloat(A)	判断变量 A 是否为浮点类型
islogical	islogical(A)	判断变量 A 是否为逻辑类型
isnan	isnan(A)	判断变量 A 是否为非数值类型
isinf	isinf(A)	判断变量 A 是否为无穷量
isfinite	isfinite(A)	判断变量 A 是否为有限量
ischar	ischar(A)	判断变量 A 是否为字符型类型

6. MATLAB 内置的取整函数

MATLAB 内置的取整函数如表 10-7 所示 .

表 10-7

函数	含义	举例
floor（x）	向下取整	floor（1.2）=1，floor（–2.7）= –3
ceil(x)	向上取整	ceil（1.2）=2，ceil（–1.2）= –1
round(x)	取最接近的整数，小数为 0.5 则取绝对值大的	round（2.5）=3，round(–2.4)= –2
fix(x)	向 0 取整	fix（1.2）=1

注：单精度浮点类型不能和整数类型进行算术运算.

7. 与复数有关的函数

与复数有关的函数如表 10-8 所示 .

表 10-8

函数	含义	举例
real(z)	返回复数 z 的实部	real(2+3*i)= 2
imag（z）	返回复数 z 的虚部	imag(2+3*i)= 3
abs（z）	返回复数 z 的模	abs(3–4*i)=5
angle（z）	返回复数 z 的辐角	angle(–2–3*i)= –2.1588
conj（z）	返回 z 的共轭复数	conj(3–4*i)= 3+4*i
complex（a, b）	a 为实部，b 为虚部	complex(–2，–3)= –2.0000 – 3.0000i

无穷量和非数值量：Inf 为正无穷，–Inf 为负无穷，NaN 为非数值量 .

8. 关系操作符、逻辑运算符与逻辑函数

关系操作符如表 10–9 所示 .

表 10–9

关系操作符	含义	关系操作符	含义
$<$	小于	$\leqslant$	小于或等于
$>$	大于	$\geqslant$	大于或等于
$=$	等于	$\neq$	不等于

逻辑运算符如表 10–10 所示 .

表 10–10

关系操作符	含义	关系操作符	含义	关系操作符	含义
&	与	|	或	~	非

逻辑函数如表 10–11 所示 .

表 10–11

逻辑函数	运算法则
xor（x，y）	异或运算，x 与 y 不同时返回 1，相同时返回 0
any（x）	在一个向量或矩阵中，若存在元素是非零的返回 1，否则返回 0
all（x）	在一个向量和矩阵中，若所有元素非零返回 1，否则返回 0

在表达式中，算术运算符优先级最高，其次是关系运算符，最后是逻辑运算符.

9. 基本运算

在 MATLAB 下进行基本运算，只需将运算式直接输入命令提示符（>>）之后并按 Enter 键即可. 例如：

```
>> 5*(6-4.2)/4
ans =
     2.2500
```

MATLAB 会将运算结果直接存入默认变量 ans，代表 MATLAB 运算后的答案并显示其数值于命令窗口中.

注意：“>>” 是 MATLAB 的命令提示符，但在 PC 中文视窗系统下，由于编码方式不同，此提示符常会消失不见，但这并不会影响到 MATLAB 的运算结果.

我们可以这样操作，方便以后使用该结果，代码如下：

```
>> y=sin(pi/6)
y =
```

```
    0.5000
>> a=imread('2.jpg');   %读入当前文件夹中的 2.jpg 文件
>> A = [5 -2 4; -5 2 0; 1 0 3]    %读入矩阵
A =
     5    -2     4
    -5     2     0
     1     0     3
```

此时查看左侧工作区，可以看到如图 10–4 所示的信息 .

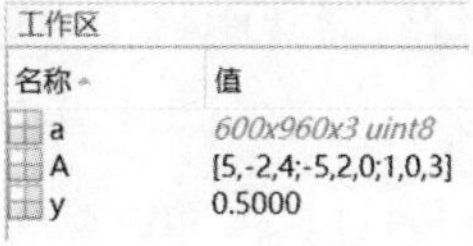

图 10–4

由上可知，MATLAB 将所有变量均存成相应的形式，所以不需要经过变量声明类型，它会自动选择使用.

若对 MATLAB 函数用法有疑问，可随时使用 help 来寻求帮助，获得该函数的相关信息和使用方法，使用该功能的代码如下：

```
>> help imread     %imread 表示从图形文件读取图像
```

10.2.3　M 函数

在 MATLAB 中编写的程序文件称为 M 文件，M 文件分为脚本文件和函数文件两种.

对于脚本文件，文件中没有输入参数和输出参数，运行脚本文件实际上就是顺序执行脚本文件中的控制流，脚本文件适合小规模的运算，并且脚本文件中的变量都是全局变量.

对于函数文件，文件中有输入参数和输出参数，由 function 引导，用户可以自己创建函数、调用函数，就像 MATLAB 的内嵌函数一样使用，函数中的变量一般是局部变量，也可以声明全局变量．函数文件是 MATLAB 的主流.

创建脚本文件的方法就是，新建一个脚本，再在编辑窗口中编写程序.

函数文件的创建也是类似的，先要创建一个函数文件，文件名要和函数名一致，然后在文件中编写函数，以 function 为引导，函数文件中必须包括一个主函数，也可以包含子函数、内嵌函数等.

函数文件由 function 语句引导，其基本结构为：

```
function 输出形参表 = 函数名 ( 输入形参表 )
                                     注释说明部分
                                       函数体语句
end   % end 可以省略
```

其中以 function 开头的一行为引导行，表示该 M 文件是一个函数文件. 函数名的命名规则与变量名相同. 输入形参为函数的输入参数，输出形参为函数的输出参数. 当输出形参多于一个时，则应该用方括号括起来.

文件可以包含多个局部函数或嵌套函数. 为提高可读性，建议使用 end 关键字来表示文件中每个函数的末尾.

函数文件函数值的获得必须通过具体的运算实现，并赋给因变量.

例 1 对于函数 $f(x)=\begin{cases}x^2+1, & x<1\\ 2x, & x\geqslant 1\end{cases}$，用 M 函数文件建立 .

```
function  f=fun1(x)
    if  x>1       % 判断语句
        f=x^2+1;
    end
    if  x<=1
        f=2*x;
    end
end
```

下面的代码与上面的效果一样：

```
function  f=fun1(x)
    if  x>1
        f=x^2+1;
    else
        f=2*x;
    end
end
```

建立了函数文件 fun1，将上面的程序保存在当前文件夹后即可调用了.

```
>>fun1(3)
ans=
    10
```

注意：

(1) MATLAB 的每条命令后，若为逗号或无标点符号，则显示命令的结果；若某命令后为分号，则禁止显示结果．

（2）“%”后面的所有文字为注释．

（3）如果某个语句或注释较长，可用“...”表示续行．

10.2.4　基本数值计算

在 MATLAB 中变量分为数值变量和字符变量，同时 MATLAB 中已定义了一些不变的量，如 i、j、pi、NaN（不确定）、Inf（无穷大）．

而字符变量是将字符串作为变量，一般有 3 种表示方法，如表 10–12 所示．

表 10–12

方式	举例	结果
用单引号''	s='hello!'	s ='hello!'
用函数 sym('')	a=sym('sin')	a =sin
用命令 syms	syms a b	定义 a、b 为字符变量

体会下面的程序．

（1）

```
a=5;b=7;c=pi;
d=a*b+c;
disp(vpa(d,5))     %d 显示 5 位有效数字
```

输出结果为：

```
38.142
```

（2）

```
syms a b      %用命令 syms 定义字符变量. 一般用于多符号变量的定义
u=2*a         %字符计算. 输出结果为 2*a
w=b^2-1       %字符计算. 输出结果为 b^2-1
uw=u*w        %字符计算. 输出结果为 2*a*(b^2-1)
```

10.2.5　矩阵构造及运算

MATLAB 中数据的结构形式就是一个矩阵，如 $x=2$ 是一个 1×1 的矩阵.

矩阵构造及运算

1. 矩阵的建立

矩阵的建立通常有 3 种方法：直接输入法、冒号法和函数法（特殊矩阵）.

（1）直接输入法 . 同行元素之间用空格或逗号分隔，不同行之间用分号分隔. 例如：

```
x=[1 2 3; 4 5 6; 7 8 9]
```

（2）冒号法 . 例如：

```
y=1:4:16;
```

表示初值为 1、步长为 4、终值为 16，它们之间用冒号连接.

输出结果如下：

```
y =
    1     5     9     13
```

（3）函数法（特殊矩阵）. 常见函数形式使用及输出如下：

```
    a=eye(3)        % 三阶单位矩阵
a =
    1      0      0
    0      1      0
    0      0      1
    b=rand(3)      % 三阶随机矩阵，元素在 0 和 1 之间
b =
    0.8147     0.9134     0.2785
    0.9058     0.6324     0.5469
    0.1270     0.0975     0.9575
    c=rand(2, 3)        %2×3 阶随机矩阵，元素在 0 和 1 之间
c =
    0.9649     0.9706     0.4854
    0.1576     0.9572     0.8003
    d=randn(3)         % 三阶随机矩阵，元素符合正态分布
d =
    -0.2050     1.4090     -1.2075
    -0.1241     1.4172      0.7172
    1.4897      0.6715      1.6302
    f=magic(3)         % 魔方阵，各行各列以及对角元素的和相等
f =
    8      1      6
    3      5      7
    4      9      2
```

```
h=zeros(3)        % 三阶全零阵
m=ones(3)         % 三阶全 1 阵
```

2. 矩阵的加、减、乘、除

参与矩阵运算的矩阵必须满足以下条件：

（1）参与加、减运算的矩阵必须同维；

（2）A/B 时，A、B 列数必须相同，A\B 时，A、B 行数必须相同；

（3）矩阵左乘与右乘不同，左除与右除不同（A*B 不等于 B*A，A\B 不等于 A/B）；

（4）标量或函数与矩阵的运算等于该标量或函数与矩阵的每一个元素的运算.

具体如表 10–13 所示 .

表 10–13

符号	形式	举例
+	A+k	[1,2]+3=[1+3,2+3]
–	A–k	[1,2]–3=[1–3,2–3]
+	A+B	[1,2]+[2,5]=[1+2,2+5]
–	A–B	[1,2]–[2,5]=[1–2,2–5]
*	A*B	[1,2]*[2,5]=1*2+2*5（矩阵的乘法）
.*	A.*B	[1,2].*[2,5]=[1*2,2*5]
./	A./B	[1,2]./[2,5]=[1/2,2/5]
.\	A.\B	[1,2].\[2,5]=[2/1,5/2]
.^	A.^B	[1,2].^[2,5]=[1^2,2^5]

3. 对矩阵的操作

对矩阵的元素操作，以 A=magic（4）为例，代码如下：

```
A =
    16     2     3    13
    5     11    10     8
    9      7     6    12
    4     14    15     1
```

（1）提取矩阵 $\boldsymbol{A}$ 的第 n 行第 m 列的元素，表示为 $\boldsymbol{A}(n, m)$.

```
>>a=A (2,3)
a=10
```

（2）提取矩阵 $\boldsymbol{A}$ 的第 n 行的所有元素，表示为 $\boldsymbol{A}(n, :)$.

```
>>b=A (2,: )
b=5  11  10  8
```

（3）提取矩阵 $\boldsymbol{A}$ 的第 m 列的所有元素，表示为 $\boldsymbol{A}(:,m)$.

```
>>a=A(: , 3)
a =
    3
    10
    6
    15
```

（4）将矩阵 $\boldsymbol{A}$ 的第 n 行第 m 列的元素重新赋值 b，表示为 $\boldsymbol{A}(n,m)=b$.

```
>>A(3,3)=100;
A =
     16     2     3    13
      5    11    10     8
      9     7   100    12
      4    14    15     1
```

（5）将矩阵 $\boldsymbol{A}$ 的第 n 行的所有元素重新赋值 b，表示为 $\boldsymbol{A}(n,:)=b$.

```
>>A(2, :)=-4
A =
     16     2     3    13
     -4    -4    -4    -4
      9     7   100    12
      4    14    15     1
```

（6）将矩阵 $\boldsymbol{A}$ 的第 m 列的所有元素重新赋值 b，表示为 $\boldsymbol{A}(:,m)=b$.

（7）将矩阵 $\boldsymbol{A}$ 的第 n 行第 m 列的元素删除，表示为 $\boldsymbol{A}(n,m)=[\ ]$.

```
>> A(3,3)=[];
```

空赋值虽然只能具有一个非冒号索引，但可以这样：$\boldsymbol{A}(16)=[]$.

注意：此时结果为一个 15 个元素的行向量 .

（8）将矩阵 $\boldsymbol{A}$ 的第 n 行的所有元素删除，表示为 $\boldsymbol{A}(n,:)=[\ ]$.

```
>> A=magic(4);
A(1, :)=[ ]
A =
      5    11    10     8
      9     7     6    12
      4    14    15     1
```

（9）将矩阵 $\boldsymbol{A}$ 的第 m 列的所有元素删除，表示为 $\boldsymbol{A}(:,m)=[\ ]$.

4. 矩阵分析操作

（1）方阵 $\boldsymbol{A}$ 的行列式值，可表达为 det（$\boldsymbol{A}$）.

（2）矩阵 $\boldsymbol{A}$ 的秩，可表达为 rank（$\boldsymbol{A}$）.

（3）行列式值不为堆的方阵 $\boldsymbol{A}$，求逆矩阵可表达为 inv（$\boldsymbol{A}$）.

（4）矩阵 $\boldsymbol{A}$ 的转置阵，可表达为 $\boldsymbol{A}'$.

（5）矩阵 $\boldsymbol{A}$ 的特征向量与特征值：[$\boldsymbol{V}$, $\boldsymbol{D}$]=eig（$\boldsymbol{A}$）. 其中 $\boldsymbol{V}$ 和 $\boldsymbol{D}$ 分别为 $\boldsymbol{A}$ 的特征向量和特征值 .

5. 矩阵元素的关系运算与逻辑运算（与、或、非）

MATLAB 中数据的结构形式就是一个矩阵，如 x=2 可以看成是一个 1×1 矩阵，y=（2，3，4）是一个 1×3 矩阵或者称为一个行向量，z=（1；2；3）是一个 3×1 矩阵或者称为一个列向量，a=（1,2，3；4，5，6；7，8，9；5，5，5）是一个 4×3 矩阵 . 关系运算符如表 10–14 所示 .

表 10–14

关系操作符	说明	关系操作符	说明
<	小于	≤	小于等于
>	大于	≥	大于等于
=	等于	≠	不等于

例如：

```
>>A=magic(4)   % 四阶幻方矩阵
```

运行结果为：

```
A =
    16    2     3    13
     5   11    10     8
     9    7     6    12
     4   14    15     1
>> h=find(A>10)   %h 为满足条件的元素的位置数
h =
     1
     6
     8
    12
    13
    15
```

```
[g,h]=find(A>10); %g 表示行数, h 表示列数
n=[g,h]
n =
     1     1
     2     2
     4     2
     4     3
     1     4
     3     4

[g,h]=find((A>10) & (A<15));
n=[g,h]    %g 表示行数, h 表示列数
n =
     2     2
     4     2
     1     4
     3     4
```

10.2.6 控制语句函数

在 MATLAB 中,控制语句函数有以下几种:

(1)for 循环,允许一组命令以固定的和预定的次数重复,其语句格式为:

```
for  x=array
  {commands}
end
```

在 for 和 end 语句之间的命令串 {commands} 按数组(array)中的每一列执行一次. 在每一次迭代中,x 被指定为数组的下一列,即在第 n 次循环中,x=array(:,n).

例 2 计算 cos(n*pi/10) 的值,n=1,2, …,10.

```
b=ones(1,5);
for n=1:length(b)
  b(1,n)=cos(n*pi/5);
end
b
```

输出结果为:

```
b =
    0.8090    0.3090   -0.3090   -0.8090   -1.0000
```

例 3　在 A = [5 −2 4 ; −5 2 0 ; 1 0 3] 中找出大于或等于 2，且小于或等于 5 的数的位置 .

```
k=1;
for i=1:3
    for j=1:3
       if A(i,j)>=2 && A(i,j)<=5
       c(k,1)=i;c(k,2)=j;k=k+1;
       end
    end
end

>> c
c =
      1       1
      1       3
      2       2
      3       3
```

例 4　用 for end 构造一个 3×4 矩阵并显示结果.

```
>> for i = 1:3
for j = 1:4
    h(i,j) = 1/(i+j-1);
end
end
disp(h)
```

输出结果为：

```
    1.0000    0.5000    0.3333    0.2500
    0.5000    0.3333    0.2500    0.2000
    0.3333    0.2500    0.2000    0.1667
```

注意：通过不同例题理解该语句的不同使用方式.

（2）While 循环，其语句格式为：

```
while (expression)
       {commands}
 end
```

只要在表达式（expression）里的所有元素为真，就执行 while 和 end 语句之间的命令串 {commands}.

例 5　设理财产品年利率为 4.5%. 将 10000 元钱存入银行，问多长时间会连本带利翻一番？

```
m=10000;
n=0;
while  m<=20000
   m=m*(1+0.045);
    n=n+1;
end
disp('所需年数为'), disp(n)
```

输出如下：

```
所需年数为
    16
```

代码也可以是这样：

```
>> m=1;n=1;
while  m<=2
   m= (1+0.045)^n;
    n=n+1;
end
disp('所需年数为'), disp(n-1)
```

输出如下：

```
所需年数为
    16
```

（3）选择结构 if 语句 . 在 MATLAB 中，if 语句有下述 3 种格式.

1）if-end 语句 .

```
if  (expression)
   {commands}
end
```

如果在表达式（expression）里的所有元素为真，就执行 if 和 end 语句之间的命令串 {commands}.

例如：

```
x=input('x=');
if x>0
   % 显示导弹发射
   vx = 100*cos(1/4*pi);
```

```
    vy = 100*sin(1/4*pi);
    t = 0:0.001:15;
    x = vx*t;
    y = vy*t-9.8*t.^2/2;
    comet(x,y)     % 二维彗星动画图
end
```

2）双分支 if 语句 .

```
if  条件
     语句组 1
else
     语句组 2
end
```

当条件成立时，执行语句组 1，否则执行语句组 2，语句组 1 或语句组 2 执行后，执行 if 语句的后继语句.

例 6　在 lianxi.xlsx 文件中查找异常数据，并确定异常数据的位置 .

lianxi.xlsx 文件如表 10–15 所示 .

表 10–15

姓名	语文	数学	英语
王	76	89	90
张	a	98	87
李	78	–67	76
刘	87	56	67
黄	65	73	64
王 1	77	67	88
张 1	65	88	90
李 1	78	67	64
刘 1		70	–170
黄 1	80	67	77
王 2	90	80	65
张 2	77	67	78
李 2	89	74	64
刘 2	69	b	76
黄 2	65	70	64
王 3	–77	68	74
张 3	89	苏	75
李 3	69	80	66
刘 3	56	93	56
黄 3	78	67	64

```
% 查找 Excel 表中的异常值
% 在当前文件夹中单击所用数据文件，右击选择导入数据
% 在输出类型中选择数值矩阵，单击导入所选内容，选择导入数据
>>A=lianxi;
B=A(:,2:end);     % 查看 A 的数据后确定
c=[];             % c 存放数值异常的位置
 [row,col]=find(isnan(B));
 d=[row,col];     % 查找非数的元素位置
k=1;
[r,p]=size(B);    %r 为行数，p 为列数（不用的数据可以用 ~ 代替）
for i=1:r         % 查找异常数据
      for j=1:p
          if B(i,j)>100 || B(i,j)<0
              c(k,1)=i; c(k,2)=j; k=k+1;
          end
      end
end
% 查看工作区中的 c 和 d，就是我们所需的结果
>> c
c =
     3     2
     9     3
    16     1
>> d
d =
     2     1
     9     1
    14     2
    17     2
```

例 7　用代码实现：输入正数时，显示平抛运动的动画效果；输入非正数时，显示半径为 10 的匀速圆周运动 .

```
for i=1:5
x=input('x=');
if x>0
    % 显示平抛运动
  V0= 40;
   t = 0:0.001:10;
   x = V0*t;
```

```
   y = -9.8*t.^2/2;
   comet(x,y)
else
% 匀速圆周运动
   t = 0:0.0001:2*pi;
   r = 10;
   x=r*cos(t);
   y=r*sin(t);
   comet(x,y)
  end
end
```

运行举例如下：

```
x=5
```

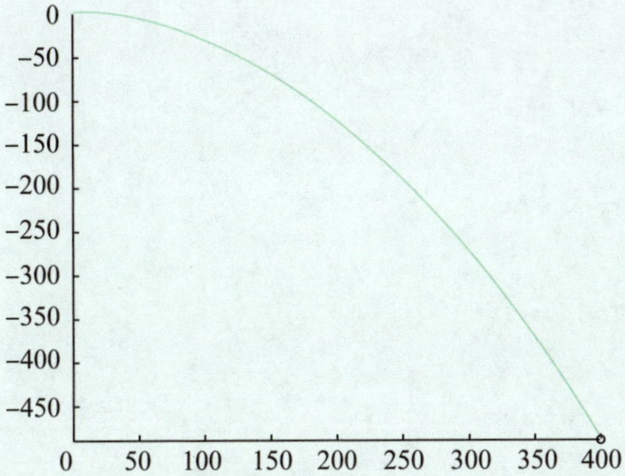


```
x=-3
```

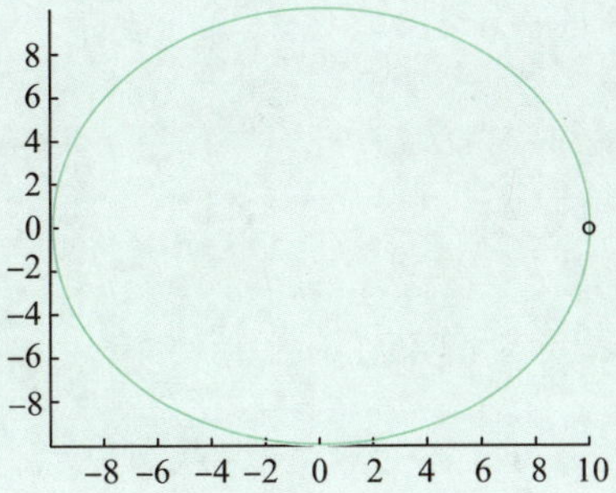

3）多分支 if 语句．

```
if   条件 1
       语句组 1
elseif   条件 2
```

```
        语句组 2
    …
elseif  条件 m
        语句组 m
else
        语句组 n
end
```

上述语句用于实现多分支选择结构 .

例 8　输入一个百分制成绩，要求输出成绩等级 A、B、C、D、E. 其中 90 ~ 100 分为 A，80 ~ 89 分为 B，70 ~ 79 分为 C，60 ~ 69 分为 D，60 分以下为 F（用多分支 if 语句实现）.

```
s=input('please input the score:');
if s>=90&s<=100
    rank='A';
elseif s>=80&s<=89
    rank='B';
elseif s>=70&s<=79
    rank='C';
elseif s>=60&s<=69
    rank='D';
elseif s>=0&s<=59
    rank='E';
else
    rank='wrong socre'
end
rank
```

运行举例如下：

```
please input the score:76
rank =
    'C'
```

（4）switch 语句 .switch 语句根据表达式的取值不同分别执行不同的语句，其语句格式为：

```
switch  表达式
    case  表达式 1
```

```
        语句组 1
    case    表达式 2
        语句组 2
                …
    case    表达式 m
        语句组 m
    otherwise
        语句组 n
end
```

当表达式的值等于表达式 1 的值时，执行语句组 1，当表达式的值等于表达式 2 的值时，执行语句组 2，……，当表达式的值等于表达式 m 的值时，执行语句组 m，当表达式的值不等于 case 所列的表达式的值时，执行语句组 n. 当任意一个分支的语句执行完后，直接执行 switch 语句的下一句.

例 9　输入一个百分制成绩，要求输出成绩等级 A、B、C、D、E. 其中 90 ~ 100 分为 A，80 ~ 89 分为 B，70 ~ 79 分为 C，60 ~ 69 分为 D，60 分以下为 F，否则输出错误的分数（用 switch 语句实现）.

```
score=input('please input the score:');
switch floor(score/10)     %floor 表示取比原数小的整数，即向左取整
    case{9,10}
        rank='A';
    case{8}
        rank='B';
    case{7}
        rank='C';
    case{6}
        rank='D';
    case {0,1,2,3,4,5}
        rank='E';
    otherwise
        rank='wrong score';
end
rank
```

（5）while 语句 . 在许多问题中需要用到循环控制. 循环结构就是用来处理需要重复处理的问题的，所以又称重复结构. 它和顺序结构、选择结构共同作为各种复杂程序的基本构造单元.

循环分为无休止循环和有终止循环，构成有效循环的条件为循环体和循环结束条件.

while 语句的格式为：

```
while （条件）
  循环体语句
end
```

其执行过程为：若条件成立，则执行循环体语句，执行后再判断条件是否成立，如果不成立则跳出循环.

例 10　求$1+2+3+\cdots+100$.

```
sum=0;i=1;
while(i<=100)
    sum=sum+i;
      i=i+1;
end
```

输出结果为：

```
sum =
         5050
```

（6）循环的嵌套 . 一个循环体内又包含另一个完整的循环结构称为循环的嵌套. 内嵌的循环中还可以嵌套循环，这就是多层循环.

break 语句可以用来从循环体内跳出循环体，即提前结束循环，接着执行循环下面的语句. 一般形式为：

```
break;
```

说明：break 语句不能用于循环语句和 switch 语句之外的任何其他语句中.

例 11　求 [100,200] 中第一个能被 21 整除的整数 .

```
for n=100:200
  if rem(n,21)~=0      %若不为 0 则继续，否则结束循环
      continue
  end
break
end
n
```

输出结果为:

```
n =
   105
```

例 12　从键盘输入若干个数,当输入 0 时结束输入,求这些数的平均值和它们的和.

```
sum=0;  n=0;
val=input('Enter a number (end in 0):');
while (val~=0)
     sum=sum+val;
     n=n+1;
     val=input('Enter a number (end in 0):');
end
if (n > 0)
    sum
    mean=sum/n
end
```

输出结果为:

```
Enter a number (end in 0):6
Enter a number (end in 0):8
Enter a number (end in 0):10
Enter a number (end in 0):0
sum =
    24
mean =
     8
```

10.2.7　MATLAB 作图

用 MATLAB 实现绘图有以下两大类方法:

(1) 利用绘图命令对二维或一维离散数据绘制曲线或曲面图;

(2) 利用符号绘图函数实现绘图,即根据一元或二元函数的表达式,直接在指定区间内绘制曲线或曲面图.

实现平面绘图的命令为 plot. 用 plot 命令自动打开一个图形窗口 Figure，用直线连接相邻两数据点来绘制图形，根据图形坐标大小自动缩扩坐标轴，将数据标尺及单位标注自动加到两个坐标轴上，也可自定义坐标轴，把 x、y 轴用对数坐标表示. 如果已经存在一个图形窗口，用 plot 命令则清除当前图形，绘制新图形；如果想保留本次绘图命令的执行结果，就要在 plot 命令后加上“hold on”语句.

例如作点图 .

```
x=[0:0.2:6];  y=x.*sin(x);  plot(x,y,'r.')
```

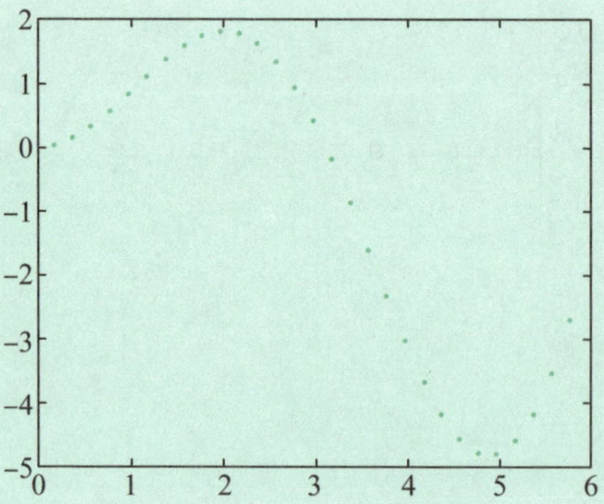

例如作连线图 .

```
x=0:0.2:6;  y=x.*sin(x);  plot(x,y,'r-')    %注意与上面的区别
```

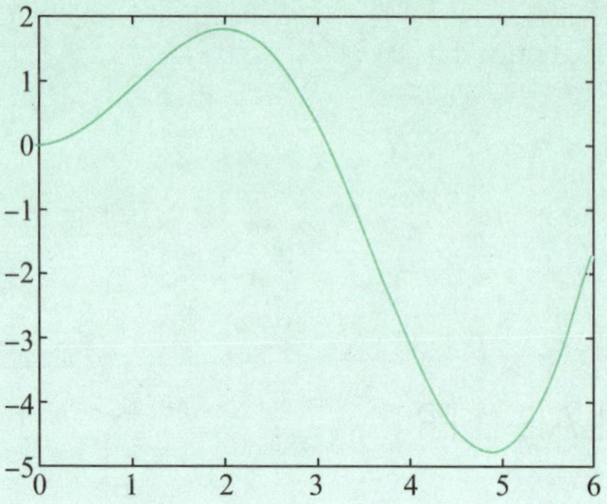

在 MATLAB 中 plot 的调用格式有下述 5 种 .

（1）plot 调用格式一 .

```
plot(x)
```

此格式为默认自变量绘图格式，x 为向量，以 x 元素值为纵坐标，以相应元素的序号为横坐标绘图.

例如：

```
y=[0  0.5  0.7  0.9  0.8  0.2];   plot(y)
```

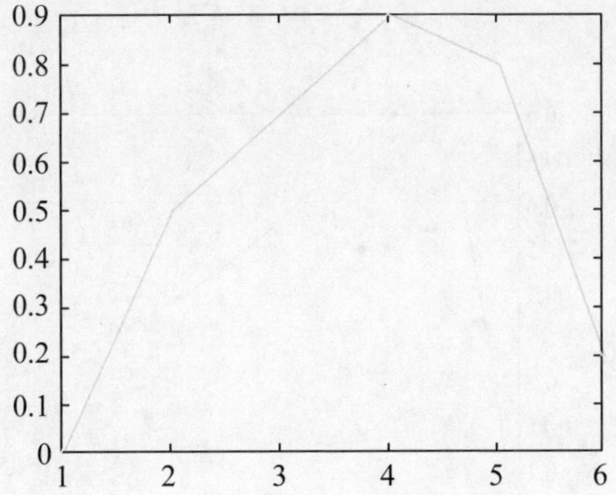

（2）plot 调用格式二 .

```
plot(x,y)
```

此格式以 y（x）的函数关系作出直角坐标图，如果 y 为 n×m 矩阵，则以 x 为自变量，作出 m 条曲线 . 例如：

```
x=linspace(0,5,20);   % 生成一组线性等距的数值
y=x.*exp(-x);
plot(x,y)
```

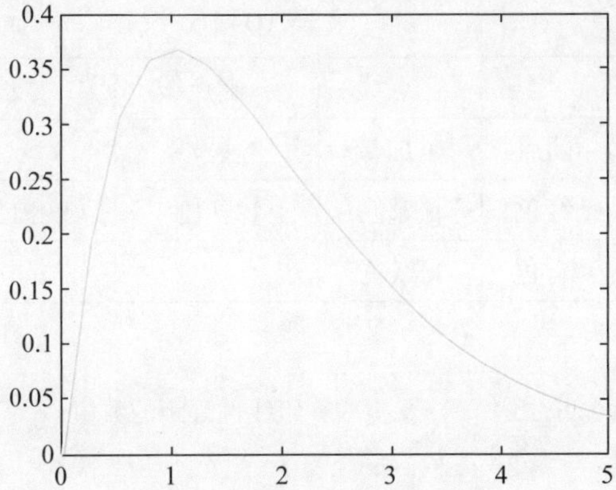

（3）plot 调用格式三 .

```
plot(x1,y1,x2,y2)    % 多条曲线绘图格式
```

例如：

```
x=linspace(0,5,20);
y1=x.*exp(-x); y2=x./(1+x.^2);
plot(x,y1,x,y2)
```

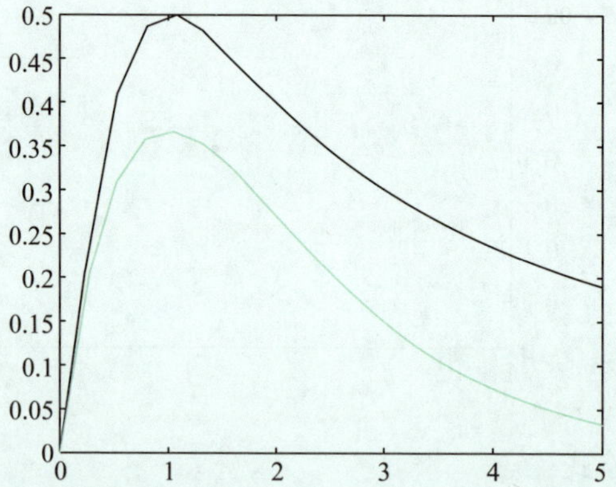

读者能分得出两条曲线的函数形式吗？

（4）plot 调用格式四 .

```
plot(x, y, 's')
```

此格式为开关格式，开关量字符串 s 设定曲线颜色和绘图方式，使用颜色字符串的前 1 ~ 3 个字母，其格式也可为：plot(x1, y1, 's1', x2, y2, 's2', …).

此格式中开关的参数的取值如表 10–16 所示 .

表 10–16

线型	线方式	– 实线	：点线	–. 虚点线	– – 波折线	
	点方式	. 圆点	+ 加号	* 星号	× × 型	. 小圆
颜色	y 黄色	r 红色	g 绿色	b 蓝色	w 白色	
	m 粉红	c 青色	k 黑色			

例如：

```
x=linspace(0,5,20);    % 生成一组线性等距的数值
y1=x.*exp(-x); y2=x./(1+x.^2);
plot(x,y1,'r',x,y2,'k')
```

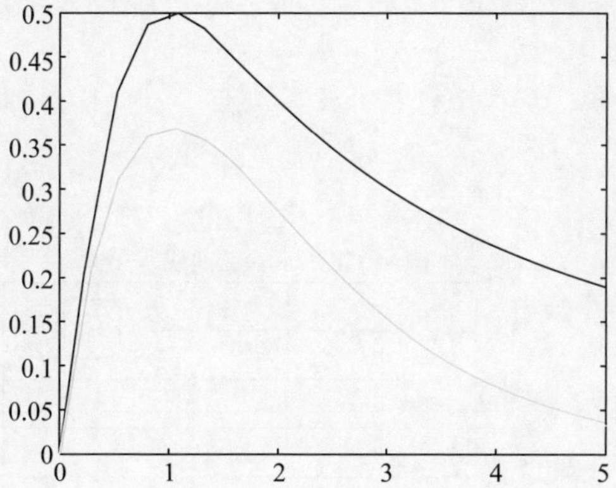

（5）plot 调用格式五 .

```
plot(x,y,'rh:','linewidth',2,'markeredgecolor','b',
'markerfacecolor','g')
```

其中，linewidth 指定线条的粗细，markeredgecolor 指定标记的边缘色，markerfacecolor 指定标记表面的颜色.

为了使读者容易读懂图像，MATLAB 还可以对图像进行加注，其主要函数形式如下：

title：给图形加标题；

xlable：给 x 轴加标注；

ylable：给 y 轴加标注；

zlable：给 z 轴加标注；

text：在图形指定位置加标注；

gtext：将标注加到图形任意位置；

grid on（off）：打开、关闭坐标网格线；

legend：添加图例；

axis：控制坐标轴的刻度 .

例如下面的代码：

```
t=0:0.1:10
y1=sin(t);  y2=cos(t);  plot(t,y1,'r',t,y2,'b--');
x=[1.7*pi;1.6*pi];    y=[-0.3;0.8];
s=['sin(t)';'cos(t)'];
text(x,y,s);  % 在 [1.7*pi,-0.3] 和 [1.6*pi,0.6] 点处进行标注
```

```
title('正弦和余弦曲线');
legend('正弦','余弦')
xlabel('时间t'),ylabel('正弦、余弦')
grid on
axis square
```

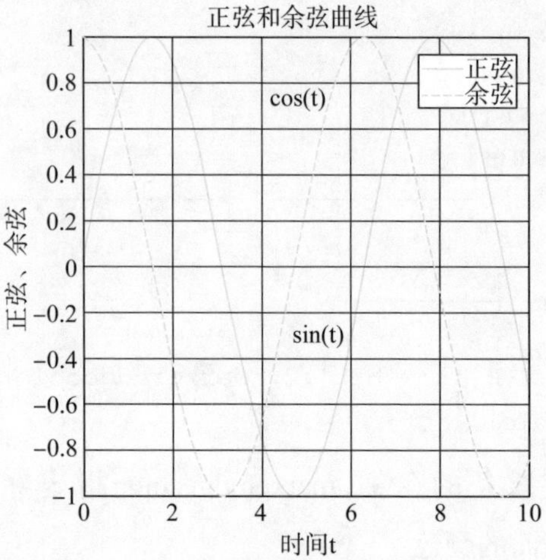

另外，subplot(m, n, p)命令把一个画面分成m×n个图形区域，p代表当前的区域号，在每个区域中分别画一个图，例如下面的代码：

```
x=0:0.1:2;
y=x.^(1/2);y1=x;y2=x.^2;y3=x.^3;
subplot(2,2,1)
plot(x,y,'r');
title('y=x.^(1/2)')

subplot(2,2,2)
plot(x,y1,'b');
title('y=x')

subplot(2,2,3)
plot(x,y2,'k');
title('y=x.^2')

subplot(2,2,4)
plot(x,y3,'c');
title('y=x.^3')
```

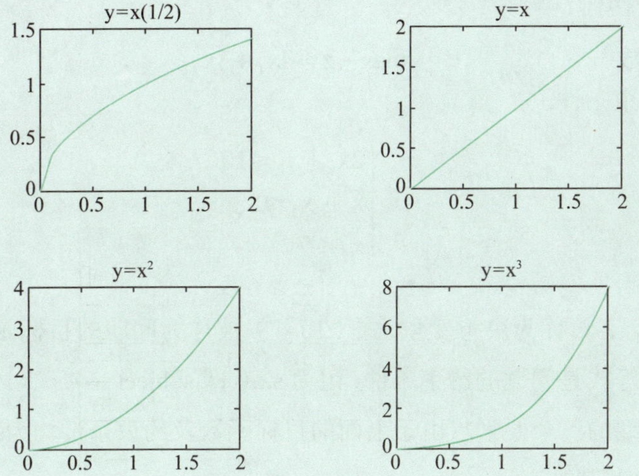

以上只是 MATLAB 的一些基本知识，不断扩大学习和熟能生巧是掌握知识的重要过程.

10.3　最优化问题

10.3.1　线性规划

线性规划

在生产实践中，经常会遇到如何利用现有资源来安排生产以取得最大经济效益的问题. 此类问题构成了运筹学的一个重要分支——数学规划，而线性规划（Linear Programming，LP）则是数学规划的一个重要分支. 自从 1947 年 G. B. Dantzig 提出求解线性规划的单纯形方法以来，线性规划在理论上趋向成熟，在实用中日益广泛与深入. 特别是在计算机能处理成千上万个约束条件和决策变量的线性规划问题之后，线性规划的适用领域更为广泛，已成为现代管理中经常采用的基本方法之一.

1. 线性规划的实例与定义

某机床厂生产甲、乙两种机床，每台销售后的利润分别为 4000 元与 3000 元. 生产甲机床需要用 A、B 机器加工，加工时间分别为每台 2 小时和 1 小时；生产乙机床需要用 A、B、C 三种机器加工，加工时间为每台各一小时. 若每天可用于加工的机器时数分别为 A 机器 10 小时、B 机器 8 小时和 C 机器 7 小时，问该厂应生产甲、乙机床各几台才能使总利润最大？

上述问题的数学模型：设该厂生产 x_1 台甲机床和 x_2 台乙机床时总利润最大，

则 x_1 、x_2 应满足：

（目标函数） $\max \quad z = 4x_1 + 3x_2$ （10–1）

s.t.（约束条件）

$$\begin{cases} 2x_1 + x_2 \leqslant 10 \\ x_1 + x_2 \leqslant 8 \\ x_2 \leqslant 7 \\ x_1,\ x_2 \geqslant 0 \end{cases} \tag{10–2}$$

其中，变量 x_1 、x_2 称为决策变量，式（10–1）被称为问题的目标函数，式（10–2）中的几个不等式是问题的约束条件，记为 s.t.(即 subject to). 上述即为一规划问题的数学模型的三个要素. 由于上面的目标函数及约束条件均为线性函数，故被称为线性规划问题.

总之，线性规划问题是在一组线性约束条件的限制下求一线性目标函数最大值或最小值的问题.

2. 求解线性规划的 MATLAB 解法

求解 MATLAB 线性规划时，最常用的函数是 linprog 函数，下面来介绍一下这个函数的使用.

linprog 函数求解的是具有如下标准形式的线性规划：

$$\min_{x} c^{T} \cdot x$$

$$s.t\begin{cases} A \cdot x \leqslant b \\ A \cdot x = beq \\ lb \leqslant x \leqslant ub \end{cases}$$

公式中各符号的意义是自明的，在这里简单介绍一下，首先 MATLAB 中求解的是目标函数是最小值的问题，但如果我们的目标函数是求最大值，可以通过对目标函数中的每一项乘以 –1 将求最大值问题转化为求最小值问题；A、b 分别为不等式约束中的系数矩阵；Aeq 和 beq 分别为等式约束中的系数矩阵；lb 和 ub 分别为每个变量的上下区间；c 为目标函数中各变量的系数矩阵.

基本函数形式如下：

```
x = linprog(c,A,b)      % 它的返回值是向量的值
x = linprog(c,A,b,Aeq,beq)
x = linprog(c,A,b,Aeq,beq,lb,ub)
x = linprog(c,A,b,Aeq,beq,lb,ub,options)
[x,fval] = linprog(___)   % 它的返回值是向量的值和最小值
```

```
    [x,fval,exitflag,output] = linprog(___)
[x,fval,exitflag,output,lambda] = linprog(___)
```

注：options 为 optimset 函数中定义的参数的值，一般可以不用.

例 1　求解线性规划问题：

$$\max z = 2x_1 + 3x_2 - 5x_3$$
$$\begin{cases} x_1 + x_2 + x_3 = 7 \\ 2x_1 - 5x_2 + x_3 \geqslant 10 \\ x_1\ ,\ x_2\ ,\ x_3 \geqslant 0 \end{cases}$$

```
c=[2;3;-5];a=[-2,5,-1]; b=-10;aeq=[1,1,1];beq=7;
x=linprog(-c,a,b,aeq,beq,zeros(3,1))
```

输出结果为：

```
x =
    6.4286
    0.5714
         0
```

注：x=linprog(−c, a, b, aeq, beq, zeros(3,1)) 可以改为 x=linprog(−c, a, b, aeq, beq, zeros(3,1), []).

例 2　求解线性规划问题：

$$\min z = 2x_1 + 3x_2 + x_3$$
$$\begin{cases} x_1 + 4x_2 + 2x_3 \geqslant 8 \\ 3x_1 + 2x_2 \geqslant 6 \\ x_1\ ,\ x_2\ ,\ x_3 \geqslant 0 \end{cases}$$

```
c=[2;3;1];
a=[1,4,2;3,2,0];
b=[8;6];
[x,y]=linprog(c,-a,-b,[],[],zeros(3,1))
```

输出结果为：

```
Optimal solution found.
x =
   2.0000
        0
   3.0000
y =
    7
```

例 3　求解规划问题：

$$\max z = 7x + 12y$$

$$\text{s.t}\begin{cases} 9x + 4y \leqslant 300 \\ 4x + 5y \leqslant 200 \\ 3x + 10y \leqslant 300 \\ x, y \geqslant 0 \end{cases}$$

```
c=[-7,-12];
A=[9 4;4 5;3 10];
b=[300;200;300];
lb=zeros(2,1);% 生成一个 2 行 1 列的全 0 矩阵
[x,fval]=linprog(c,A,b,[],[],lb,[])
```

输出结果为：

```
Optimal solution found.
x =
   20.0000
   24.0000
fval =
  -428
fval_max =
   428
```

上面所示的代码 [x,fval]=linprog(c,A,b,[],[],lb,[]) 中,[] 代表不存在或空，因为在上面的例子中不存在等式约束，所以 Aeq 和 beq 的位置为 []. 而 ub 也为空，是因为变量没有最大值约束.

10.3.2　整数规划和 0–1 整数规划

线性规划有两种比较特殊的情况，即整数规划和 0–1 整数规划. MATLAB 提供了一个专用于求解整数规划和 0–1 整数规划的函数——intlinprog.

intlinprog 函数的基本形式如下：

```
x= intlinprog(c,intcon,A,b,Aeq,beq,lb,ub)
[x,fval= intlinprog(c,intcon,A,b,Aeq,beq,lb,ub)
[x,fval,exitflag]= intlinprog(c,intcon,A,b,Aeq,beq,lb,ub)
```

该函数的使用和 linprog 函数的使用十分相似，仅仅是在 linprog 函数的基础

上多了一个参数——intcon.

例 4　求解规划问题:

$$\min z=-x_1-x_2$$

$$\text{s.t}\begin{cases}-4x_1+2x_2\leqslant -1\\4x_1+2x_2\leqslant 11\\-2x_2\leqslant -1\\x_1,x_2\geqslant 0,\text{整数}\end{cases}$$

```
c=[-1,-1];
intcon=[1,2];
A=[-4,2;4,2;0,-2];
b=[-1;11;-1];
lb=zeros(2,1);
[x,fval]=intlinprog(c,intcon,A,b,[],[],lb,[])
```

输出结果为:

```
x =
      2
      1
fval =
     -3
```

在函数 intlinprog 中, intcon 的意义为整数约束变量的位置. 如例 4 中, 因为 x_1 和 x_2 都要是整数, intcon 参数位置的值为 [1,2]. 这个位置是按照目标函数和约束条件中变量的位置来排列的. 如果上式中仅有 x_2 为整数约束, 那么 intcon 的值应该为 [2].

例 5　求解规划问题:

$$\min z=2x_1+3x_2+x_3$$

$$\begin{cases}7x_1+4x_2+2x_3\geqslant 8\\6x_1+4x_2\geqslant 3\\x_1,x_2,x_3\geqslant 0\end{cases}$$

$$(x_1,x_2,x_3\text{为 0 或 1})$$

```
c=[2;3;1];
intcon=[1,2,3];
a=[7,4,2;6,4,0];
b=[8;3];
[x,y]=intlinprog(c,intcon,-a,-b,[],[],zeros(3,1),ones(3,1))
```

输出结果为：

```
x =
      1
      0
      1
y =
      3
```

例 6　求解规划问题：

$$\min z = 2x_1 + x_2 + x_3$$

$$\begin{cases} 7x_1 + 4x_2 + 2x_3 \geqslant 8 \\ 6x_1 + 4x_2 + 5x_3 \geqslant 3 \\ x_1, x_2, x_3 \geqslant 0 \end{cases}$$

（x_1, x_2为整数，x_3为 0 或 1）

```
c=[2;1;1];
intcon=[1,2,3];
a=[7,4,2;6,4,5];
b=[8;3];
ub=[inf,inf,1];
[x,y]=intlinprog(c,intcon,-a,-b,[],[],zeros(3,1),ub)
```

输出结果为：

```
x =
      0
      2
      0
y =
      2
```

10.3.3　二次规划

MATLAB 求解的二次规划的标准型为：

$$\min z = \frac{1}{2}x'Hx + c'x$$

$$\text{s.t.}\quad A\cdot x \leqslant b$$

$$Aeq\cdot x = beq$$

$$VLB \leqslant x \leqslant VUB$$

其中，H 为对称矩阵．

用 MATLAB 软件求解，其常用格式如下：

```
x=quadprog(H,C,A,b);
x =quadprog(H,C,A,b,Aeq,beq);
x=quadprog(H,C,A,b,Aeq,beq,VLB,VUB);
[x,fval]=quaprog(…);
```

例 7　求解二次规划问题：

$$\min f(x_1,x_2)=-2x_1-6x_2+x_1^2-2x_1x_2+2x_2^2$$

$$\text{s.t.}\begin{cases}x_1+x_2\leqslant 2\\-x_1+2x_2\leqslant 2\\x_1\geqslant 0,\ x_2\geqslant 0\end{cases}$$

```
H=2*[1 -1; -1 2];
    c=[-2 ;-6];A=[1 1; -1 2];b=[2;2];
    Aeq=[];beq=[]; VLB=[0;0];VUB=[];
    [x,z]=quadprog(H,c,A,b,Aeq,beq,VLB,VUB)
```

输出结果为：

```
x =    0.8000
       1.2000
z =   -7.2000
```

习题

习题答案详解

1．对以下问题编写 M 程序：

（1）用 randn(1,10) 随机得到 10 个数，再由小到大排序，即比较相邻的两个数，将小的调到前头．

（2）对于 A=magic(6) 矩阵，编写程序实现以下目标：

1）最大值及其所处的位置；

2）找出大于 15 且小于 20 的数的位置，并用 100 代替；

3）把矩阵的第二行与第四行对调．

（3）一球从 100 米高度自由落下，假设每次落地后反跳回原高度的一半，再落下．求它在第 10 次落地时，共经过多少米？第 10 次反弹有多高？

2．斐波那契数组的元素满足斐波那契规则：$a_{k+2}=a_k+a_{k+1}\ (k=1,2,\cdots)$；

且 $a_1 = a_2 = 1$．现用 while 循环指令来求该数组中第一个大于 10000 的元素.

3. 用 for 循环指令来寻求斐波那契数组中第一个大于 10000 的元素.

4. 设函数 $f(x)=\begin{cases}3x^2-2x-2, & x<0\\ 3x+4, & 0\leqslant x<2\\ x^3-3x-1, & x\geqslant 2\end{cases}$，用 if 语句编写程序并计算 $f(-2)$、$f(1)$和$f(3)$.

5. 编写一个较为通用的程序实现：（1）查找异常数据，并确定异常值的位置；（2）使用异常数据的上下（或左右）邻近的两个值的平均值代替该异常值. 表 10–17 所示为 lianxi.xlsx 文件 .

表 10–17

姓名	语文	数学	英语
王	76	89	90
张	病假	98	87
李	78	–67	76
刘	87	56	67
黄	65	73	64
王 1	77	67	88
张 1	65	88	90
李 1	78	67	64
刘 1		70	170
黄 1	80	67	77
王 2	90	80	65
张 2	77	缺考	78
李 2	89	74	64
刘 2	69	87	76

6. 求所有这样的三位数，这些三位数等于它各位数字的立方和. 例如，$153=1^3+5^3+3^3$.

7. 求解下列规划问题：

（1）

$$\max z = 7x + 12y$$

$$\text{s.t}\begin{cases}9x+4y\leqslant 300\\ 4x+5y\leqslant 200\\ 3x+10y\leqslant 300\\ x, y\geqslant 0\end{cases}$$

（2）

$$\max z = 2x_1 + 4x_2 + 3x_3$$

$$\text{s.t.}\begin{cases} 3x_1 + 4x_2 + 2x_3 \leqslant 60 \\ 2x_1 + x_2 + 2x_3 \leqslant 40 \\ x_1 + 3x_2 + 2x_3 \leqslant 80 \\ x_1\text{，}x_2\text{，}x_3 \geqslant 0 \end{cases}$$

8. 求解下列整数规划：

$$\max\ \ z = 40x_1 + 90x_2$$

$$\text{s.t.}\begin{cases} 9x_1 + 7x_2 \leqslant 56 \\ 7x_1 + 20x_2 \geqslant 70 \\ x_1\text{，}x_2 \geqslant 0\text{，整数} \end{cases}$$

9. 求解 0–1 整数规划问题：

$$\max\ \ z = 3x_1 - 2x_2 + 5x_3$$

$$\text{s.t.}\begin{cases} x_1 + 2x_2 - x_3 \leqslant 2 \\ x_1 + 4x_2 + x_3 \leqslant 4 \\ x_1 + x_2 \leqslant 3 \\ 4x_2 + x_3 \leqslant 6 \\ x_1\text{，}x_2\text{，}x_3 = 0\text{或}1 \end{cases}$$

10. 作出椭圆$\begin{cases} x = 3\cos t \\ y = 2\sin t \end{cases}$在$[0, 2\pi)$区间的图像，并标注 x、y 轴，标注椭圆 .

11. 在同一坐标系中作出$y = \sin x$和$y = \cos x$在$[0, 2\pi]$区间的图像，并标注x、y 轴，标注$y = \sin x$和$y = \cos x$，以及图例说明 .

参考文献

[1] 郭立娟 . 大学数学应用基础（上）. 长沙：湖南教育出版社，2013.

[2] 游安军 . 电路数学 . 北京：电子工业出版社，2014.

[3] 赵燕 . 应用高等数学（机电类）. 北京：北京理工大学出版社，2021.

[4] 北京大学数学系 . 沈燮昌 . 数学分析（第二册）. 北京：高等教育出版社，1986.

[5] 胡胜生 . 应用数学基础（下册）. 上海：华东师范大学出版社，2004.

[6] 赵焕宗 . 应用高等数学（下册）上海：上海交通大学出版社，2004.

[7] 阎章杭，等 . 高等数学与工程数学 . 北京：化学工业出版社，2005.

[8] 骈俊生，等 . 高等数学（下册）. 2 版 . 北京：高等教育出版社，2018.

[9] 张磊，毕靖，郭莲英 . MATLAB 实用教程 . 北京：人民邮电出版社，2008.

[10] 薛山 .MATLAB 基础教程 . 北京：清华大学出版社，2011.